大型水电工程机电管理探索与实践

——以雅砻江流域下游梯级水电开发工程为例

祁宁春　主编

中国电力出版社
CHINA ELECTRIC POWER PRESS

内容提要

2016年3月，雅砻江下游水能资源开发全面完成，机电物资管理部以提升后续电站的机电设备质量，保障公司电力生产长期“稳发满发”为目标，开展了管理经验系统梳理和总结工作。

全书主要内容包括机电管理工作总结，水轮发电机组及其附属设备，辅机设备，电气一次设备、电气二次设备、金属结构设备。

本书可供雅砻江、其他流域工程建设人员参考使用。

图书在版编目（CIP）数据

大型水电工程机电管理探索与实践 / 祁宁春主编 . —北京：中国电力出版社，2019.9
ISBN 978-7-5198-3723-5

Ⅰ. ①大… Ⅱ. ①祁… Ⅲ. ①水利水电工程－机电设备－设备管理 Ⅳ. ①TV734

中国版本图书馆CIP数据核字（2019）第205626号

出版发行：中国电力出版社
地　　址：北京市东城区北京站西街19号（邮政编码100005）
网　　址：http://www.cepp.sgcc.com.cn
责任编辑：娄雪芳
责任校对：黄　蓓　王海南
装帧设计：张俊霞
责任印制：吴　迪

印　　刷：北京天宇星印刷厂
版　　次：2019年10月第一版
印　　次：2019年10月北京第一次印刷
开　　本：787毫米×1092毫米　16开本
印　　张：14.5
字　　数：305千字
定　　价：66.00元

编 委 会

序

雅砻江中下游是我国十三大水电基地之一，具有水能资源集中、落差大、移民少、淹没损失小等独特的优势，开发条件十分优越。雅砻江下游作为雅砻江流域四阶段开发战略优先实施并完成的河段，总装机达 1470 万 kW。其中，二滩水电站于 20 世纪末建成投产，锦屏一级、锦屏二级、官地、桐子林水电站陆续于 2012 年至 2016 年建成投产，其主要机电设备运行情况良好。应该说，雅砻江流域的机电设备管理在工程建设管理中发挥了不可替代的重要作用，取得了令人瞩目的成效。

电站机电设备方面的投资在大型水电工程总投资中所占比例通常较小，涉及专业众多，专业性较强，往往导致工程建设过程中绝大部分人员对机电设备、机电管理过程缺乏足够关注和深度了解，机电专业的重要性未得到充分体现。电站建成后长期可靠稳定高效运行是电站建设应该追求的主要目标之一。电站机电设备的选型、质量、机电管理过程是否到位直接关系到电站建设的成效。

雅砻江水电的机电管理团队历时三年，系统归纳整理了雅砻江下游梯级电站开发建设管理过程中的管理实践、技术得失、细节考量，尤其是自 2004 年年底锦屏水电站机电设备工作启动至今约十五年时间的技术管理工作。编写团队付出了大量心血，力图尽可能客观翔实地全方位予以呈现，洋洋洒洒 300 页，卷轶浩繁而又层次分明、条分缕析，让人不禁对机电专业与我们正大力弘扬的工匠精神所一脉相承的精细、严谨作风心生敬意。

雅砻江下游五座梯级电站共计 28 台大型水轮发电机组，其采购管理立足长远、统筹规划、锐意创新和深耕细作的技术管理颇多可圈可点之处，本书的核心价值集中于此。1998 年投产的二滩水电站单机容量 55 万 kW 水轮发电机组通过“斜线切割”模式引进国外技术，把我国水轮发电机组设计制造水平由 32.5 万 kW 提升至 60 万 kW 级，对于民族工业的跨越式发展做出了不可磨灭的历史贡献。锦屏二级水轮机是世界上 300m 水头段单机容量最大的机组，在反复试验研究论证的基础上大胆采用“15＋15”长短叶片，积极稳妥地推动并完成了筒阀动水关闭试验，确保电站运行安全；桐子林电站单机 15 万 kW 的轴流转桨式水轮机也是超大型机组，具有非常大的设计制造难度。各个电站机组类型、技术参数虽然各有差异，但是，机电团队从一开始即牢牢抓住关键成功因素，从管理上进行创新，一以贯之地予以贯彻落实，例如：率先在国内试验台、在招标前开展水轮机模型同台对比试验；在性能指标先进性和长期运行稳定性之间寻求平衡，超前关注设备长期可靠性；确立共同的目标，面向双赢，务实构建供应商战略合作伙伴关系；以革故鼎新、止于至善的专业精神，不断进行设计复核和性能优化；强化过程管理，不断探索切实有效的管理措施，开展全过程质量管理等。

欣然见到这本基于雅砻江公司十五年左右的机电工作实践编写的机电工作总结即将付梓，掩卷之余，深感其价值不止于专业技术层面，更在于管理层面。行深、致远是企业发展的一个重要课题，将林林总总的具体管理实践及时典籍化、抽象化，通过筹划、实践、总结提炼、创新、再实践，完成知识和管理的 PDCA 循环，达致管理的螺旋式提升，这个过程本身就是知识管理的一个最佳范例。通过不断总结，力求从具体的个案中提炼最佳实践，发现规律，建立标准，构建体系，不失为企业管理的进阶之道，雅砻江流域第二阶段水电开发的机电工作就是流域水电开发中的这样一个子系统，一定程度上体现了最佳实践的管理理念和技术管理人员扎根技术而又超越技术的管理自觉。

本书冠之以《大型水电工程机电管理探索与实践》题目，体现了编者力图通过本书的总结为雅砻江流域“一条江”水电开发后续机电工作乃至工程建设提供参考与镜鉴的初衷，同时也作为我国清洁能源行业大型水电工程建设管理、机电设备管理一份可资交流的素材。

雅砻江的工程建设（包括机电）是在大量调研学习其他流域、兄弟单位的先进管理经验和在诸多行业学者、资深专家的悉心指导下进行的，无论工程本身还是本书的内容都凝结了他们直接或间接付出的大量心血与智慧。

陈云华

2019 年 10 月于成都

前言

2016年3月，雅砻江桐子林水电站全面投产发电，标志着雅砻江流域水能资源开发第二战略阶段胜利收官，雅砻江下游水能资源开发全面完成，雅砻江流域水电开发有限公司装机规模达1470万kW。从2012年3月官地水电站1号机组投产以来的短短4年时间里，雅砻江公司实现了4座新投运电站22台机组全部如期或提前投产发电，在国内业界创造了投运机组多、投运时间密集、新投运机组全部一次性通过72h试运行、所有机组试运行后立即投入商业运行并保持长期稳发、满发的优异成绩。与国内同期投产的其他流域大型电站机组相比，没有发生由于设计、制造等问题影响机组安全稳定运行的不安全事件，机组运行情况优良，为公司创造良好的经济效益。

雅砻江公司机电物资管理部在雅砻江流域第二阶段开发过程中，坚持“革故鼎新、止于至善”的核心理念，前瞻性、创造性地开展了主机设计复核和理论研究等工作，创新组织召开年度机电设备供货会、机电设备安装经验交流会，制定主机安装标准，强化机电设备安装达标投产考核。在机电管理工作中，机电物资管理部克服了同期大渡河流域、澜沧江流域以及溪洛渡、向家坝等大型电站集中建设、集中投产造成的设备生产资源严重不足，市场资源紧缺和安装施工资源紧张等巨大困难，克服了公司流域电站投产集中、“8.30”特大自然灾害、设备原材料市场异常波动等不利影响，在保证设备设计质量、提升制造质量、按时供货、统筹机电安装、发电协调等方面付出了艰辛的努力，取得了突出的成绩，积累了丰富的合同管理和技术管理经验。

自2015年开始，机电物资管理部按照公司提升管理、创新发展的要求，以提升公司后续电站的机电设备质量，保障公司电力生产长期“稳发满发”为目标，开展了流域下游梯级新投运电站机电设备管理经验系统梳理和总结工作。通过对雅砻江流域第二阶段开发过程中机电设备管理工作经验不断总结和对各新投运电站机电设备运行后遇到的问题的梳理、分析，完成了《大型水电工程机电管理探索与实践》，从而形成有效的组织过程资产，为雅砻江机电品牌影响力的提升和公司流域梯级电站机电设备安全稳定运行奠定良好基础。

回望来路，春华秋实。机电管理工作经过10多年峥嵘岁月的艰苦努力，拼搏有成；遥望前方，雅砻江清洁能源开发宏伟画卷徐徐打开，机电人还需继续努力，不断凝心聚力、创新夯基、厚积薄发。面对公司“转型升级、创新发展”带来的艰巨的机电物资供应保障和统筹协调任务，机电物资管理部将继续秉承“务实创新、忠诚奉献”的企业精神，在公司领导的统一部署和坚强领导下，以打造“雅砻江流域机电品牌”目标，针对后续项目建设条件更复杂、更艰苦，建设管理方式有所不同的特点，不断提高机电管理的规范化和精细化水平，创新机电管理思路和管理模式，不忘初心，砥砺前行，以饱满的工作热情来迎接雅砻江第三阶段战略开发的挑战，为雅砻江流域水电开发有限公司打造“国际一流清洁能源企业”作出更大贡献。

目录

第一章 机电管理工作总结

一、组织架构与管理体系

根据雅砻江流域水电开发有限公司多项目管理制度规定，机电管理工作由公司总部和各项目管理局（含筹备机构）两级管理，其中公司机电物资管理部负责流域水电开发项目永久机电设备（含金属结构设备，下同）的统筹规划、监督指导和整体协调；负责永久机电设备招标采购、合同管理和设备供货工作；负责流域水电项目的永久机电设备安装统筹管理和监督指导工作。各项目管理局主要负责现场永久机电设备现场管理和安装工作。管理界面清晰、职责明确，满足公司“集团化、流域化、科学化”的管理要求，较好地满足流域各梯级电站建设需求。

（一）机电及金属结构设备设备管理体系

机电设备管理体系具体构成见图 1-1。

（二）机电及金属结构设备管理主要工作流程

总体工作流程如图 1-2 所示。

二、设计管理

在机电设备设计管理工作中，机电物资管理部充分发挥了业主的主导作用，提前介入，超前谋划，在充分考虑了公司已投运电站的运行模式、使用要求和相关标准的基础上，及时将其他流域和电站在机电设计方面的经验和教训融入设计管理工作中，保证了设计产品的品质，取得了良好的效果。设计管理工作主要包括以下几个方面。

（一）充分沟通，搭建与设计院机电专业交流平台

机电物资管理部每年定期组织各设计院机电专业设计人员召开年度机电工作会议，一方面是全面总结本年度机电工作，对本年度流域内各电站机电设计、供货及施工中存在的先进经验和不足进行总结，不断提升流域机电工作管理水平。另一方面是统筹安排下一年度流域各电站的机电设计工作，在项目设计院任务饱满、设计资源紧张的情况下，积极争取优质的设计资源，确保机电设计工作质量和进度。除此之外，机电物资管理部还不定期地组织与两个设计院机电处进行沟通和交流，及时研究在设计过程中需要协调解决的问题。

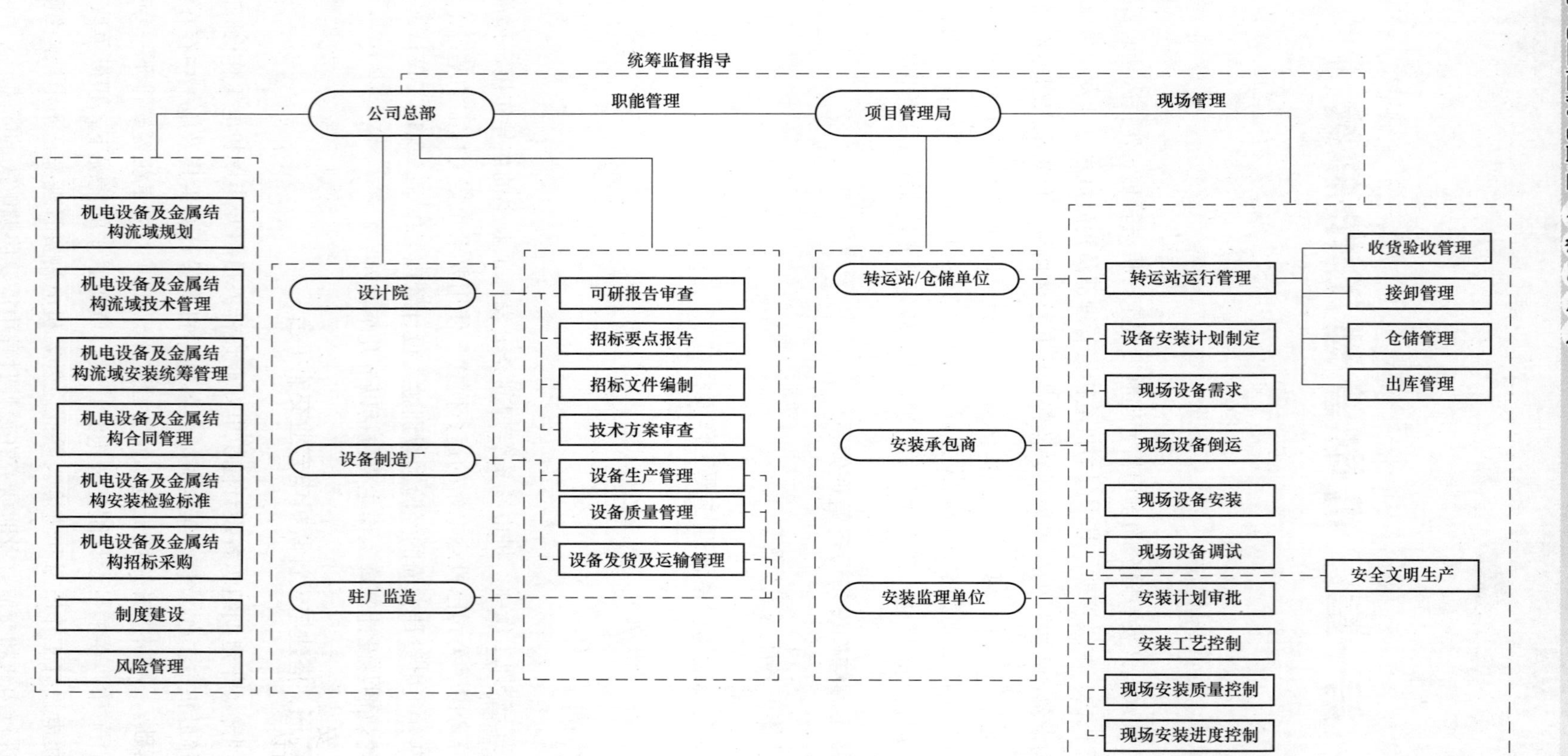

图 1-1　雅砻江流域机电及金属结构设备管理体系

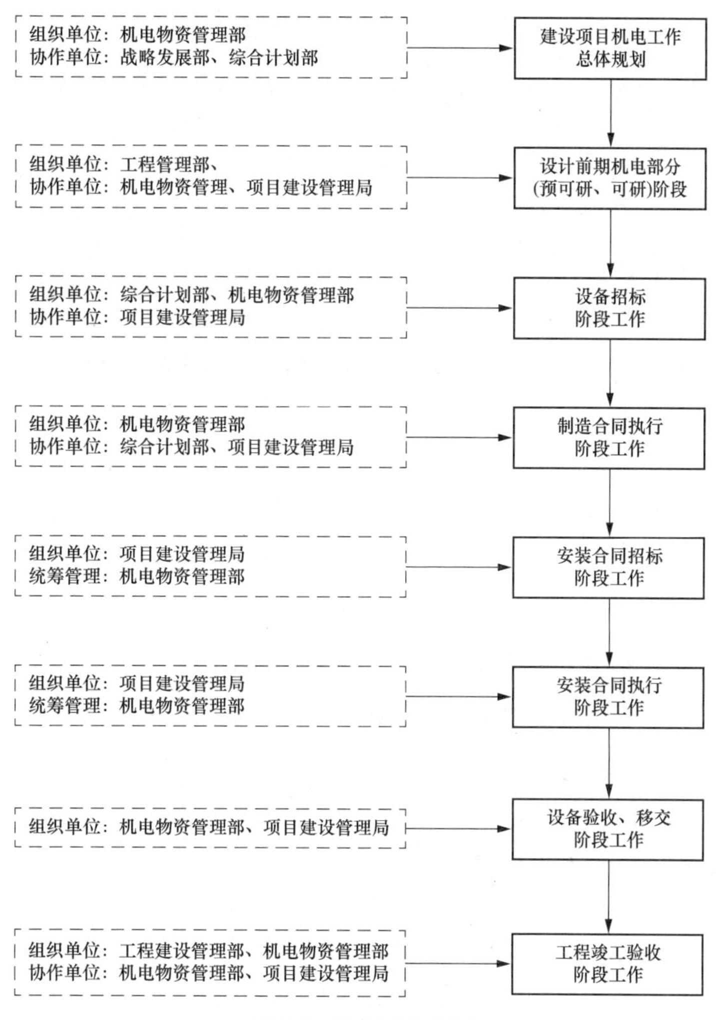

图 1-2　总体工作流程

（二）超前谋划，在项目可研阶段参与设计优化工作

机电物资管理部在项目预可研阶段就开始介入项目前期设计，会同工程管理部与设计院一起对主要机电设备的选型、布置、技术参数等进行系统性研究，对相关技术方案、物流组织、现场仓储、安装场地和总体供应规划等进行统筹规划，对关系到机电设备长期安全稳定运行的设计进行认真核查并提出专业建议。提前参与优化设计工作，有利于减少后期土建施工对机电设备安装及电站设备稳定运行的不利影响，有利于充分发挥业主在设计阶段的主导作用，有利于控制机电设备采购成本，确保交货进度和质量，为机电招标采购及后续安全运行奠定良好的基础。

例如，在桐子林水电站可研设计方案中，进水口快速闸门原采用“多门一机”方案布置，在对同类型电站调研后发现“多门一机”的布置方式对电站的安全运行存在一定的安全隐患。为消除电站安全运行存在的隐患，机电物资管理部及时组织设计院，对桐子林电站进水口快速闸门布置方案、设备选型进行了深入研究、反复论证，最终确定桐子林电站进水口快速闸门液压启闭机采用“一门一机”的布置方式，从源头上提高了电站的安全稳定运行水平。

（三）细化管理，充分发挥设计龙头作用

在项目详细的设计阶段，机电物资管理部充分发挥设计龙头的作用，对于设计院所提交的各类专题报告、招标文件、设计图纸等设计产品，均组织国内知名专家和各相关部门召开专题会议进行严格审查，在确保满足规程规范和现场实际需求的前提下，进一步优化设计方案，提升设备的经济性和可靠性。

在召开设计联络会之前，组织设计院提前开展设备生产厂家设计资料审查和研究工作，结合同类型设备在其他水电站运行过程中出现的问题，不断优化完善制造厂家的设计方案，对于在设计审查过程中发现的问题，积极研究解决办法和措施，及时向各方反馈，并采取闭环管理办法，直至问题得到妥善解决，将产品设计中存在的不足消除在设备制造前。

针对直接关系到电厂安全稳定运行的关键设备，机电物资管理部会及时组织设计复核，研究设备定型设计后可能存在的问题和需要改进的方面，从源头保证设备的质量。

（四）详细论证，对重要设计指标进行深入研究和试验检验

为保证设备的性能，在招标设计阶段需要对于部分技术参数和功能提出要求，在设备制造或者安装完毕后进行检验。例如，为减少直流偏磁对锦屏和官地水电站主变压器的影响，在锦屏和官地主变压器招标、设计阶段对制造厂家提出了主变压器直流偏磁耐受值的具体要求。在设计联络会上邀请相关专家对其方案进行审查，对相关变压器进行直流偏磁试验，并在试验的基础上进行“直流偏磁对变压器的影响”“变压器的耐受直流偏磁能力”等方面的研究，为主变压器生产和运行提供指导意见，提高了锦屏和官地水电站主变压器的可靠性。

锦屏二级水电站因引水隧洞超长，无法设置进水口快速事故闸门，为保证电站在事故状态下的安全，在锦屏二级水电站水轮机采购招标时，明确要求圆筒阀应在任何条件下均能快速关闭。锦屏二级水电站是国内设置圆筒阀水头最高的电站（最大水头 318m），圆筒阀的设计、制造难度居世界前列，行业内尚无在该水头和容量下实施动水关闭圆筒阀的先例。机电物资管理部在 2013 年 9 月、2014 年 5 月、2014 年 11 月组织了三次筒阀动水关闭试验。前两次试验并不成功，为解决该项难题，机电物资管理部多次组织国内知名专家会同厂家、设计院进行分析研究，积极推动厂家对设备进行改造，并对圆筒阀同步分流器液压系统进行优化。在各方共同努力下，实施改造后的锦屏二级水电站 8 号机组终于在 2014 年 11 月 16 日顺利通过了满负荷的筒阀动水关闭试验。后续其他机组也将按此技术方案进行改造，至此锦屏二级水电站机组具备完备的设备保护功能，也具有了国内最高水头下筒阀动水关闭的实践经验。

三、招标管理

按照公司多项目管理框架和分工界面，机电物资管理部主要负责电站永久机电设备、业主统供物资招标采购和管理。在充分借鉴其他流域公司机电和物资招标先进经验的基础上，通过实时分析、跟踪市场的供需情况和招投标情况，精心布局，合理选择招标时机，在保证设备品质的同时节省了投资成本。同时按照公司相关招标管理构架和管理制度，将机电和物资招标采购工作逐步规范化、精细化，与公司相关部门一起建立一整套行之有效的招标工作管理机制。

机电物资管理部克服了机电设备厂商生产任务饱和，设备市场价格剧烈波动等困难，通过超前的招标战略布局和精细化的招标管理，有力地保证了雅砻江流域各梯级水电站项目顺利推进，成功经受住了官地、锦屏水电站机组陆续投产机电供货和安装高峰期的考验，不仅为雅砻江第二阶段开发目标的顺利实现奠定了基础，更为雅砻江后续工程建设的机电物资保障提供了良好的条件。

（一）科学化管理采购招标

1. 提前充分开展市场调研

市场调研是机电设备采购招标策划和招标实施的基础，是后续采购招标实施决策的主要依据。调研主要包括三个方面：一是对潜在供应商的调研，由于各电站机电设备技术参数不同，为了更好地了解当前设备的技术特点、设备厂商生产经营情况、当前设备市场价格情况和设备使用情况等信息，机电物资管理部在招标前均对主要生产厂家进行调研，不仅可以了解各厂家的生产经营情况，还可以了解当前设备的市场价格，同时向设备厂家介绍公司流域开发情况，争取其及早投入人员和资源来积极应对雅砻江公司的项目招标。二是对相关流域水电开发公司的调研，包括水电开发进展及规划，设备的主要供应商，采购价格，设备需求和招标文件的规定等，以便为公司机电设备采购招标策划提供依据。三是对后续市场经济形势的分析与预测，在完成前两阶段调研的基础上，综合分析国家宏观经济发展形势，预测设备价格的波动趋势，为选择设备采购招标时机提供决策依据。机电物资管理部在完成上述调研的基础上，会同设计院和综合计划部，制定招标策略、评估招标条件等，在保证充分竞争的前提下，保证设备的质量。

2. 选择合适的招标时机

在保证工程现场安装需求的前提下，综合考虑设备的制造周期、市场形势及市场价格等因素，研究采购招标的最有利时机，降低设备的采购成本。比如在组织锦屏一级、二级和官地水电站水轮发电机组、主变压器等关键大型设备的招标时，机电物资管理部超前谋划，抓住时机，及时组织上述设备在原材料价格低迷期进行采购招标。实践证明招标采购的设备不仅完全满足了各电站安全稳定运行的需要，而且采购价格比其他流域大型电站同类设备相比大幅度降低，有效节省了项目投资。

（二）精细化管理，制定行之有效的招标管理流程和措施

机电物资管理部通过不断的探索，建立了从招标要点审查、招标文件审查、招标文件修改、相关重大事项签报和公司专题汇报的招标工作流程。

在机电设备招标前，组织国内外专家、设计院和公司相关部门、单位代表依照各电站的技术特点、可研报告和规程规范等对电站机电设备的招标要点、技术特点和运行要求等进行审查，从而确定主要机电设备的技术特性、系统的设置、电站各系统分标方案和设备总体需求计划等信息，进而为下阶段设备标书编写和审查工作明确指导意见。

机电物资管理部在设备招标前通过签报或者专题会议的形式向公司汇报需决定的重大事项。如厂用电系统主要部件的选择、电站 GCB 招标方式和程序、招标资格条件设置、涉网二次设备的采购等事项及时向公司进行汇报，配合公司完成招标重大事项的决策，并依据公司的要求完成设备采购工作。

招标文件是合同文件的基础，招标文件的质量很大程度上决定了合同文件的质量，直接关系到机电设备的选型设计和合同的执行管理。机电物资管理部在招标工作中，深入贯彻“精细化管理”的理念，形成了从招标文件编制、审查、修改、定稿、招标工作准备等一系列的工作流程。招标文件在编制和审查过程中做到了精益求精，招标文件一般需经历专业人员初审，设计院、公司相关部门和单位集中审查两个阶段，对主机、主变压器等重要机电设备还需要组织国内知名专家参与集中审查，在审查完成后形成审查意见上报公司。通过开展招标文件审查，对招标文件中的资格条件、设备参数、项目要求等与设计院、相关单位和部门进行充分讨论，集思广益，综合考虑各方的意见最终形成招标文件。针对各项目较为通用的设备，机电物资管理部会同综合计划部，积极开展设备招标文件范本的编制工作，可以为后续流域电站同类设备招标提供借鉴和参考。

机电设备采购合同是机电设备管理工作的核心，规范化管理的理念和模式需要体现在采购合同之中。机电物资管理部在机电物资采购招标策划阶段，提前将规范化管理的理念和管理方式体现在具体的招标文件条款之中，为公司管理理念的贯彻实施及合同的顺利执行奠定了良好的基础。

四、合同管理

合同管理是机电物资管理工作的重点和难点，合同文件和国家规程规范是开展合同管理工作的依据，合同管理工作主要包括以下几个方面：设计管理、进度计划管理、质量管理、风险管理和监造管理等。

（一）设计管理

优良的产品设计是机电设备安全稳定运行基础和前提，机电物资管理部高度注重机电设

备的产品设计管理工作，严把设计质量审查关，制定了完善的设计管理办法，建立了设计院审查、公司内部审核和外部咨询相结合的设计审查体系，通过固化管理流程来实现设计的规范化、精细化和标准化管理。

在严格执行设备产品设计流程化管理工作的同时，机电物资管理部还根据水电站机电设备定制化程度高的特点，利用三个电站主机承包商为国内最大的四个主机厂家的技术优势，组织召开斜元件设计分析研讨会，与会各厂家和特邀专家对斜元件设计理念、实际应用情况以及三个电站的设计方案和计算结果进行了深入细致的研究讨论，保证了应用效果。

在俄罗斯萨杨事故发生后，为及时吸取经验和教训，避免类似的事件再次发生，从设计源头上提高主机设备的设计质量，在主机厂家的积极配合下，机电物资管理部专门组织召开了锦屏一级、二级、官地水电站主机设备设计复核会议，充分利用主机厂的技术优势，从电站整体设计、设备制造、安装和运行维护等维度对前期设计成果进行了复核，对机组设计进行了全面审查，取得了良好的效果。

（二）进度计划管理

机电设备种类繁多，涉及的设备厂家众多，各厂家的生产管理模式不尽相同，确保所有机电设备按期到货对整个水电站工程建设至关重要。机电设备制造过程大致可分为：产品设计、生产准备、加工制造、装配调试、涂漆防腐和包装等环节。设备的制造过程是设备生产形成的主要过程，制造过程进度管理是保证设备按时供货的重要手段。机电物资管理部以设备制造厂家编制的设备制造生产计划为参照，制定设备制造总进度计划和各分项设备的进度计划，构成多级进度计划管理体系，对生产环节进行全方位的实时跟踪，为水电站按期供货提供了有效的保障。

机电物资管理部根据各水电站工程进展，综合考虑现场安装进度和仓储条件，每年年初组织召开机电设备供货工作会议，对上一年机电设备供货工作进行总结，并制定本年度机电设备供货计划，会上与设备供货厂家一起对上一年设备供货情况进行分析，对未满足供货计划的设备进行专题讨论，分析原因，提出改进措施。年度供货计划的制定综合考虑现场安装，设备生产周期和制造厂家的生产能力等因素，进一步明确了本年度需交货的设备和交货的时间，在保证供货设备生产工序周期合理的前提下，满足了工地现场的安装进度和需求。

在进度管理方面，面对各设备制造企业制造资源紧张不利局面，机电物资管理部充分利用公司流域化开发优势，积极争取制造厂资源，通过对各合同设备制造的排产计划、生产进度、需求计划、生产厂家的生产能力及资源投入等信息进行超前掌握和系统分析梳理，对设备采购、制造、运输、安装等过程的风险进行了辨识和分级管理，建立以下机制：

（1）风险管理机制，对交货风险进行评估分级。根据风险种类和风险危害大小，对设备交货风险进行分级，形成风险分级表和风险数据库。根据风险分类和分级，制定相应的响应等级和风险应对措施。

（2）设备交货批次动态调整机制。按合同规定和安装需求对合同规定的交货批次进行了细化，并以设备清单为主线进行相应的跟踪、检查和梳理，并按现场需求对设备制造交货时间予以调整或纠偏。

（3）及时纠偏机制。每月要求管理局按时上报设备需求滚动计划，核实设备生产厂家当前的生产进度能否满足计划需求。每月要求设备监造按时上报设备生产制造进度实际情况，核实设备制造交货进度能否满足现场安装需求。对交货进度紧张的部件，及时通报现场采取的调整措施，并协调生产厂家采取纠偏措施，同时要求监造按周（天）上报设备生产进度是否按协调意见进行。在了解现场需求、厂家生产资源安排、设备制造周期、运输周期的基础上，对设备交货进行风险分析和管控，并采取相应的补救措施。

（4）工厂巡视机制。水电站机电设备具有供货种类多、设备生产技术含量高、供应商分布广、设备生产周期长等特点，准确掌握各设备生产进度难度高，机电物资管理部建立生产厂家巡视制度。根据设备专业归属，要求部门各专业项目经理每个月前往主要设备生产单位进行巡视，掌握设备生产情况和加工周期，做到所有设备的生产均按计划完成。

在驻厂监造的协助下，机电设备交货的进度基本满足工程现场机电安装需求，特别是受“8.30”群发性地质灾害的影响，需要在很短的时间内完成部分机电设备的更换或者返厂处理，机电物资管理部以保证设备稳定可靠运行为出发点，积极协调设备制造厂家对受损的机电设备进行检测，圆满地完成设备的更换和返厂处理工作，为实现锦屏水电站首台机组顺利投产发电提供了有力的保障。

（三）风险管理

根据机电设备供货计划及设备生产情况，机电物资管理部制定了风险管理办法，包括进度预警管理机制，根据各种不同类型风险的风险程度和可能的后果，划分不同的风险等级，用不同颜色进行标识。并针对不同的风险类型和等级，分层次分级别采取相应的应对措施。风险预警统计和风险管理措施见表 1-1 和表 1-2。

表 1-1　　风险预警统计表

风险类别	风险程度	判断标志	风险等级
生产进度拖期	生产交货进度（排产计划）比合同交货时间滞后 1 个月以内，且离安装需求时间还有 3 个月以上的时间，不影响安装进度	0 天＜生产交货进度（排产计划）—合同交货时间＜30 天；且安装需求时间—生产交货进度（排产计划）＞90 天	黄色
	生产交货进度（排产计划）比合同交货时间滞后 1 个月以上，且离安装需求时间不到 3 个月，但还有 1 个月以上，不影响安装进度	生产交货进度（排产计划）—合同交货时间＞30 天；且 30 天＜安装需求时间—生产交货进度（排产计划）＜90 天	橙色
	生产交货进度（排产计划）离安装需求时间不到 1 个月，有可能影响安装进度	安装需求时间－生产交货进度（排产计划）＜30 天	红色
	生产交货进度（排产计划）滞后于安装要求，影响安装进度	安装需求时间－生产交货进度（排产计划）＜0 天	黑色

续表

风险类别	风险程度	判断标志	风险等级
生产质量缺陷	生产质量出现小问题，可以修复解决，不影响安装运行	可以修复的质量缺陷	橙色
	生产质量出现问题，无法修复解决，可以让步接受，不影响安装运行	可以让步接受的质量缺陷	红色
	生产质量出现问题，有可能影响今后运行	有可能影响运行的质量缺陷	黑色
运输交货拖期	运输工期滞后预期 1 周以内，且交货进度离安装要求还有 3 个月以上的时间，不影响安装进度	运输时间—预计运输时间＜7 天；且安装要求工期—预计交货工期＞90 天	黄色
	运输时间滞后预期 1 周以上，且离安装需求时间不到 3 个月，但还有 1 个月以上，不影响安装进度	运输时间—预计运输时间＞7 天；且 30 天＜安装需求时间—运输交货进度＜90 天	橙色
	交货进度离安装要求时间不到 30 天，有可能影响安装进度	安装需求时间—运输交货进度＜30 天	红色
	运输交货进度滞后于安装要求，影响安装进度	安装需求时间—运输交货进度＜0 天	黑色

表 1-2　　风险管理措施

风险类别	风险等级	管理措施
生产进度拖期	黄色	监造详细了解情况，向项目经理汇报情况，项目经理进行协调
	橙色	项目经理到厂家协调，要求厂家采取相应措施，确保交货时间，并向部门领导汇报
	红色	部门主任到厂家协调，和厂家相关领导商谈，要求采取有力措施，确保交货时间，并向公司领导汇报
	黑色	公司领导到厂家协调，并组织各方研究安装进度调整和安装措施优化
生产质量缺陷	橙色	监造旁站监督检查，记录修复情况，向项目经理汇报情况
	红色	厂家收集详细资料，提出申请报告，监造审核并提出意见，向项目经理汇报，经审批同意后，确认可以让步接受，项目经理向部门领导汇报处理情况
	黑色	厂家收集详细资料，提出处理意见，监造审核并提出意见，项目经理向部门主任汇报，部门主任向公司领导汇报，公司领导组织相关各方研究，确定处理意见
运输交货拖期	黄色	监造详细了解情况，向项目经理汇报情况，项目经理进行协调
	橙色	项目经理到厂家协调，要求厂家采取相应措施，确保运输时间，并向部门领导汇报
	红色	部门主任到厂家协调，和厂家相关领导商谈，要求采取有力措施，确保交货时间，并向公司领导汇报
	黑色	公司领导到厂家协调，并组织各方研究安装进度调整和安装措施优化

（四）设备成套性管理

由于机电设备特别是主机设备，零部件众多，外协和外购厂家众多，存在异地发货、异地管理等情况，导致设备成套性难以保证，影响现场设备安装。为了保证各项目现场设备安装工序和工期需求，机电物资管理部会同厂家、监造和收货管理单位对成套性管理进行统筹协调，采取措施规范和完善设备的成套性管理，使锦屏一级、二级、官地和桐子林主机设备的成套性总体满足合同和现场安装的要求。具体管理措施如下：

（1）强化交货明细表管理，交货前及时根据设备设计和制造情况更新交货明细表。

（2）驻厂监造工程师介入发货装箱流程，协助厂家进行装箱核对。

（3）现场收货管理单位及时组织开箱验收，再次核对货单是否相符。

（4）要求安装施工单位提前对拟安装的部套部件进行梳理，检查是否有遗漏缺件。

（5）与厂家协商建立缺漏件应急处理机制。

（6）实施信息化管理。信息化管理系统目前已在桐子林项目上实施，设备交货系统以交货明细总表为交货数据库的基础，实时显示各部件的状态。该系统要求厂家提供的交货明细总表必须完整、准确，各环节数据录入必须完整、准确且及时。

（五）质量管理

机电物资管理部始终将质量管理作为第一要务，把质量工作贯穿于整个机电设备合同管理的始终，开拓质量管理思路，创新质量管理理念，采取多样化的管理手段，延伸质量管理范围的措施，建立了从设计、生产制造、设备安装到质保期服务全过程质量管理体系，提升机电设备的质量管理水平。

水电站需要采购的机电设备多达百种，技术特点和质量标准各不相同，且由于水电站的特殊性，很多设备是非标产品，需要在工地进行整体组装。机电物资管理部以制度建设为切入点，建立了项目设备制造商质量管理体系，并且将制造商质量管理体系纳入整个项目的质量管理体系之中，进行全面规划和科学管理。根据电站机电物资采购特点，制定明确质量目标、加强关键过程控制、建立科学的关键过程管理原则，建立采购设备合同执行阶段质量控制管理办法。质量控制管理办法如下：

（1）质量管理体系的关键过程。机电设备供应商质量管理是为了确保采购的设备和服务能满足电站工程建设需求及电站后期长期稳定运行。因此，机电物资管理部建立以设备为对象的供应商质量管理体系，结合公司质量管理的要求，确定供应商质量管理体系主要过程：

1）规划招标——根据电站工程建设机电设备采购规划，及机电设备设计要求，对潜在供应商进行质量管理调研和考察，为机电设备招标采购奠定基础。

2）实施招标——通过召开专题审查会，组织招标文件审查等形式，确定招标文件，将质量管理体现在招标文件中。

3）合同管理——合同管理是质量控制的主要部分，在合同管理过程中与供应商有关的质量管理包括设计图纸审查及审核、监造管理质量控制、供应商过程质量控制、不符合项的管理、出厂验收管理、完工资料管理等。

4）合同结束——设备供货完成后，需要对供应商的质量进行评价以及为持续改进提供建议。

（2）质量管理的组织结构。供应商质量管理涉及的关键过程确定后，根据各专业及人员结构，明确各个岗位的职责和工作范围，组织实施质量控制关键过程，以实现项目供应商质量管理的方针和目标。机电项目供应商质量管理组织结构，如图 1-3 所示。

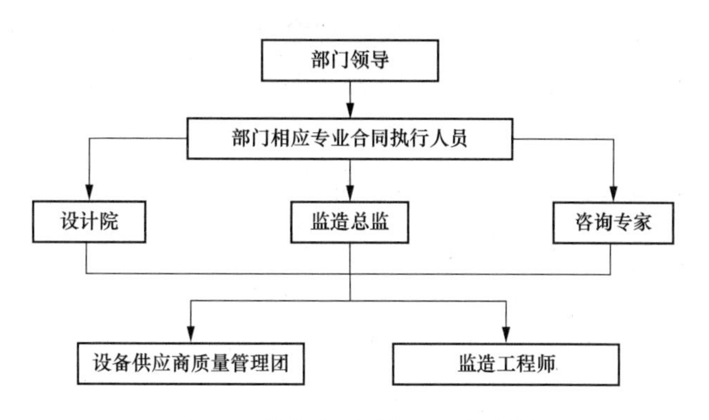

图 1-3　供应商质量管理组织结构

（3）机电设备生产供货质量过程控制。机电物资管理部以合同为依据，根据合同相关条款，明确合同双方关于质量方面的责任、权利和义务，并遵照执行。根据合同进行管理，结合机电设备的特点和实际情况，为提高机电设备供货质量管理水平，在合同管理中主要从以下几个方面进行强化管理。

1）复核设计要求、明确检查和验收标准。检查和验收标准是判断设备供货是否符合设备采购要求的准绳，只有检查和验收标准本身符合项目的要求，才有可能采购到符合要求的产品。公司机电物资管理部采取专家咨询，召开专题会等方式，制定和明确切实可行的检查和验收的标准，并在合同中明确，作为合同双方执行合同的依据，避免因标准的模糊不清造成后续的推诿扯皮现象，影响到最终的产品质量和合同双方的合作关系。

2）合理的工期。工期本身不是一个直接的质量因素，但是在工程领域中，有相当一部分质量事故甚至是安全事故都是由于抢工期造成的。为此机电物资管理部在制定招标文件和工作计划时就充分考虑生产交货周期紧张因素，合同条款中制定交货时间时充分考虑风险时间，避免供应商为满足招标供货需求时间，而压缩加工制造周期，在生产过程中赶工完成交货，导致最终采购设备的质量下降甚至质量事故。因此，在制定合同工期时，不仅要考虑到项目进度的需要，也要考虑到供应商的正常生产能力、技术能力的限制，合理制定合同工期并在实际生产过程中严格执行。

3）不符合项管理。对于在项目执行过程中或监造中发现的设备未满足设计要求的设备，根据事先规定的程序开出不符合项报告，由设备供应商分析不符合项发生的原因，提出纠正和预防措施，经监造方审查实施纠正和处理方案，并经确认后予以执行。对于不符合项，有以下几种处理方式：返工、返修、报废、让步接受。不符合项报告是记录供应商产品质量状况的重要载体，机电物资管理部高度重视对不符合项报告的管理。建立了设备不符合项管理办法，对不符合项的内容进行实时输入、跟踪、处理、分析及改进。

4）出厂验收。出厂验收是设备质量检验的一个重要环节，是在工厂内消除设备质量隐患的最后一个环节，机电物资管理部在出厂验收中始终将规范要求和合同规定放在首位，组织公司相关部门、管理局、相关安装单位、安装监理和监造等共同对设备原材料入场、零配件的合同符合性、参数性能的试验检验进行检查和见证。对关键的首台（套）机电设备还邀请相关专业知名专家，对试验程序和试验数据进行检查和咨询，取得了良好的效果。

验收一般为现场的测量、试验、查验等，对一些低风险的产品，如标准件等，采取文件审核的方式来进行最终检验。一般出厂验收主要从以下几个方面进行检查：设备的外观及主要尺寸，如现场安装尺寸、清洁度，有无污损等；设备工厂内的性能和模拟试验；设备的品牌、规格、型号等；设备过程质量文件检查，如材料、焊接、工艺、试验等；油漆及其它防腐保护要求；设备包装，包装应满足相应的运输要求；产品型号、规格、标识标记；核对箱单和产品是否符合；文件资料等。供应商设备经终检合格后，我公司出具出厂验收纪要或备忘录，通知供应商可以申请发货。

5）驻厂监造质量管理。为了进一步确保设备的质量和进度，对部分设备采用驻厂监造的方式进行管理。驻厂监造单位是公司通过招标方式，选择有资质的监造单位，在设备生产过程中委派监造工程师驻厂监造。为了确保驻厂监造工作的顺利进行从而保证采购设备的供货质量和供货时间，专门制定了监造管理办法，并严格实施。

在机电及金属结构设备的质量管理中，机电物资管理部建立工厂巡查、工厂验收与驻厂监造质量监督相结合的质量监督体系，对有驻厂监造的设备通过加强驻厂监造管理，加强定期工厂生产质量巡查、工厂验收相结合的方式进行设备制造过程中质量监督工作，水轮机、发电机等关键机电设备工厂巡视一般按每月一次执行。通过有效的监造管理、工厂巡视和工厂检验，及时发现设备在制造过程中出现的问题，力争通过相关质量控制手段，确保设备的质量无缺陷。例如在巡查和工厂检验中发现了锦屏一级 1 号主变压器一相生产过程中绕组高度不满足规范要求等重大质量隐患，及时要求厂家按照规范要求予以整改。

6）充分借鉴其他项目的经验教训。为消除设计上可能存在的缺陷，机电物资管理部及时组织厂家、设计院调研类似设备在其他电站的应用情况，充分借鉴其他项目的经验教训。比如在研究锦屏一推力油槽的防甩油和防油雾措施过程中，积极吸取同类型电站改造的经验，进行优化设计，取得良好的效果。

五、监造管理

为了能够实时跟踪机电设备加工制造的质量和进度，全面掌握机电设备加工、制造、运输等信息，机电物资管理部在主机和电气设备采购合同中都考虑设置驻厂监理，代表业主把控设备加工制造过程中的质量和进度，及时沟通解决设备加工制造过程中的问题，并及时向

业主反馈相关信息。设备监造是业主控制机电设备加工制造过程最直接的手段，有力地保证了设备加工制造过程中的进度和质量。监造管理主要包括以下几个方面：

（一）监造力量配置

在监造服务招标阶段，应预估本项目所需要的监造团队力量，并在招标文件中明确监造人员的配置要求，包括项目监造团队的人员数量、学历、资质、经验、技术水平和业务能力等方面的要求；鉴于设备加工制造过程中可能出现多种多样的问题，对监造工程师有较高的专业要求，机电设备加工制造过程集材料、热处理、机械加工等工艺工法为一体，要求监造人员应具有较为完善的专业知识体系，具备较高的专业素养，熟悉材料、加工工艺和流程。项目总监还应具备丰富的监造管理经验和较强的沟通协调能力。项目执行团队的人员应能够满足工程项目需求且在专业上应设 A、B 角，以保证监造过程的连续性。同时为了保证监造工作质量，需在招标阶段对项目团队的办公硬件配置进行明确，要求配置相机、电脑、打印机等必需的办公用品。

（二）监造与设备制造厂家接口

为方便监造开展工作，在设备采购合同中应明确规定业主有权在合同执行阶段引入监造代表业主行使质量、进度等方面检查和管控的权利，要求设备厂家应遵守监造的工程指令，支持监造的工作，为监造工作和生活提供便利的条件，同时应明确与监造协调配合的工作内容和相关配合责任。

在监造合同中，需明确监造的监理组织、工作内容和范围，明确工作的标准依据、工作程序和工作职责，明确对设备制造质量和进度等方面的反馈机制，从而有序规范监造的工作行为，保证监造工作的顺利实施。

（三）监造工作要求

（1）设计联络会。监造合同应在设备采购合同签订后尽快实施，要求监造参加设备设计、制造过程中所有相关的沟通、协调和联络会议，掌握会议内容，了解相关技术调整或变更的来龙去脉和相关过程细节，针对性地开展日常监造工作，保证监造工作的精准性和高效性，保证设备制造的质量及进度。

（2）质量管理。监造代表业主行使设备加工制造及包装运输的质量管理责任，应对设备出厂前的质量负责。机电物资管理部在项目执行过程中要求监造人员的作息时间应与设备厂家的作息时间一致；对于热处理、精加工等过程工序应旁站检查；在设备转入下一道工序前，监造应参与厂家的内部工序质量检查并签字确认，经监造确认后方可进入下一道工序；参与设备加工完成后的检查验收工作并签字确认；对于设备制造合同规定的目睹见证和检验工作，应及时通知业主并组织目睹见证和检验等活动；对于精密部件或易腐部件，监造应负责设备发运前的包装检查工作并签字确认；对于出现的质量问题，应下达指令要求设备厂家进行处理，对于有较大或重大影响的质量问题应及时向业主反馈；对于外委、外协加工的部件或重要的外购设备，监造应参与相关设备的重要工序见证和出厂检验工作；应结合工作实际情况认真做好监造日志。

(3) 进度管理。监造代表业主行使设备交货的进度管理职责，根据规定的交货进度计划和设备交货明细表，实时跟踪检查设备厂家加工制造周期计划的执行情况，对于出现的进度偏差，应及时协调厂家进行纠偏，对于无法协调或协调无果的情况应及时向业主反馈，以保证设备交货进度满足项目要求。

(4) 跟踪及反馈管理。监造应建立良好的设备质量、进度方面的跟踪及反馈机制，根据设备交货紧张程度及时编制项目监造报告，设备加工制造和供货高峰期应每周提交，其他阶段可每月提交，但每月应至少提交一次。监造报告中应包含当期主要完成的工作任务、当期的设备加工制造进度情况、实际进度与计划要求的偏差及原因分析和纠偏建议、当期设备加工制造质量问题及问题处理情况、当期设备的发货统计及工程信息管理系统登录情况等。

(5) 信息资料管理。监造应负责收集和整理所监造项目合同执行过程中如监造规划大纲、监造日志、来往文函、周报月报、监造指令等管理类文件和设备加工制造过程的质量记录、运输包装检验记录、目睹见证及检查验收的相关会议纪要、发货清点记录等技术类文件，并在项目完成后移交业主归档。合同执行过程中，监造应根据业主要求，将设备加工制造及发运相关信息登录至工程信息管理系统。

（四）监造工作管理与考评

机电物资管理部建立了监造考核机制。根据已完成项目的监造管理经验，对监造的管理和考评一般分为日常考评和定期考评，规范监造的工作和行为。

(1) 日常考评。细化对监造的日常工作要求，如要求监造与设备制造厂家一致的作息时间安排，保证项目组监造人员满足监造管理工作需求，不定期对监造工作进行巡视检查，及时整改存在的问题。通过跟踪了解到货设备的进度、质量等情况，对监造的工作情况和工作质量进行日常考评。

(2) 定期考评。根据监造合同，监造进度款支付过程中设有考核金及奖励金，机电物资管理部、综合计划部、建设管理局和设备厂家分别对一定时期内的监造执行情况进行打分，并根据合同规定的比重进行考核，考核结果作为对监造考核金及奖励金的支付依据。

六、现场安装管理

机电物资管理部深入贯彻为工程现场服务的理念，通过统筹协调，技术指导和进度质量检查等方式，对现场机电安装工作进行统筹协调管理。现场安装管理主要包括以下几个方面：

（一）制定安装标准，持续推进安装工程标准化管理

水电站机电设备众多、安装工序复杂，设备安装质量直接关系到电站运行的安全性和稳定性。公司流域梯级水电站涉及的设备制造厂家众多，安装方式和质量标准不尽相同，完全用国标和行业标准来统一覆盖全部的安装过程和最终验收的质量标准有一定难度，国内很多大型水电站都根据设备的特点建立了专门的机电设备安装标准体系，鉴于此，机电物资管理部根据国家规程规范和制造厂技术要求以及国内外其他大型水电站机电设备安装经验，结合四个电站主机设备的特点，编制完成了四个电站主机的安装标准，并于2010年5月、7月和8月组织召开了锦屏一级、二级和官地水电站机电安装标准的审查会议，2012年4月组织召开了桐子林水电站机电安装标准审查会议。

为了提高蜗壳焊缝检测水平，避免射线探伤检测对现场施工的干扰，根据电站的特点，参照国家规程规范，机电物资管理部牵头组织，委托郑州机械设计研究院编制完成了蜗壳焊缝TOFD探伤的企业标准，并于2010年8月颁布执行，为在建项目应用TOFD先进技术确立了标准，保证了蜗壳焊缝质量。

（二）统筹协调，强化技术指导，加强现场监督管理

机电物资管理部在保障供货的同时，着力加强对现场安装的监督、检查和指导工作力度，建立了工地值班制度和月度现场供货、安装协调会议制度，每周均安排部门员工代表部门在工地现场进行值班，组织设备到货验收、协调厂家代表现场服务、指导现场安装，为安装的顺利进行提供有力的保障，满足公司按期发电的目标。

为提高现场设备缺陷处理响应速度，进一步保障机电安装进度，机电物资管理部邀请哈电和东电专家团队，深入工地现场进行沟通交流，及时处理设备缺陷，分别于2011年7月和12月组织现场安装及监理技术人员与哈电质量万里行考察团和天阿质量回访考察团进行现场交流沟通。除此之外，机电物资管理部还定期组织到现场检查机电设备安装施工进度及施工质量，积极协调厂家及时解决现场施工出现的问题，不断提高对工程现场的服务质量，保证锦屏一级、二级、官地水电站机电安装各节点目标顺利实现。

七、机组启动验收管理

根据公司安排，机电物资管理部作为锦屏、官地和桐子林水电站各机组保发电和机组启动验收工作的牵头部门，按照公司对启动验收和保发电工作“统一检查、统一协调、统一部署”的指示，积极牵头开展了锦屏和官地水电站各机组保发电、机组启动验收工作，在公司领导大力支持下和各部门单位的共同努力下，克服了时间紧、任务重、协调工作量大及多种不可控因素和突发事件的影响等诸多困难，按计划圆满完成了官地水电站机组和锦屏水电站机组启动验收和保发电协调工作，各机组均提前或按期顺利投产发电，机组启动验收和保发

电工作取得了丰硕的成果。机组启动验收主要包括以下几个方面：

（一）建立了启动验收和保发电的组织保障体系

为确保机组启动验收按照“统一检查、统一协调、统一部署”的要求开展各项工作，公司及时成立了锦屏和官地水电站保发电工作组和启动验收工作领导小组，在公司的统一安排部署下，机电物资管理部作为保发电和启动验收工作的牵头部门，与相关部门和单位密切协同，牵头制定了发电准备工作及机组启动验收总体计划，系统梳理并优化了公司启动验收的工作界面和管理体系，根据认识统一、目标明确、指挥有序的原则，对相关工作流程进一步优化，切实做到了统筹指挥，管理有序。同时机电物资管理部还积极组织保发电工作小组的各项工作并检查落实，充分发挥了承上启下的作用，定期组织对投运准备工作情况、工程现场施工进度、质量以及内外部协调事宜进行梳理检查，采用周例会的形式加强信息沟通和各方协调，确保了各项工作能按计划落实，为各机组顺利并网发电奠定了组织保障基础。

（二）编制并不断完善启动验收管理标准体系

自2011年初开始，机电物资管理部就着手开展机组启动验收的准备工作，超前谋划，提前对川内其他电站启动验收模式、启动验收主管单位和启动验收相关法律规范等进行了详细的调研，并依据调研结果编制了官地水电站启动验收手册，并结合官地水电站启动验收经验，编制完善了锦屏水电站启动验收手册，形成了启动验收工作的指导性文件；借鉴国内类似工程启动验收经验，组织成立了公司启动验收专家组，对启动验收的准备工作及工程现场应具备的条件和面貌进行了指导和咨询；以单台机的形式委托川电监理对启动验收工作进行技术咨询，对启动验收的相关资料准备进行辅导；积极协调四川省电力公司和川电监理，对启动验收委员会工作管辖界面进行优化调整，以有利于公司提前开展机组尾水充水和动水调试工作，为整体调试运行争取了大量宝贵时间，避免给公司带来决策风险。通过锦屏、官地水电站各机组启动验收工作实践，雅砻江流域各梯级电站机组启动验收的相关工作流程和组织程序得到规范，已形成了较为完善的管理工作标准体系。

（三）理顺了机组启动验收的管理关系

由于官地、锦屏水电站是国家电网调度中心在川内首次直接调度的水电站，政府相关部门有不同的利益诉求，对水电站调度管辖权、电能分配、上网税收等事项与国家电网有限公司存在异议，相关电网调度单位对于首台机组启动验收的管理关系、工作界面、相关标准及指导性流程还有待完善，由此给机组的启动验收带来不利影响。机电物资管理部勇于担当，积极协调和寻求政府主管部门及电网公司对启动验收工作的支持，攻坚克难，有效组织和整合公司内外部资源，最终由省发改委、省经信委、省能源局和国家电网有限公司共同委托省网公司负责牵头开展启动验收工作，并进一步规范了启动验收的工作流程和要求，开创了一

条国网直调、省网负责启动验收的新路，为雅砻江流域后续电站各机组顺利投产发电奠定了基础。

（四）对新情况、新要求及突发事件应对及时，措施有效

官地水电站确定为国网直调后，国家电网有限公司对电站涉网设备的配置和参数提出了许多新的要求，使首台机组的调试时间极为紧迫。机电物资管理部积极与国家电网有限公司建设管理部门、电网运行和调度部门协调，会同公司相关部门在较短时间内完成了涉网设备的采购、安装调试和整改优化，为官地水电站首台机组顺利进入 72h 试运转奠定了良好的基础。通过官地水电站首台机组的启动验收工作，机电物资管理部会同国网公司进一步明确完善了涉及机组启动验收的相关技术标准和要求，为后续机组启动验收工作的顺利开展创造了条件。机电物资管理部会同公司相关部门和单位积极与省网公司协调交流，并多次派员深入现场，协调相关各方解决工程建设中遇到的各项困难，尽可能提供便利条件，通过各方积极努力，送出线路工程在时间紧任务重的情况下，按期完成建设目标，确保了机组发电目标的顺利实现。这充分体现了公司对于突发事件的应急机制较为完善，应对及时，措施有效。

随着桐子林水电站 4 号机组启动验收委员会会议的召开，雅砻江流域第二阶段开发的电站 22 台机组启动验收工作画上了圆满的句号。机电物资管理部作为电站机组启动验收工作的牵头部门，勇于担当，突破创新，统筹协调顺利完成机组启动验收和保发电工作，在机组启动验收工作中采取了机电物资管理部牵头统筹组织、总部各部门和管理局协助的方式，在充分吸收省内其他流域公司机组启动验收相关经验的基础上，通过编制各电站启动验收工作手册，将各电站每台机组启动验收工作计划落实到各部门和单位，做到责任明确，有序推进。同时机电物资管理部通过在启动验收工作中的不断总结，持续提高组织启动验收工作的精细化水平，规范工作流程，机组启动验收工作得到了业内专家的一致好评，流域下游 22 台机组均按时召开机组启委会会议，为流域下游各梯级电站顺利投产发电创造了良好条件。

八、发挥流域优势、搭建交流平台、总结经验教训、促进品牌发展

机电物资管理部以打造雅砻江机电品牌为目的，以年度工作计划会议、年度机电供货工作会议、年度设计、安装和制造经验交流会议和各电站设计、制造和安装回访会为载体的，建立了集设计、制造、安装以及运行经验交流在内的多层次交流平台，为雅砻江流域机电设计和管理水平的提高奠定了坚实的基础。同时机电物资管理部还积极参加全国水电行业各类学会相关会议、同其他水电开发公司开展经验交流，向同行业介绍机电设备管理成功经验，开展行业领先水平科研工作，推动行业整体水平的提升，不断扩大公司在行业内的影响力。

作为雅砻江流域机电品牌建设的一项重要内容，自 2008 年以来，机电物资管理部已经先后组织召开了多次“雅砻江下游梯级电站机电设备技术总结和机电安装技术交流会”，得到了厂家、施工单位、设计院的积极响应，推选了多篇论文在行业核心刊物上发表，有效地

搭建了雅砻江流域交流平台，为各电站机电设备设计水平、设备制造质量、设备安装质量和设备安装工艺水平提高提供了有力的支撑，取得了良好的效果，促进了公司各流域电站的机电设备管理和安装工作的提升。

“前事不忘，后事之师”，机电物资管理部在机电设备管理工作中注重知识管理，不断总结机电管理工作中的经验教训，将机电管理工作中遇到的问题进行分析，积极寻求解决办法，并在后期的工作中及时将解决办法进行固化，从而形成有效的过程资产。

由于机电物资管理部管理的设备所涉及的专业较多，各专业分工较细，各相关专业工作过程中会出现不同种类的问题，机电物资管理部在加强总结的基础上，加强各专业间相互沟通，将各专业在工作中所遇到的问题及时进行通报，并及时将各专业反馈意见进行综合，并贯彻到后期的机电管理工作中。

通过上述管理过程中的不断积累和改进，机电物资管理部将机电设备管理工作相关程序和方法不断固化，并形成相关总结和手册等，不仅充实了公司的组织过程资产，同时为后续工程开发的机电管理工作奠定了基础。

自 2012 年 3 月官地 1 号机组投产发电，至 2016 年 3 月桐子林 4 号机组投产发电，锦屏、官地和桐子林水电站 22 台机组相继如期或提前投产发电，雅砻江流域开发第二阶段开发圆满收官，机电物资管理部在保证设备质量和供货、统筹机电安装、保发电协调等方面付出了艰辛的努力，较圆满地完成了各项工作任务，为公司实现锦官电源组全面投产发电的目标做出了积极的贡献。

第二章　水轮发电机组及其附属设备

一、主机专业概况

主机设备主要指以水轮机为原动机将水能转化为电能的设备，是构成水电站发电系统的主体。机电物资管理部负责的主机设备主要包括水轮机系统、发电机系统和调速器系统。主机设备具有设备系统庞大、结构复杂、部件重大、组件繁多等特点。

根据公司多项目管理规范框架性制度中机电物资管理工作界面，以及部门职责分工，机电物资管理部主机专业主要负责上述主机设备的前期可行性调研、设备选型、招标采购、合同谈判及签订、设备设计制造、制造过程中的监造管理、设备厂内试验验收、供货运输、现场安装及调试协调以及设备质保期内问题处理等全过程的管理工作；负责上述主机设备合同和监造合同包括合同执行、变更、支付、考评等工作在内的日常管理工作；协调、统一主机系统设备与其他系统设备在设计、安装调试过程中的界面和接口等问题。

二、水轮发电机组初步设计

水轮发电机组三维效果如图 2-1 所示。

图 2-1　水轮发电机组三维效果

为了使电站水轮发电机组参数先进合理、技术成熟可靠、设计制造可行、运行安全稳定，对机组主要参数选择时，主要从确保运行稳定性、确保设备刚强度和抗疲劳能力上综合考虑：

（1）水轮机水力稳定性应放在首位。水轮机的最优效率开发目前国内已达到比较高的水平，对混流式水轮机而言，主要机组生产厂家模型最优效率已普遍能做到 94%以上，原型 95%以上。作为机组的原动力部件，在可靠性方面，应要求水轮机的高效率区尽可能宽，稳定性指标总体尽可能优越。招标文件的评价因素和技术指标应能体现招标人意图，引导投标厂家的研究方向。

（2）水轮机在机组稳定性应具有良好的能量指标。雅砻江三大水库形成后，整体具有多年调节能力，可以得到更准确的不同水头运行时间，更准确地计算各水头和各段负荷的加权因子。水轮机在高权重区应具备获取良好能量指标的条件，以取得较优电量效益。

（3）部件结构设计安全可靠。主机设备各部件结构设计要求按最恶劣的工况进行计算，在运输条件许可下考虑最少分瓣分块。疲劳寿命不能较准确的计算时，应考虑充分的安全裕量。

（4）发电机的参数选择应体现先进性和可靠性。如额定电压、同步转速、冷却方式、绕组型式、惯性常数、电磁参数等发电机主要参数应从先进性和可靠性上综合取舍。

（一）水轮机选型

水轮机选型是水电站建设过程中非常重要的工作之一，从电站早期规划就介入其中，既涉及水电站装机容量、机组台数、机组形式、特征水头等早期的总体方案论证，又包括额定水头、额定转速、额定出力等水轮机方案分析，还包括效率、空化系数、最优单位参数、额定单位流量等水力参数目标制定和导叶高度、导叶分布圆、转轮直径等几何参数选择等细节问题。水轮机选型工作的优劣，不仅与模型水轮机开发工作息息相关，更重要的是关系到电站建成后的运行品质。如果水轮机选型合理，则水轮机各项水力指标实现起来比较容易，反之则原型水轮机运行经济性较差，如果出现水力不稳定现象等重大问题，就会给电站带来终生的安全隐患。因此，从流域电站规划伊始，公司机电物资管理部就紧密跟踪项目进展，在电站水轮机选型工作上做了大量基础工作。

根据不同类型水轮机结构形式和工作原理的特点，各类型水轮机对水头的适用范围不同，不同类型水轮机适用水头范围如下表。一般来说，低水头工况选用贯流或轴流水轮机；中高水头选用混流水轮机；高水头选用冲击式水轮机。但当开发项目水头处于各水头搭接段时，需要综合考虑项目位置、流量特点、工程施工难度、投资成本、设备运行合理选择机型。比如，锦屏二级水电站水头范围为279.2～321.0m，设计水头288m，在该水头段可供选择的水轮机机型，只有混流式和冲击式两种。冲击式水轮机具有运行平稳、振动区小等优点，但是单位流量较小，转轮直径较大，且转轮需整体加工，运输难度大，机组造价高，后期运行维护成本高；混流式水轮机具有高效区相对宽广、效率较高、结构简单等优点，中高以下水头段大容量混流式水轮机的设计、制造、运行目前均比较成熟。经过综合比较，锦屏二级水电站选用高水头混流式机组。桐子林水电站设计水头20m，结合坝址位置流量大的特点和总体的投资效益比，并综合考虑后续的维护便利性和维护成本，桐子林水电站选用轴流转桨式水轮机。不同类型水轮机适用水头范围见表2-1。

表2-1　不同类型水轮机适用水头范围

类型	形式		适用水头范围（m）
反击式	混流式	混流式	20～700
		混流可逆式	80～600
	轴流式	轴流定桨式	3～80
		轴流转桨式	3～50

续表

类型	形式		适用水头范围（m）
反击式	斜流式	斜流式	40～200
		斜流可逆式	40～120
	贯流式	贯流定桨式	1～25
		贯流转桨式	
冲击式	水斗式		40～1700
	斜击式		20～300
	双击式		5～100

（二）水轮机初步设计

水轮机初步设计过程是一个技术指标、安全指标和经济指标互相平衡取舍的过程。

1. 额定水头的选择

水轮机额定水头是水轮机在发额定出力时的最小水头，额定水头的选择将直接影响水轮机的转轮直径（即机组尺寸）、加权平均效率、低水头下机组最大出力以及水轮机运行的稳定性（主要是高水头部分负荷区运行的稳定性）。

在最大和最小水头已确定的情况下，需综合考虑坝址长期水位情况和后期运行经济性指标，如果额定水头设置较高，则后期运行整体经济效益较差；若额定水头设置较低，则机组尺寸相应增加，水轮机质量加大，厂房开挖等相关尺寸变大，设备安装和制造难度增加，导致单位容量投资成本较高。如锦屏二级水电站，电站水头变幅不大，为提高水轮机的平均效率和运行稳定性，在可研阶段额定水头取接近或等于电站加权平均水头 H_{av} 确定为 288.0m，额定水头和加权平均水头的比值为 0.98，水轮机在运行区域内的稳定性就相对易于得到保证。

2. 设计水头的选择

设计水头是水轮机最优效率工况对应的水头。对于大型或水头变幅大的水轮机，应论证设计水头的合理选择范围。设计水头的选择原则是在保证水轮机稳定运行的前提下，既要顾及水轮机的能量特性，同时又要兼顾水轮机高、低水头的运行稳定性和空化性能。对于反击式水轮机，还应使叶片头部背面和正面脱流空化线位于水轮机正常运行范围之外。一般而言，设计水头应接近或略大于电站的电能加权平均水头，以获得最大的发电效益。设计水头与水轮机水力稳定性又有密切的关系，H_{max}/H_d 比值越大，水轮机高水头工况偏离最优工况越远，可能出现高水头部分负荷时叶片头部背面脱流，并引起机组的振动和空蚀；而 H_{max}/H_d 比值越小，则低水头工况偏离最优工况越远，低水头大开度时可能出现叶片头部正面脱流，引起机组的空蚀和振动。

如锦屏一级水电站水库消落深度达 80m，水轮机运行的最大水头 240m，最小水头 153m，水头变幅达 87m，最大水头与最小水头之比 1.568，主机设备招标前是当时高水头巨型混流式水轮机中水头变幅最大的电站，鉴于水轮发电机组的设计制造难度大，公司在招标阶段对机组参数的选择及水轮机模型开发给予了高度重视，合理确定锦屏一级水轮机的设计水头 H_p 就起到至关重要的作用。由于锦屏一级水轮机在 210m 水头以上运行概率占 73.4%，在高水头段运行时间长，从电站效益考虑，水轮机设计水头最好等于电站加权平均水头，以获得较高的运行效率从而提高电量，但如果设计水头偏低，在高水头区运行时，偏离最优工况较远，叶片进水边冲角过大，易产生叶道涡引起机组振动；设计水头偏高，可能出现高水头部分负荷时叶片背面脱流而引起的叶道涡造成转轮前部流道的压力脉动，并引起机组的振动。对于水头变幅达 87m 的锦屏一级水轮机，经过分析论证 H_p 取定为 215～220m。对于锦屏二级水电站的水轮机的设计水头 H_p，国内外几大制造厂的推荐值 $H_{max}/H_p=1.05\sim1.15$，因此锦屏二级的 H_p 在 295m 左右比较合适，最后选定为 295m，对应的水头比值 $H_{max}/H_p=1.081$。

3. 比转速 n_s 和比速系数 K 选择

比转速 n_s 和比速系数 K 是衡量水轮机能量特性、经济性和先进性的一个综合性指标，同时也反映了制造厂家的设计和制造能力。随着水轮机设计制造水平的提高以及新材料、新工艺的应用，水轮机比转速和比速系数应有所提高。一般而言，大容量机组为缩小机组及厂房尺寸，节省投资，提高电站的经济效益，在可能的条件下倾向于选择较高的比转速和比速系数。但是比转速的提高受到水轮机强度、空化性能、泥沙磨损、运行稳定性等因素的制约，特别是尺寸较大的大型机组，其刚度、强度相对较弱，不能单方面追求过高的指标。近几年水轮机比转速和比速系数有从较高水平向合理水平回归的趋势。

如锦屏二级水电站，根据招标阶段国内外已投产在建和拟建的中高水头段大型水轮机额定比转速 n_s 和比速系数 K 值的统计（额定水头大于 250m 的水轮机的比速系数 K 值一般在 1756～2236 之间），又考虑到锦屏二级的水头较高，水轮机仍可能存在一定的泥沙磨损，选择适中的比速系数有利于机组的安全稳定运行，综合评估后锦屏二级水轮机的比速系数 K 值选择 1700～2000，相应的额定比转速 n_s 为 100～117.4m·kW。

4. 额定转速选择

额定转速选择影响到水轮机比转速的选择，同时额定转速也受发电机结构强度、磁极对数和冷却能力的限制，因此需综合考虑。

如锦屏二级水电站可供选择的发电机同步转速有 150.0r/min、166.7r/min 和 187.5r/min，对于额定转速 150.0r/min，对应的额定比转速 n_{sr} 为 97.9m·kW，略偏低；对于额定转速 187.5/min，对应的额定比转速 n_{sr} 为 122.4m·kW，略偏高；对于额定转速 166.7r/min，对应的额定比转速 n_{sr} 为 109.7m·kW，较为合理。结合发电机冷却方式、并联支路数、槽电流和额定电压等参数的综合比选结果，最后选取额定转速 n_r 为 166.7r/min。

5. 单位转速 n_{11} 和单位流量 Q_{11}

单位转速 n_{11} 和单位流量 Q_{11} 是水轮机的两个重要能量参数。由比转速 n_s 计算公式 $n_s=$

$3.13n_{11}\sqrt{Q_{11}\eta}$可知，改变三者之间的任何一项，都可以改变比转速，其中效率的影响最小，改变的幅度也有限；而改变比转速最直接有效的途径就是改变单位转速。提高单位转速，可以提高发电机的同步转速，减少发电机磁极数，缩小发电机结构尺寸，降低发电机质量，从而节约电站投资。但另一方面，由于转速的提高，水轮机转轮出口圆周速度增加，使得出口相对流速增加，过高的相对流速造成流道内压力降低，对水轮机的空化性能、泥沙磨损、机组运行的稳定性造成不利影响；且由于转速的升高，飞逸转速亦增加，对机组结构部件的强度提出了更高的要求，所以单位转速的提高受到一定程度的限制。提高水轮机单位流量可以减小水轮机转轮直径，减轻水轮机重量，减小厂房尺寸，从而节约电站投资。但是，单位流量的提高受限于水轮机流道的几何尺寸，二者是一对矛盾。过大的过流量同样造成流道内流速增加、空化系数增大、水轮机空化性能降低等不利因素导致出现压力脉动幅值增大的可能。因此，在水轮机比转速一定时，水轮机的单位转速 n_{11} 和单位流量 Q_{11} 应合理匹配，才能使水轮机具有较高的综合性能。

6. 水轮机效率

水轮机效率是表征水轮机能量特性的重要指标，直接影响电站的发电效益。在保证机组运行安全稳定的前提下，适当提高水轮机效率，有着较大的经济现实意义。随着计算机技术在水轮机设计中的应用，水轮机水力设计取得了较大的进展，水轮机效率有了较大的提高。我国近年投产的二滩、天生桥Ⅰ级和三峡左岸等电站的水轮机，其模型最高效率均超过了94%，国内、外制造厂为锦屏二级水电站推荐的原型水轮机预期最高效率都在93%以上。结合锦屏二级水电站的水头变幅相对较小（$H_{max}/H_{min}=1.15$），最后选定的锦屏二级水轮机模型预期最高效率不低于93.0%，原型水轮机预期最高效率不低于94.5%。

7. 水轮机压力脉动

水轮机压力脉动的测点有蜗壳进口、无叶区、尾水管锥管段、弯肘段、扩散段等部位，而工程考核的重点部位是无叶区和尾水管锥管段。对于混流式水轮机的压力脉动指标，工程上普遍可以接受的观点是绝对幅值 ΔH 不大于 8～9m，尤其是中高水头电站。

水轮机尾水管压力脉动值的大小，直接影响机组的安全稳定运行，尤其是对大型水轮机更加重要。尾水管压力脉动值的大小与过流部件的水力设计、机组安装高程、水轮机运行工况等多种因素有关，压力脉动的产生主要集中在偏离最优工况的部分负荷区。

根据以上压力脉动的特点，在设计转轮时，一般要求厂家将水轮机的最大水头与设计水头的比值控制在1.1以内，可使水轮机在高水头部分负荷区的运行得到改善。一般情况下，压力脉动相对幅值 $\Delta H/H$ 的最大值将出现在最低水头下，此时的压力脉动绝对幅值 ΔH 并不很大，不会影响机组的安全运行。

无叶区压力脉动和尾水管压力脉动同样重要，其主要受控于导叶出口流态和转轮进口冲击，出口流动角和进口流动角匹配合理则压力脉动较小，反之，则较大。无叶区压力脉动另一个激振源是导叶和叶片的动静干涉，公司流域已投运项目水轮机设计都选用奇偶搭配，且导叶数和叶片数不能过于接近。当发生特殊压力脉动时，无叶区压力脉动也会显著上升。

8. 水轮机空化系数

水轮机空化性能通常用空化系数σ表征，其优劣亦是衡量水轮机综合性能的一个重要指标，关系到水轮机的安装高程、使用寿命和稳定性能，应合理选取。原型水轮机的空蚀破坏还与制造和安装质量、运行工况、水头变幅等因素有关。较为完整的做法是既要研究水轮机模型试验出现初生气泡时的空化系数，又要研究效率下降点的空化系数，综合两者的关系，并留有一定裕量来确定电站空化系数和安装高程。

9. 水轮机能量特性和空蚀特性

水轮机能量特性和空蚀特性是一对矛盾体，水轮机比转速高表示能量特性好，可增加出力，减小尺寸，进而减小厂房尺寸和机组造价，但防空蚀特性变差，需要增加埋深来提高电站装置空化系数。反之比转速低则水轮机能量特性变差，出力减少，机组尺寸增加，增加建设期投资的同时后期运行效益降低。

10. 装机台数和单机容量

装机台数和单机容量是另一对矛盾体，如果单机容量选择较小，考虑到流量匹配性，则机组台数较多，相对单位造价高，但运行期内调度灵活，制造运输难度小。若单机容量大，则优劣势反转，因此需根据需要，综合匹配单机容量和台数的关系。

（三）水轮机初步设计参数确定

水轮机在初步设计阶段确定了一些电站参数，同时也推荐一些机组性能参数，性能参数的推荐虽然有一定的方法，但依据却是前人的经验和各厂家的实践，尤其是在相近水头段和相近容量下有开发成功的优秀水轮机可借鉴。所以根据型谱和有关经验公式选择的性能参数一般都是一个范围，须随着设计工作的推进进一步细化明确。

对于水轮机的设计和选型，有所失就有所得，需综合权衡项目水能情况、土建施工、投资控制、安装及运输便利性、运行调度、维护便利性等各方面选择平衡点，明确水轮机选型方面的意图，并指导设计取向。

加权因子在设计院水能规划阶段确定，其结果在很大程度上影响水轮机模型的开发，为后续水轮机主要运行区间的设定打下基础，最大程度保证电站投运后的效益。

总体来说，由于水轮发电机组的特殊性，在水轮机的初步设计阶段，其设计思想均比较保守，为了保证设备安装便利性和运行稳定性，可靠借鉴成熟的产品形式和结构及行业安装、运行的成功经验和案例，行业一般比较容易接受相对保守的设计思想。如当前大多中高水头的机组均采用混流式结构，大多立式机组均采用半伞式结构，因为该结构应用广泛且行业有整套成熟的经验体系和成功案例可以借鉴和参考；如对于高水头水电站项目，对于蜗壳安装行业目前倾向于采用保压浇筑的方式进行，因保压浇筑的方式已经多个项目验证，可提

供技术支持的经验和理论体系相对较为完善，而对于高水头项目蜗壳浇筑采用垫层方式的机组，运行可靠性数据还有待进一步收集完善，其效果有待进一步实践验证。

（四）水轮发电机选型

1. 电磁参数及机网协调

对于大容量机组，发电机参数及性能计算的准确性、发电机与电网之间的协调问题十分重要。另外，由于机组容量大，电力系统扰动引起的振荡及系统的不当操作都可能对发电机或电网造成巨大的损失。因此，在设计开发阶段，对机组在电力系统中各种瞬态运行性能进行深入研究，合理设计发电机的阻尼系统，提高发电机的负序承载能力具有十分重要的工程实际意义。

2. 通风系统

对于全空冷发电机，其通风系统的总体布置方式、冷却容量的确定、冷却介质各项参数的选择、机组相关结构的设计等将直接影响到最终的冷却效果，设计合理的通风系统是保证发电机安全可靠运行的关键。尤其是高海拔地区气候条件恶劣，空气密度低，单位体积空气带走的损耗比平原发电机要低很多。

3. 推力轴承

需根据机组转速高低，合理选择推力轴承负荷及其尺寸。对于转速较高的机组，其 $P \cdot V$ 值一般也较高，存在大单位压力和由此而产生的单瓦受力大、轴承损耗高等问题，需特别关注推力轴承结构优化和选取合理的润滑参数以保证轴承运行可靠性，确保机组的安全运行。

4. 绝缘系统

定子绕组绝缘系统防晕设计和制造工艺是保证发电机安全稳定运行的关键。在绕组绝缘方面鉴于国内外绕组采用的绝缘材料、成型工艺及装备各不相同，以多胶热模压成型和真空压力整浸 VPI 两种工艺为主流。高电压等级、高海拔机组，需重点关注其绝缘系统研制。

三、水轮机、发电机招标设计和招标文件编制

（一）招标前与潜在投标人进行技术交流

由于水电项目的独特性，每一个项目的主机设备都须根据项目的实际情况单独设计制造，设备均为各项目之间无法互换的非标件，虽可以借鉴其他项目的成功经验，但无法完全照搬其他项目的设计结构和特点。为了保证在项目招标时有明确的技术针对性，细化对主机设备功能条件、性能指标等方面的要求，机电物资管理部在招标文件编制前通过与潜在投标人分别进行技术交流，掌握各厂家主机设备的结构设计、加工制造等方面的技术能力和特

点，了解各厂家主机设备设计制造、质量进度等方面的管理体系，了解各厂家在类似项目的实际业绩，还组织调研组到各厂家的业绩单位进行实地调研，深入了解设备的结构特点及相关性能，为招标文件确定设备的功能和性能要求提供参考。

技术交流的意义在于为设备量身打造一套合适的技术方案和要求，既不盲目提高技术难度，又要保持在行业较高水准，其对质量控制的必要性不言而喻。对大中型水轮机而言，技术交流已成为一种十分常规的控制措施。

1. 水轮机在技术交流过程中一般主要收集以下相关信息

（1）推荐的水轮机转轮叶型及叶片数量；

（2）推荐的水轮机稳定运行范围及指标；

（3）水轮机初步设计主要相关参数；

（4）主要部件的结构类型和布置方式；

（5）主要部件的加工制造手段和方式；

（6）重要材料如铸锻件、厚钢板的生产现状；

（7）主流自动化元器件和电气元器件的应用行情和特点；

（8）大件的尺寸、质量，对运输的影响，对场内专用公路的要求等；

（9）机组设计对厂房土建尺寸的影响；

（10）符合项目实际特点的特殊问题，如高海拔、高寒、泥沙等问题。

2. 发电机在技术交流过程中一般主要收集以下相关信息

（1）推荐的发电机电压等级及冷却形式；

（2）发电机初步设计相关参数；

（3）发电机主要部件的结构类型和布置方式（如各部轴承、定转子、上下机架等）；

（4）重要材料如铸锻件、硅钢片、厚钢板、磁轭钢板、发电机绝缘能力的技术现状；

（5）自动化元器件和电气元器件的应用情况；

（6）大件的尺寸、质量，对运输的影响，对场内专用公路的要求等；

（7）机组设计对厂房土建尺寸的影响；

（8）高海拔、低温等带来的一些绝缘、温度等特殊问题。

（二）招标文件编制阶段的质量控制

落实在设备招标文件中的技术要求是合同签订的基础，是产品设计、制造、调试验收的依据，既规定了设备的功能和性能，也约束了厂家的制造行为，是控制质量最有效、最重要的措施。

虽然水电项目的机电设备存在较大个异性，水轮发电机组属于非标、大型复杂的定制设备，但对于招标文件中的技术要求也不宜过度细化，由于各设备制造厂家均有自主的技术特色，在完善设备功能和性能要求的前提下，还应充分发挥厂家在产品设计时的主观能动性，

以提供成熟先进的技术或对前期类似结构的问题进行优化处理。对于招标文件的质量管控主要从以下方面着手：

1. 明确主要结构部件的选用材料

规定产品设计时各类材料的最大许用应力要求，并对座环、底环、控制环、顶盖、转轮、接力器、圆筒阀、上下机架、定子、转子、主轴等主要结构件和设备拟使用的大尺寸把合螺栓进行刚强度分析计算，确保各主要结构件的刚强度及应力情况满足相关要求。该要求需作为重要的技术响应性条款，以保证最终设备采购的加工制造质量。

2. 明确机组各主要部件的结构型式

对于部分结构组件的结构形式或布置方式（如轴承的支撑和冷却方式、风路循环、主轴密封结构、立筋结构等）可根据交流成果适度放开，以便厂家发挥自己的特点和优势。

3. 关注重要原材料的采购

关注厚钢板（120mm 及以上）和抗撕裂钢板、铸锻件、硅钢片、磁轭钢板等重要原材料和主轴、转轮叶片、镜板、推力头等毛坯锻件的采购。

在招标文件编制过程中不宜直接锁定设备或元器件供货厂家，但可要求厂家在投标文件中提供拟定的供货商备选名单，评标时可针对各家备选名单中供货商能力及其实际业绩的优劣进行比较，综合权衡，选择技术成熟、性价比高的产品，从基本面上把控住设备的整体质量水平。

4. 关注重要零部件和辅助自动化元器件的采购

关注自润滑轴承、接力器、冷却器、电机、泵、过滤器、阀门、密封件、推力瓦及其支撑元件、穿心螺杆及压紧弹簧、封装固定的自动化元器件等重要零部件和辅助自动化元器件的采购。此类部件品种多、门槛低，是故障率较高且质量控制难度较大的一类部件。建议在后续项目中与时俱进的跟踪相关设备的技术发展状况，掌握技术发展趋势，以便设定相关部件的资质条件，同时在评价体系中鼓励厂家选用社会认知度较高的品牌。流域已投运的官地、锦屏一级、锦屏二级和桐子林水电站在机组安装调试及运行过程中，多次发生因设备厂家采购的自动化元器件、电机、泵、阀门、接头、密封件等辅助部件和元器件质量不可靠造成的设备损坏，后设备厂家补充提供更换，给设备安装调试和运行都带来了一定的影响。对于封装在定子线棒和安装在定子铁芯中的 RTD，受设备结构限制，由于其一旦安装完成即为永久设备，无法更换和处理，会导致设备运行过程中相关监控数据缺失，不利于设备运行状态分析和问题分析，锦屏、官地以及桐子林水电站已有部分 RTD 损坏无数据输出。对于后续项目，建议永久安装的 RTD 采用国际优质品牌的产品，保证长时间运行的设备质量。

5. 特别关注转轮

水轮机转轮是整个水轮发电机组的核心部件，其设计质量差可导致振动过大、主要结构件裂纹、出力受阻、效率低下等一个或多个问题，因此，为获得性能优良的转轮，应尽可能要求投标人采用带模型投标，并在评标时进行转轮模型同台复核，对比转轮模型的性能，以便获得性价比最高的转轮。可能厂家会因较高的水轮机模型研发投入费用而缺乏积极性，业主可给予未中标的厂家适当的经济补偿来鼓励厂家参与。

转轮裂纹是水轮机设计制造是否优良的综合体现，也应重点纳入考核范围。设计的考核指标应是可以达到的行业内先进水平，目的是促进厂家注重水轮机模型研发和提高转轮制造质量。如锦屏二级和两河口水电站水轮机合同招标均采用该招标模式，已验证的锦屏二级水电站水轮机转轮运行情况良好，两河口各投标人的转轮各项性能指标也基本满足招标文件的相关要求。

6. 注重机组的稳定性性能

由于在当前形势下，水轮发电机的效率等能量指标已被充分开发到了较高水平，在能量指标提升空间不大的情况下，应加强对机组的稳定性和可靠性等相关指标的关注，以避免牺牲机组稳定性和可靠性指标而过度追求能量指标或造成其他方面的损失。在招标文件中应明确规定机组的稳定运行范围及相应指标要求，同时也应将其纳入性能考核范围，以引导设备厂家在设计过程中合理权衡能量指标和稳定性指标，得到较好的机组。

7. 关注主要外委厂家的资质

从当前的行业现状看，主机设备厂家部分结构件的焊接粗车等工序均存在外委的可能。业主需要控制外委的部件和工序范围，这在投标阶段就要求厂家明确，同时要求厂家提供拟外委的厂家名单，以便评估外委厂家的资质、能力，把控质量风险。由于外协厂家加工制造能力有限导致设备整体加工制造进度滞后而影响设备安装进度的问题在流域前期项目中也有发生。如官地水电站在建设过程中曾发生过外委加工制造的水轮机座环交货进度滞后 1 个月，在很大程度上影响了设备的安装进度。

8. 专用工器具范围界定

在锦屏一/二级、官地项目上，暴露出厂家提供的专用工器具在施工过程中损坏，影响安装进度的问题。后续为避免类似问题的再次出现，吸取锦屏一/二级、官地项目的经验教训，在设备招标阶段，就将专用工器具的供货范围进行了界定，常规工器具，如一般的液压拉伸器、扳手等直接由安装承包人采购并负责工器具的使用维护，非标工器具则由厂家提供，可以有效避免工器具损坏导致安装进度受影响。

9. 系统界面划分的明确

明确工程供货界面，确定供货范围，避免安装过程中出现重复供货或连接部件遗漏的问题。在主机设备招标文件编制时，特别明确了主机厂家和调速器、桥机、监控系统、自动化元件等的接口，详细列出了各自的供货范围，有效避免了缺项、漏项及重复供货。

10. 针对前面合同执行过程中发现的问题、设备缺陷、设备加工质量等

机电物资管理部认真总结，对机电设备招标中需要注意的问题、设备选型、参数设置、主要部件选择等进行了深入细致的讨论，对主机设备可能出现的设计问题和缺陷进行了详细

的规定，从设备设计源头入手，对相关要求形成系统化和标准化，如设备材质应力要求、自动化元件设置和配置要求、设备分界面等进行了详细规定。

综上所述，相关质量控制要点务必落实在评标的评分因素中，以便在评标过程中以结果为导向合理设置评价因素和打分原则，而对于经验丰富的投标人完全能够从评分因素中理解业主的导向。对于技术难度大的项目，机电物资管理部甚至在招标文件中对技术和商务的分值比例作较大调整，充分给出重视质量的信号。

（三）设备招标资质的设定

为了保证通过招标采购能够选取设计、加工制造、服务等各方面均可靠的承包人，需在招标文件编制过程中采取可靠的手段避免非正规投标人对招标过程的影响，一般可以通过在商务、资质、业绩、技术等方面进行要求和约束，通过资质和业绩约束是常用的手段。根据项目的实际条件，在规定允许范围内对项目承包的资质条件、加工制造能力、业绩能力等方面进行约束，约束非潜在投标人的扰乱行为，保证最终合同签订后能够顺利执行，且能够保证设备质量。

（四）招标时机的选择对项目投资的影响

对于大型水电项目，主机设备招标时机的选择会在一定程度上影响招标质量和工程投资。如设备招标前充分了解行业主要开发公司相关大项目主机设备的招标采购计划和进度情况，适当避开其他开发公司招标采购的集中期，由于较少的招标项目，可以促进设备厂家提高投标技术、降低投标报价，对于业主而言，以较低的价格采购质量较高的产品，保证了采购设备质量的同时也在一定程度上降低了设备采购成本，直接降低了工程投资。如锦屏一级、二级，官地水电站项目主机设备采购合同在招标时机选择上，充分避开行业大型设备招标集中期，增加各潜在投标人的商务竞争力度，保证响应招标文件技术要求的同时，降低投标报价，从而节省了工程投资。

（五）现场问题的处理机制和原则

锦屏、官地、桐子林项目机电设备安装过程中，多次发生因现场质量或设备问题当时原因不明或责任不清造成的安装单位和设备厂家的纠纷，对问题不能达成一致的处理意见，由于没有界定问题处理的原则和机制，很难对已发生的问题进行调和，这在很大程度上影响问题处理的及时性和效率，为了避免类型问题对后续项目的影响，建议在后续项目中明确现场质量或设备问题的处理原则和机制，并在设备采购合同和安装合同中明确。

（1）根据业主同意的技术方案，需要重新提供新设备的，设备承包人按紧急缺件处理（重新制造或采购，并送至安装现场）；需要返厂修复的，由安装单位负责返厂运输，设备承包人按急件优先安排资源处理并负责修复后发运至安装现场；需要现场修复或返工处理的，

机电安装承包人按技术方案紧急处理。

(2) 问题处理的相关费用原则上由设备承包人和安装单位自行协商解决。

(3) 当设备承包人和安装单位不能达成一致处理意见，且业主认为两方意见分歧将损害到项目进度、设备质量、工程安全等业主正当利益时，业主有权进行调停，争议双方应服从业主的调停意见。业主根据损坏原因界定双方责任和相应费用，设备承包人和安装单位可据此自行结算，不能自行结算的，业主在对对应各方的支付中予以扣除。责任无法界定的，设备承包人和安装单位各自承担50%的处理费用。费用标准发包人将依据双方合同报价水平进行评估确定。存在保险赔付的，由业主按责任界定对相关方予以补偿。

（六）把握合同谈判的作用

第一投标候选人确定后，在合同签订前应与投标人就合同签订的相关事宜进行谈判，以便确定合同签订后合同执行的可行性和风险评估。合同谈判前应对拟谈判投标人的投标文件逐项进行排查梳理，分专业分析研究其主要投标技术指标和结构形式与招标文件要求存在的偏差或在招标未明确部分的死角，评估技术指标和结构形式对设备运行维护的影响和潜在的风险，在合同谈判过程中对各种问题逐条进行解释讨论，并尽可能将相关问题或解决处理办法明确在合同中，保证合同签订后的顺利执行，避免合同执行过程中发生质量问题或其他问题引起的责任、商务等纠纷，进而影响合同执行和工程进度情况。为保证最终的设备质量，一般来说，主要性能参数指标和主要结构要求应严格执行招标要求。

（七）评标策略对招标结果的影响

根据招标采购项目的实际状况及工程需要，合理制定招标过程的开标和评标策略，制定商务标与技术标的开标顺序、开标方式、商务分与技术分的比值等因素，合理设置评价因素和评分原则，并确保投标人能够从评分因素中理解业主的导向。对于技术难度大的项目，甚至可对技术和商务的分值比例作一定程度的调整，充分给出重视质量的信号，同时在评标过程中，有选择性地强化或弱化相关性能指标，合理确定稳定性与能量指标的关系，不过度追求能量指标。

如由于锦屏二级水电站相近水头段、相近容量的水轮机模型较少，各厂家需对水轮机进行专门的技术开发，并通过试验确定水轮机的技术性能，相较于其他项目，锦屏二级水轮机设备的相关参数要求更苛刻，技术要求更高。针对该项工作的特点，锦屏二级水电站水轮机设备在招标采购过程中，适当提高了技术评分的权重，以技术为主导，优先保证设备技术的稳定性，辅助参考商务评分，在保证技术条件满足要求的前提下，综合考虑商务评分结果，最终确定评标结果，从而保证采购的水轮机设备的质量。

四、水轮机模型试验

由于水电项目的特殊性，水轮机属于非标定制型产品，水轮机的水力性能直接关系到投

产后机组运行的稳定性和电站的经济效益，通常采用机组模型试验来验证水轮机主要水力性能的保证值是否得到满足，这样就可以真实反映水轮机水力性能开发水平。对于水轮机来说，模型开发也是其设计工作的核心内容。水轮机模型试验如图 2-2 所示。

图 2-2　水轮机模型试验

（一）传统招标方式

在采用公开招标方式采购机组设备时，一般根据招标文件评标结果选定制造厂家，合同签订后再由制造厂家进行水力开发和模型试验，最后由业主组织模型验收。模型验收通过后，制造厂家方可进行机组原型机的结构设计、制造等。

水轮机模型在设计过程中应根据工程需要和实际情况，合理的确定效率相关、压力脉动、空化等参数范围，不宜为追求单一参数的最优化，而导致其他问题。如公司已投产的官地电站、锦屏一级电站、桐子林电站和后续开展的杨房沟电站等项目水轮机各潜在投标人在类似参数水轮机方面均有成功的案例和成熟的经验，有相关成功的原型水轮机转轮可以借鉴，因此，这些项目的水轮机转轮模型开发均在采购合同签订后进行。

（二）模型转轮同台对比试验

2003 年首次出现了采取新形式的招标采购方式，即业主要求制造厂家在投标前依据水轮机模型开发技术条件进行相应的计算机模拟分析，通过全流道及相关部件的 CFD 分析研究，优化水轮机的水力设计和能量特性、空化性能及水力稳定性。在取得满意的结果后，据此制作一个水轮机模型并完成初步模型试验，连同初步模型试验报告随投标文件提交，业主在招标阶段将对模型初步试验结果在第三方试验台上进行同台对比复核试验，相关试验结果参与评标，且试验结果作为评标的一项重要评标因素。

机组招标采用带水力模型投标的方案，组织开展同台对比复核试验，能够充分引入竞争，引导投标厂家重视和加大前期水力开发投入，保证对机组水力性能开发工作的重视。对制造厂家来讲，能积累经验提高设计水平，对项目来说可以更加真实地比较优选投标厂家的

方案。

如锦屏二级水电站，电站总装机容量 4800MW，单机容量为 600MW，最大净水头 318.8m，额定水头 288.0m，多年平均发电量为 242.3 亿 kWh，工程巨大是雅砻江流域水头最高、装机规模最大的一座水电站，也是世界上该水头段单机容量和装机规模最大的水电站之一，机组能否安定稳定运行将直接影响工程的经济和社会效益的发挥。由于水轮机相关参数要求较高，且各厂家均无较多类似参数的成熟经验，因此，在锦屏二级项目计划招标前，公司机电物资管理部给潜在的承包人均发出转轮研发邀请函，邀请进行转轮研发相关工作。投标前制造厂家有相对较充裕的时间进行机组的水力开发，在各自试验台上完成模型试验。转轮研发完成后，在评标阶段，选择第三方试验台对各方转轮进行性能对比试验，相关试验结果参与评标，且试验结果作为评标的一项重要评标因素。对比模型试验资料预测原型机组的稳定性，为锦屏二级水力模型的合理优选及评标提供重要参考。在投标的基础上中标人根据同台对比复核试验结果，确定优化方向，进行优化改进工作，开展初步试验，这样可以有效降低因水力开发导致电站投产后机组不稳定的风险，保证机组的先进性与稳定性。锦屏二级水电站模型水轮机招标同台复核试验的成功开展，为分析和掌握锦屏二级机组主要水力性能及其稳定性状况，合理划分机组的安全稳定运行区域提供了重要的参考依据。经过锦屏二级水电站投运以来的实际验证，锦屏二级水电站水轮机真机运行情况与模型相符，且水轮机运行情况较好，充分证明了该措施方案的可行。同时为后续两河口项目提供了可靠的实践依据。

五、水轮机产品设计

水轮机三维效果如图 2-3 所示。

随着水轮机比转速和单机容量的提高，相对导叶高度增高，机组尺寸增大，相对刚度减弱，再加上电站水头变幅大，选型不当和补气不力等原因，混流式水轮机的稳定运行问题，已引起国内外广泛的关注。目前世界上的巨型机组较普遍存在运行不稳定现象，特别是水头变幅大、最大水头与额定水头比值较大的水电站运行不稳定现象相当普遍。水轮机能否稳定运行，是关系到电站能否充分发挥作用，实现经济效益的重大问题。

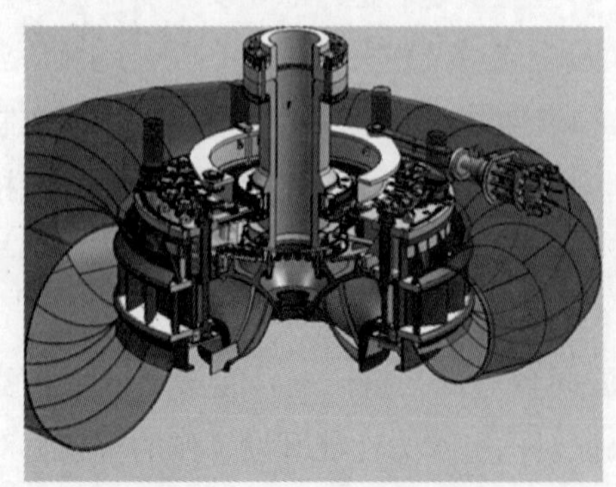

图 2-3　水轮机三维效果图

公司在流域各项目水轮机的设计中把运行稳定性放在首位，兼顾先进性、能量和空化的要求。

1. 水轮机稳定性研究的主要方法

(1) 理论分析。主要是基于水轮机的基本理论和相关的现代流体力学知识，运用理论分析判断，以找出水轮机不稳定的原因和减振的措施，它是确定解决问题技术路线的主要依据。

(2) 数值计算。主要是在理论分析的基础上，

通过水轮机流体分析软件（CFD），对水轮机流体运动进行数值模拟，较准确地模拟转轮内部的水流状态，通过对叶片表面的压力场、速度场和流线的可视化分析来调整叶型以适合水流流动的变化，找出水轮机不稳定工况是否与数值计算中出现的奇异现象有关，优化转轮设计，从而达到预测和解决振动的目的。

（3）模型试验。主要是基于水轮机的模型试验装置、模型试验台和测试设备，对水轮机流动进行模型实际模拟，并通过流态观测装置实时观测水流的真实状态，以便获得转轮叶片进口正背面空化脱流、叶道涡、尾水管涡带等情况，从而对模型水力脉动进行观察测量，是水轮机水力稳定性研究的重要工具，通过它可以对水力脉动规律的研究和对减小水力脉动的措施进行初步选择。

（4）电站试验。由于水轮机水力脉动规律尚未十分清楚，模型和真机的某些水力脉动关系也不能完全模拟，因此所有减小水力脉动的措施必须在真机上经过实践检验后才算真正解决问题。

以上 4 个方法，互相结合，是解决水轮机稳定问题的有效措施。

2. 水轮机运行不稳定的振源分析

引起水轮机运行不稳定的原因很复杂，主要有水力、机械、安装原因。

（1）水力方面。

1）水轮机选型不合理。

2）尾水管涡带。混流式水轮机是固定叶片水力机械，以固定的叶片进口角对应转动的活动导叶出流，只有一个对应位置为最优位置，这时转轮具有最高效率。调节功率是以该位置为中心的某一个转角范围，当偏离最优工况运行时，叶片进口附近会产生脱流，叶片出口会产生漩流。出口漩流会在尾水管中形成涡带，尾水管涡带是混流式水轮机在偏离最优工况运行时都会产生的一种不稳定流动现象，部分负荷或过负荷都会产生，是混流式水轮机的一种普遍的固有特性，一般无法消除。大量的试验研究表明：尾水管中涡带所产生的压力脉动幅值大，频率低，是机组振动的最主要根源。随着机组尺寸的加大，转频降低，尾水管涡带的压力脉动将具有更大的危害性，因而受到普遍重视。尾水管涡带不但是压力脉动的产生根源，而且尾水管涡带形式的转变还直接影响压力脉动幅值的变化。零冲角线和零环量线如图 2-4 所示。混流式水轮机水力稳定运行区域划分如图 2-5 所示。

尾水管涡带一般可分为稳定型和不稳定型两大类。通常情况下，负环量工况的涡带大多是稳定的，而正环量工况的涡带则具有不稳定性。不稳定型涡带的一般表现为：在转轮出口处的涡带中间有一负压的空腔，由于其压力较低，空腔内会形成具有二次流的死水区涡核，涡带本身在自转和偏心公转的同时，会对锥管和肘管边壁产生周期性的撞击，使尾水管边壁承受交变压力，如果涡带较长，在旋转中进入肘管，将具有更大的危害性。在模型转轮实验时可清晰地看到这种涡带撞击的现象。不同负荷下尾水涡带的不同形态如图 2-6 所示。

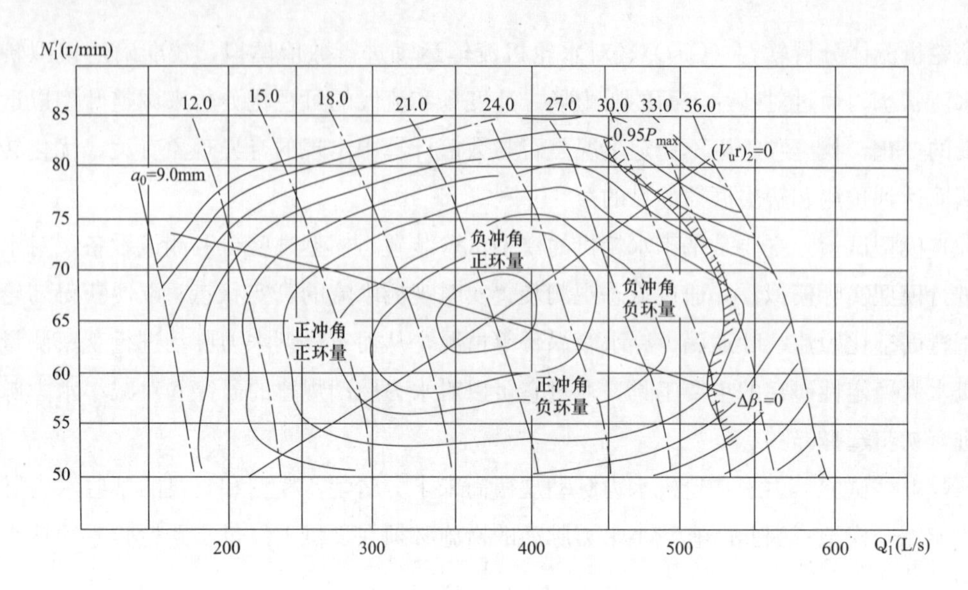

图 2-4　零冲角线和零环量线

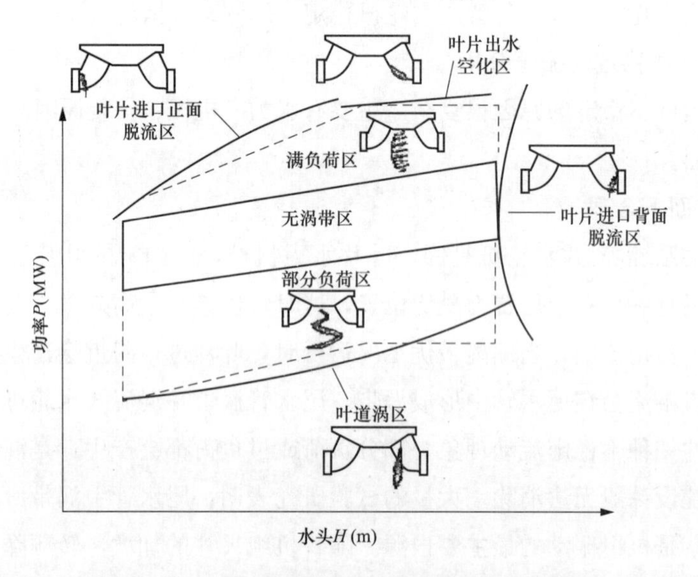

图 2-5　混流式水轮机水力稳定运行区域划分

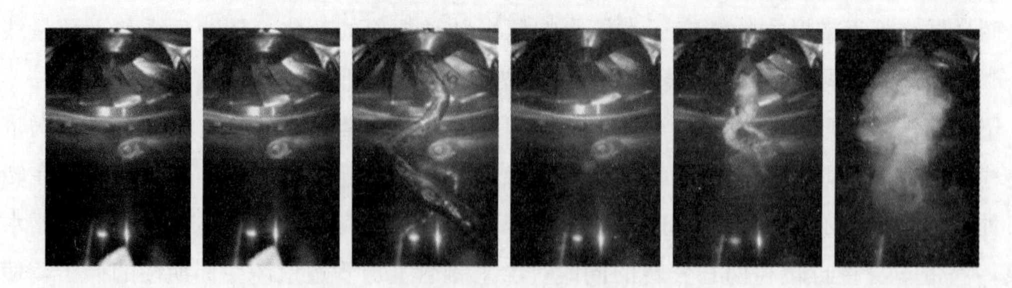

图 2-6　不同负荷下尾水涡带的不同形态

3）压力脉动。在通流部件中，压力脉动振幅的最大值一般总是发生在尾水管段上。关于尾水管形状对压力脉动的影响，有关研究指出：①尾水管压力脉动振幅与尾水管高度有

关。随着尾水管高度增大，压力脉动减弱，小开度时减弱则更明显。②尾水管高度相同而锥管高度不同时，短锥管者，压力脉动值大，大开度时相差不大，小开度时则更明显。因此，在设计尾水管时，要综合考虑尾水管高度对压力脉动的影响。

4）叶片进出水边附近的脱流。在部分负荷或过负荷工况运行时，由于叶片进口角与活动导叶出流角很不匹配，在叶片进口边产生正面或背面脱流现象。根据现代研究表明：叶片背面脱流对机组振动影响较大，背面脱流一般发生在低于最优单位转速一定区域，所以说，水轮机运行范围选择偏上一些（即最高水头离最优单位转速近些）对机组稳定性有很大好处。

5）叶道涡。在部分负荷工况，由于活动导叶开口很小，进入转轮的水流角很小，活动导叶的出流角和转轮叶片的进口角很不匹配，这时在叶片头部会形成叶道涡，根据有关资料介绍，叶道涡的危害主要是由于流动不均匀而产生的二次流，二次流干扰水流正常流动，会产生严重的压力脉动和不规则的水力冲击而产生振动。

6）卡门涡。

7）水轮机迷宫止漏装置中的自激振动。

8）电站的水力系统设计不合理，机组过渡过程不稳定。

9）过渡过程中尾水管水柱分离引起的振动。

10）导叶关闭时的小开度振动。

（2）机械方面。

1）机组转动系统不稳定。

2）机组整体刚度小，抗振能力差。

3）转轮止漏环加工圆度超标或轴法兰平面度和垂直度不满足设计要求。

4）转轮的静不平衡超标。

5）过流部件如导叶、固定导叶、叶片等共振。

6）补气系统设计不当，不能正常补气或补气量不足。

（3）安装方面。

1）转轮止漏环间隙不均。

2）轴线不正或对中不良。

3）导轴承瓦间隙调整不当。

3. 提高水轮机运行稳定性的措施

（1）水力方面的措施

1）水力参数方面。水轮机参数选择过高，水力开发难以达到各方面的最佳匹配，即使机组转速合理，但运行范围过于偏下或偏上，都容易造成水轮机的运行不稳定。对于流域水轮机，首先通过世界各大中型已建电站的统计确保水轮机参数选择先进合理，其次选择合理的转轮直径，保证水轮机的正背面脱流线、叶道涡初生发展线在保证运行范围外。大中型混流式水轮机额定水头与比转速关系统计曲线如图 2-7 所示。

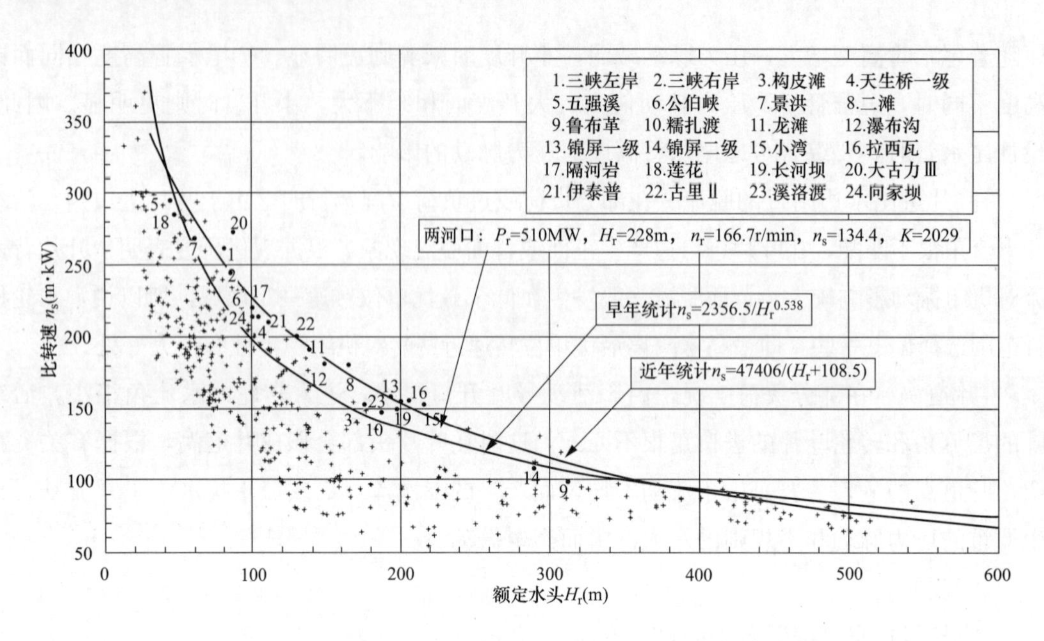

图 2-7 大中型混流式水轮机额定水头与比转速关系统计曲线

2）水力通道和转轮。

a. 蜗壳和双列叶珊优化。在设计蜗壳和双列叶栅时，一般采取的的措施是：

a）选择合理的固定导叶与蜗壳的搭接位置，保证蜗壳的强度满足应力要求；

b）选择较小的导叶搭接长度，以减小水轮机小开度工况水力激振幅值，提高导叶本体的固有频率，从而减弱振动源、增强运行稳定性；

c）选择合理的导叶分布圆，及合理的活动导叶出水边形状，减弱无叶区压力脉动；

d）设计的活动导叶的激振频率避开系统固有频率，避免共振发生；

e）固定导叶、叶片出水边进行适当的修薄处理，避免出现卡门涡。

蜗壳的压力分布如图 2-8 所示。双列叶栅的速度分布如图 2-9 所示。

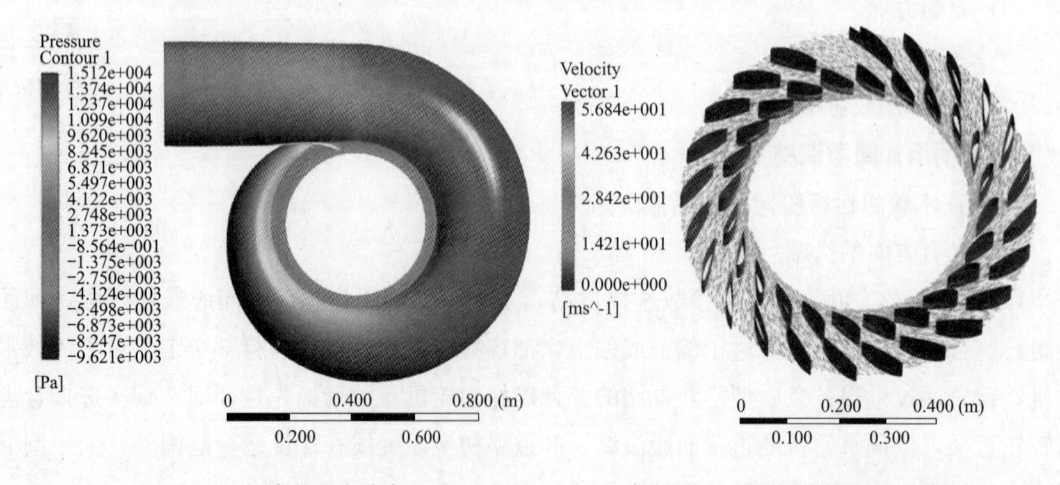

图 2-8 蜗壳的压力分布　　图 2-9 双列叶栅的速度分布

b. 转轮水力设计。在转轮水力设计时，一般采取的措施是：

a）使转轮扰动频率与固定部件的频率相差拉大，避免与固定部件发生共振；

b）改善了转轮进口流态，降低无叶区压力脉动；

c）叶片进水边正背面脱流线远离运行范围；

d）叶道涡初生线和发展线和发展线在运行范围之外，且与最小保证功率较远距离。

c. 尾水管形状优化。对于尾水管来讲，能影响机组稳定性的主要是尾水管的涡带及尾水管的压力脉动。在设计尾水管的尺寸及断面形状时需要考虑这方面的问题。

尾水管的相对深度 H/D^2 对尾水管的压力脉动有很大影响。比转速越低，所需的尾水管相对深度也就越大；比转速越高，所需的尾水管相对深度也就越小。比转速越低，压力脉动相对幅值越低；比转速越高，压力脉动相对幅值越高。

另外从转轮出口到肘管出口沿中心流道的面积变化对尾水管的水力性能影响较大，尾水管的过流断面沿流向存在扩散、收缩再扩散的过程，流动的调整过程也会产生复杂的局部脱流和回流的现象。当水轮机在偏离最优工况运行时，进入尾水管的流动就更加复杂，水流夹带着空蚀气泡在离心力的作用下形成与水流共同旋进的尾水涡带，在周期性非平衡因素的影响下产生偏心，并以低频的周期在尾水管内旋进，撞击着尾水管的壁面，所形成的反射波向上游传播，造成机组出力的摆动，诱发转轮叶片产生疲劳裂纹，是产生水力机组振动的主要原因之一。

尾水管的涡带形状与水轮机的运行工况、转轮的出口流场、导叶高度、空化系数等都有关，如图 2-10 所示。

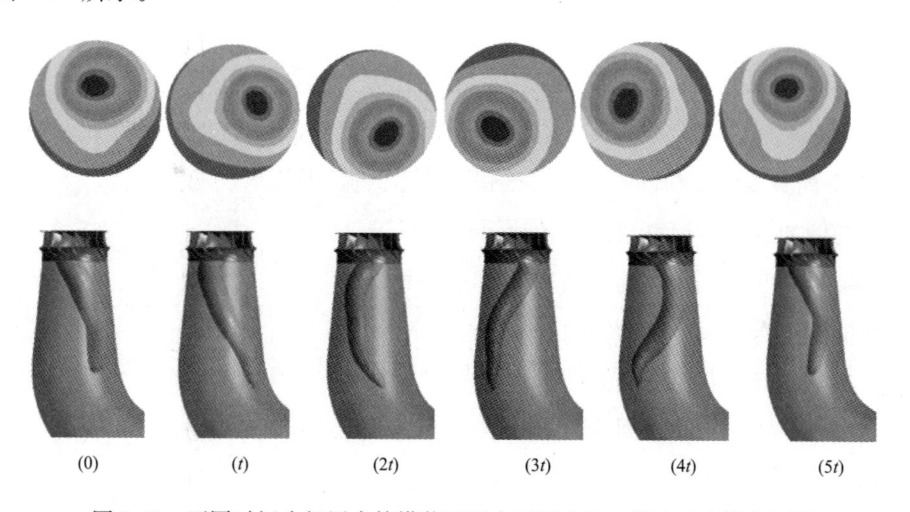

图 2-10　不同时间步长尾水管横截面压力云图和尾水管内压力等值面图

3）过渡过程分析。利用软件，详细的模拟流域电站的管路系统，对机组运行的各种过渡工况进行仿真计算，确保机组、调压室等在大小波动过渡过程中收敛稳定，品质良好，并保证过流部件的设计压力足够。

4）止漏环间隙优化。水轮机止漏环中的自激振动及卡门涡引起的水力振动也非常明显，公司根据各个厂家已掌握的避免水轮机止漏环中自激振动及卡门涡的设计方法，利用 CFD

对止漏环的尺寸类型进行优化，确保在容积损失较小的情况下不发生水力自激振荡。

（2）机械方面的措施。

1）通过在叶片出口本体增加降应力三角块、局部加厚等措施，通过 ANSYS 有限元分析软件严格控制转轮的应力水平，并采用防卡门涡的叶片出口形状等措施确保转轮不发生裂纹。对转轮进行疲劳分析计算，确保使用寿命。

水轮机过渡工况过程线如图 2-11 所示。

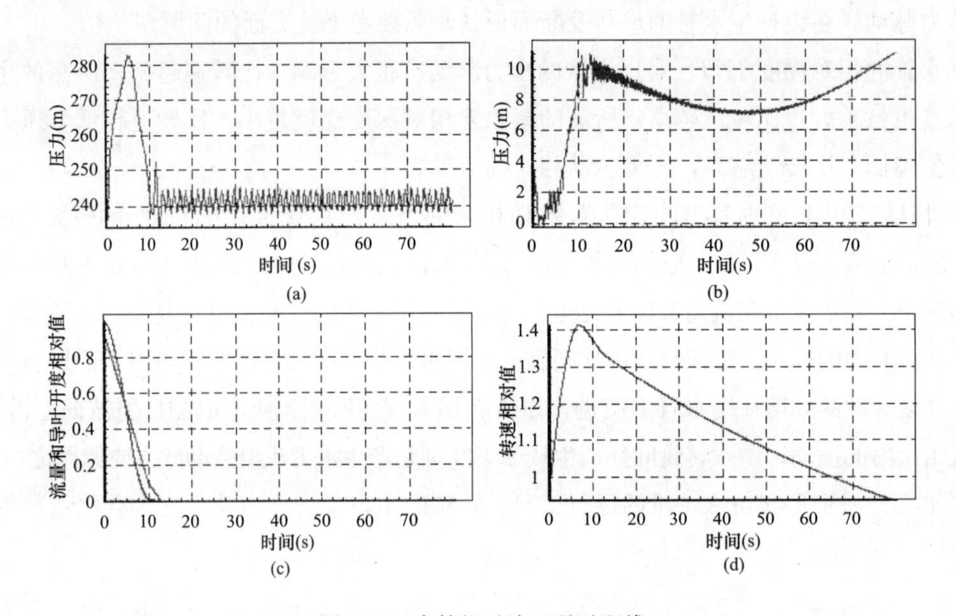

图 2-11　水轮机过渡工况过程线

（a）蜗壳末端压力；（b）尾水管进口压力；（c）流量和导叶开度；（d）机组转速

2）核算下列激振频率和固有频率，确保不产生共振。

a. 固定导叶的卡门涡频率与固定导叶固有频率。

b. 活动导叶的卡门涡频率与活动导叶固有频率。

c. 叶片的卡门涡频率与转轮的固有频率。

d. 尾水管涡带频率与尾水管自然频率。

e. 固定导叶与活动导叶之间的压力脉动频率。

f. 蜗壳中的压力脉动频率。

g. 固有频率与转频等。

3）保证水导轴承刚度，保证电站的轴承安全稳定运行，不发生由轴承所引起的振动。

4）设置主轴中心孔补气装置，选择较大的补气管直径，减小进气阻力，从而有效增加补气量。在补气装置中采用补气阀组，确保高尾水位不蹿水，并实行水气分离，保证进气流畅。在导叶后和尾水管进口预留强迫补气接口，以备不时之需。

5）对顶盖进行优化设计，使之具有足够的强度、径向刚度和轴向刚度，提高其抵抗振

动的能力。

6）对尾水管锥管采取特别加强的设计，提高其抵抗振动的能力。

7）对蜗壳、座环采用精确的有限元计算，保证整体刚度。

8）严控工艺和加工过程，确保每个部件的质量。对焊接件采用有效的消除残余应力的方法，使之尽可能减小。

9）招标阶段，要求各设备厂家使用软件对机组轴系的一阶临界转速和一阶扭转固有频率进行计算，通过对轴系的稳定性分析为电站避免共振的产生提供有力的保障。

机组的第一阶扭振固振型如图 2-12 所示。

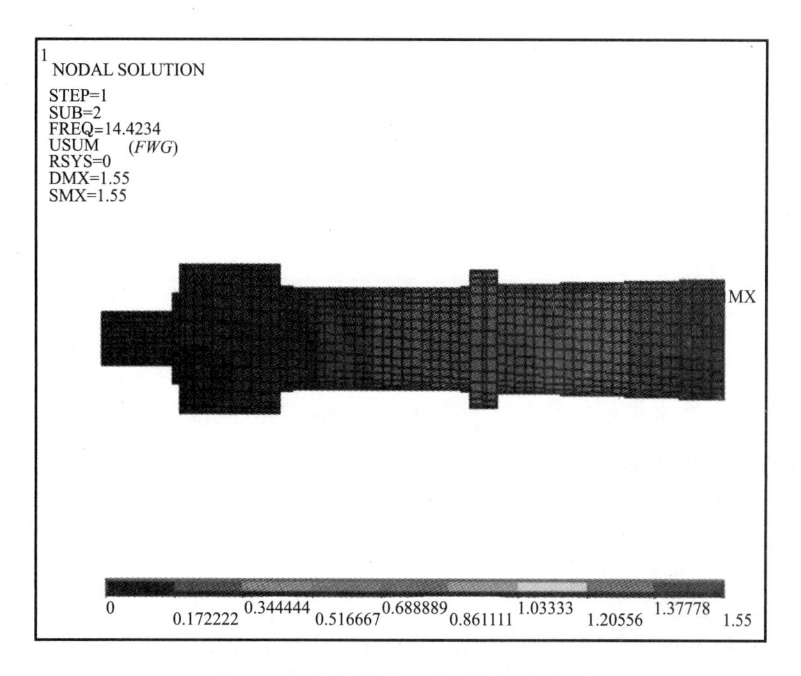

图 2-12 机组的第一阶扭振固有振型

（3）安装方面的措施。机组的安装调整是保证稳定运行的重要方面。如机组轴线的调整、轴瓦间隙的大小和均匀度、发电机盘车精度等。

（一）转轮

转轮三维效果如图 2-13 所示。

转轮作为机组的“心脏”原动力，决定了机组的稳定运行性能，为保障转轮的设计水平和制造质量，机电物资管理部组织制造厂家对转轮模型进行精心研发，在模型验收通过后，还会组织制造厂家对转轮进行优化，精益求精，确保转轮各项水力性能。

图 2-13 转轮三维效果图

在大型混流式水轮机转轮的设计过程中，为了避免转轮出现裂纹，提高机组运行稳定性，机电物资管理要求各制造厂家采取了一整套全面的质量控制方法，其主要包括：

（1）水力设计在保证机组高性能同时致力于转轮的稳定和可靠性研究，主要如：二次分流，卡门涡，部分负荷涡带。

（2）在转轮开始进行水力设计同时考虑部件的结构强度和制造可行性。通过以上同步工程可以保证转轮具有高性能、低应力的同时提高制造的可行性。

（3）在设计初期对转轮应力的初步计算基础上，可以进一步优化设计，在达到性能要求的同时使转轮应力进一步降低至安全范围内。设计优化是根据每一个电站给出的不同技术要求分别进行，并且要考虑所有运行工况和过渡过程，尤其是机组开、停机频繁，或部分负荷运行要求较多的情况下对转轮的使用寿命影响很大。

（4）除了静态应力分析外，分析和预测转轮承受动态负荷的特性。

（5）转轮动态分析的任务主要包括：

1）水中固有频率的可靠分析。

2）动态激振校核。

3）转动部件-静止部件相互作用校核。

4）共振校核。

如锦屏二级水电站水轮机转轮最大外径 6680mm，最大高度 2485mm，总质量 125t。具有水头高、单机出力大等特点，是世界上高水头混流式机组里程碑式的项目。转轮由上冠、下环、叶片和泄水锥组成，型号为 HLS97-LJ-655.7。其最大的特点为转轮叶片采用了“长短叶片”的设计，具有“15+15”共 30 个叶片，更好地提高了水轮机的水力效率、抗空蚀磨损和运行稳定性。

图 2-14 锦屏二级转轮的三维实体造型

（二）水轮机主轴

水轮机主轴是水轮机的主要部件，上部与发电机轴连接，下部与水轮机转轮连接。水轮机轴三维效果如图 2-15 所示。

水轮机主轴需具有足够强度，保证在任何转速直至最大飞逸转速都能安全运转而没有有害的振动和变形。公司流域电站水轮机设计时，机电物资管理部按国家标准要求制造厂家对机组轴系进行临界转速计算，计算主要考虑因素有水轮机的刚度、水轮机和发电机的轴承支座及其位置、发电机的尺寸和发电机转动惯量等。还包括全部

图 2-15 水轮机轴三维效果

轴承和所有重叠荷载在内的机组轴系的动态稳定、刚度和临界转速，特别是应进行水力激振可能引起的结构动态响应分析。需论证在各种运行工况，包括水力过渡过程工况下，所有轴承、轴承的支承件和建立的油膜是完好的。验算动载荷频率、水轮机流道压力脉动和卡门涡频率、输水钢管流道中的压力脉动频率、电网频率，这些频率将远离机组部件的固有频率，以避免产生共振。

（三）蜗壳

蜗壳是水轮机的进水部件，把水流以较小的水头损失，均匀对称地引向导水机构，进入转轮。水轮机蜗壳三维效果如图 2-16 所示。

图 2-16 水轮机蜗壳三维效果

蜗壳结构空间体型复杂，是一种特殊的钢衬钢筋混凝土结构。蜗壳内水压力直接作用于蜗壳内表面，通过蜗壳膨胀变形向外围大体积混凝土结构传递。实质上，蜗壳内水压力由蜗壳和外围大体积混凝土结构共同承担。

对于中、高水头大型混流式水轮机，随着机组的尺寸与水头的加大，尤其像锦屏一级、锦屏二级等中、高水头大型机组，为了保证机组的稳定运行，蜗壳的埋入是十分重要的问题。蜗壳与座环的设计制造要求能独立承受最大水压力，实际工作中，蜗壳应能使其传递到周边的混凝土中。同时，来自机组转动部件的径向力通过水导轴承与顶盖作用于座环上。

如果蜗壳与周围的混凝土结构相互独立的话，将很难面对下列可能引起振动并作用在蜗壳/座环上的力：

（1）蜗壳进口处的作用力；

（2）径向水推力；

（3）顶盖水压力；

（4）内部压力；

（5）由于转动部件摆度或不平衡产生的力。

为了满足期望的保证值和确保机组运行稳定性，机组基础结构部件正确预埋以及与坚实土建结构有一个很好的结合是十分关键和非常必要的。

目前，机组蜗壳埋入混凝土的方式通常有 3 种，即垫层埋入法、直埋法和保压埋入法。以上 3 种方法已经成功应用于国内外水利工程，各有优点。

垫层埋入法，可减少直埋方案混凝土承载比过高和发电机下机架不对称上抬位移过大问题；直埋法，可改善座环和过渡板受力条件，增加结构整体刚度；采用保压埋入法，使座环、钢蜗壳和大体积混凝土结合成整体，刚度大，有利于抗振和保证机组稳定运行。因此，公司流域电站通常根据不同机组容量和运行水头范围选择垫层埋入法或保压埋入法。

1. 保压埋入法

如在锦屏一/二级项目，根据国内其他电站多年的实际经验（国内外采用保压浇注混凝土的典型电站有伊泰普、大古力、辛格、二滩、三峡、小湾等），以及考虑对机组振动和稳定性、工地安装、厂房布置等影响后，综合考虑后，推荐保压浇注混凝土方式。

蜗壳/座环保低压浇注混凝土需要蜗壳进口段用一个闷盖封起来，且与蜗壳进口段焊接，座环的内圆也需要用一个内封水筒封起来。然后，蜗壳/座环打压至 80%最小静水头（行业内较多的选取值），进行蜗壳/座环的混凝土浇注。此方案的另一优势是，可以控制蜗壳里的水温，避免了混凝土硬化时加热引起的钢结构的热力膨胀，因此混凝土冷却后蜗壳与混凝土之间不会出现间隙。

若上述要求得到满足，那么，即使机组在最小水头下运行，蜗壳与周围的混凝土将有全面的接触，这就意味着蜗壳与混凝土之间形成了一个真正的形状匹配。这种形状匹配的结构避免了蜗壳/座环由于蜗壳进口处的作用力引起的蜗壳旋转和由于水导轴承的径向力引起的径向移动。而且由于在混凝土浇筑过程中蜗壳的内部压力已被选择约比最小静水头低 20%，因此，在机组运行时，由蜗壳压力引起的混凝土负荷是较低的，是混凝土可以承受。由于蜗壳与混凝土的紧密接触，包括所有蜗壳/座环的振动都被巨大的混凝土所吸收和衰减，从而使机组稳定运行。锦屏二级蜗壳模型如图 2-17 所示。锦屏二级保压浇注应力分析如图 2-18 所示。

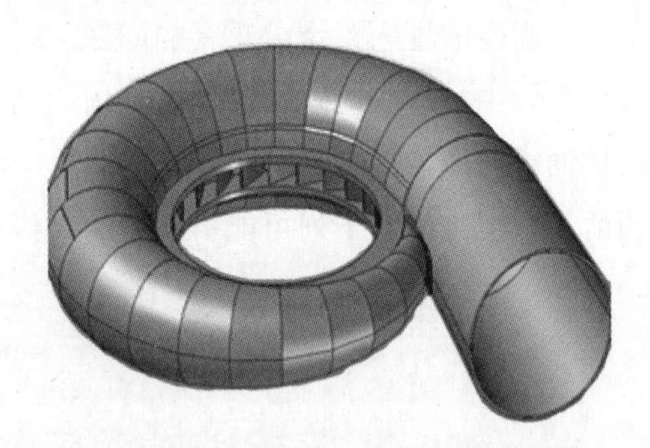

图 2-17　锦屏二级蜗壳模型

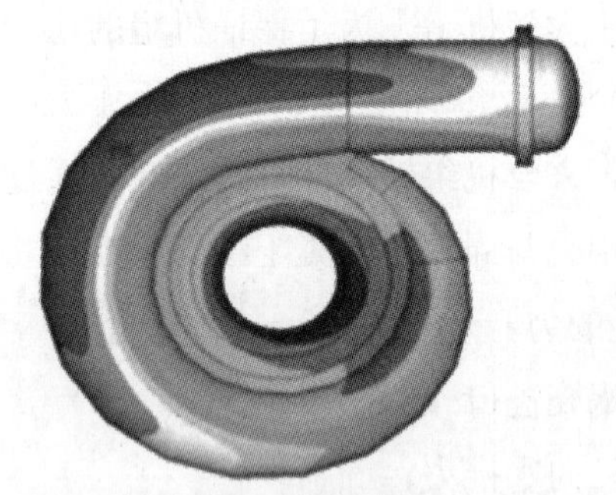

图 2-18　锦屏二级保压浇注应力分析

2. 垫层埋入法

垫层蜗壳是我国应用较早、较普遍的结构型式，结构特点是蜗壳外围混凝土浇筑之前事先在蜗壳上半部除靠近座环区域外铺设压缩模量较小的垫层材料。蜗壳和混凝土之间部分区域设置垫层后，原本蜗壳-混凝土二元结构变为蜗壳-软垫层-混凝土三元结构，蜗壳内水压力外传模式发生明显变化。空间上垫层材料的介入直接影响到蜗壳和混凝土之间的接触滑动行为和联合承载分担比例，蜗壳结构受力特性与垫层的材料属性（压缩模量、耐久性、厚度）和空间属性（铺设范围）密切相关。垫层埋入法如图 2-19 所示。

如第三阶段开发的杨房沟水电站，属于中低水头段机组，根据国内拉西瓦、向家坝、溪洛渡等电站的实际经验，综合考虑后，选择采用垫层埋入法。

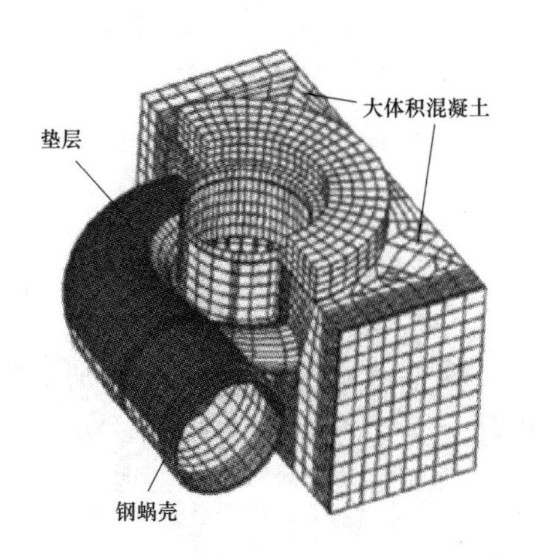

图 2-19　垫层埋入法

（四）座环

水轮机座环三维效果如图 2-20 所示。

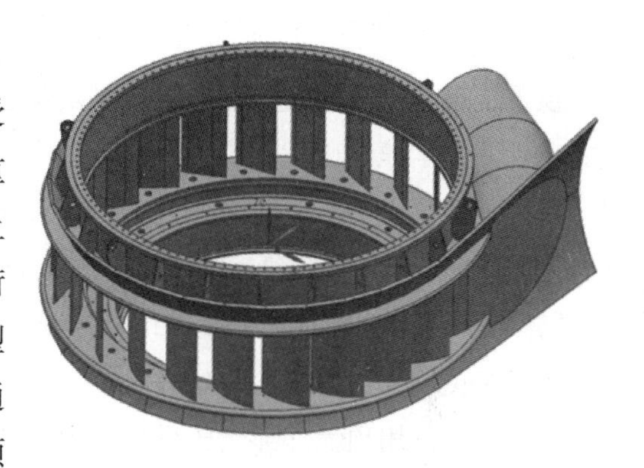

图 2-20　水轮机座环三维效果

座环作为整个机组的重要基础部件，承受蜗壳充水或放空时支承传递到其上部的所有重叠垂直荷载，其包括发电机质量、水轮机的上部及蜗壳的质量在内的机械荷重和土建结构荷重以及蜗壳内部水压力。对于中、高水头大型混流式水轮机座环受运输条件的限制，座环通常采用分瓣结构，各分瓣件在工地用临时性预应力螺栓把合后进行立面封焊和环板结构性焊接、现场防渗焊接，所以在中、高水头大型混流式水轮机座环结构设计上，需特别重视座环的强度和刚度问题。同时，中、高水头大型混流式水轮机导水机构端面间隙值要求很小，为了保证导水机构的端面间隙，校正由于座环在现场组装、焊接和浇筑混凝土后产生的变形，保证座环与顶盖、底环的把和严密，确保机组的运行稳定性就显得尤为重要。

流域电站座环均采用双平板钢板焊接结构，其中上、下环板采用优质的抗撕裂钢板焊接制成，与蜗壳连接处设有在厂内焊接的过渡段，消除蜗壳和座环连接处的应力，同时对座环的受力进行有限元分析。固定导叶的设计采用 CFD 流场分析最优的翼型，并且其尾部带有逐渐变尖的尾端以减小尾部卡门涡，并保证卡门涡的频率与浸入水中的固定导叶的固有频率不重合，以避免固定导叶的固有频率与水流诱发的强迫频率间发生共振的危险。座环固定导叶翼型与座环有限元分析如图 2-21 所示。

针对中、高水头大型混流式水轮机导水机构端面间隙值要求很小这一特性，公司均要求制造厂家将座环支撑环与顶盖接触面、座环基础环与底环接触面采用现场加工设备精确地加工支撑环与顶盖接触面、基础环与底环接触面，并明确不采用加垫的方式校正水平。

（五）顶盖

水轮机顶盖三维效果如图 2-22 所示。

图 2-21 座环固定导叶翼型与座环有限元分析

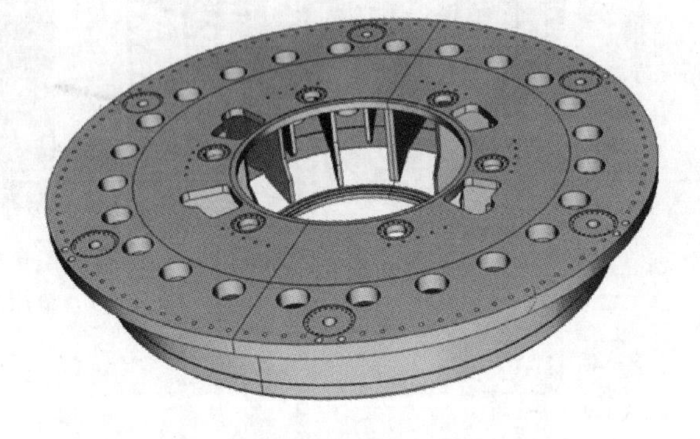

图 2-22 水轮机顶盖三维效果

顶盖是水轮机重要的受力部件，用以固定活动导叶和水导轴承等，为中空箱式结构，边缘固定且下部承压。因此，在水轮机结构设计上，对顶盖的强度要求较高。如顶盖刚强度弱，在水压下导叶轴孔处垂直或径向变形大，机组运行时将影响导叶上下轴孔的同轴度，使导叶卡阻，影响导叶正常转动。建议在设备招标阶段对顶盖轴孔处的变形控制应有明确范围的要求，以保证厂家加强对顶盖强度设计的控制，并同时要求厂家提交顶盖刚强度计算分析报告。

为了避免蜗壳水通过止漏环进入转轮上腔内，水推力增大，顶盖应充分考虑泄压方面的结构设计。如采用顶盖外部泄压设计，顶盖泄压管需与埋管连接排至尾水。由于顶盖振动，可能的水流汽蚀和排气不畅引发的振动等，在与固定埋管连接时考虑可补偿轴向和径向位移并有足够强度的柔性连接。如锦屏一级和官地水电站顶盖泄压排水管采用外层金属编织层保护的波纹管与埋管连接，由于安装错位的配合应力、顶盖振动、流道气蚀等多种原因导致波纹管破裂漏水，后通过改变顶盖泄压排水管与埋管之间的连接形式，采用可在轴向和径向方向进行补偿的柔性连接方式解决该问题。

（六）导叶及其保护装置

水轮机活动导叶三维效果如图 2-23 所示。

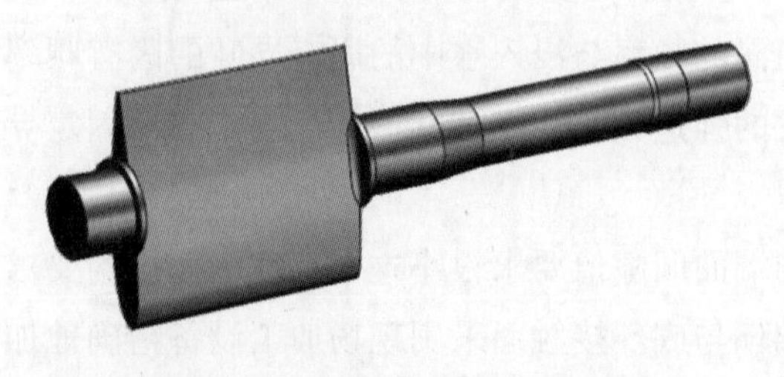

图 2-23 水轮机活动导叶三维效果图

中、高水头大型混流式水轮机的导叶需采用必要的保护措施来保证大型混流式机组的安全稳定运行，避免由于事故而造成长期停机和发电损失风险。对于每一个重要机组的基本要求是在任何情况下机组都可以安全地停机。对于水轮机来说，这通常意味着活动导叶或进水

阀门在系统出现任何重大事故时可以安全关机。

在导叶关闭过程中，要防止流道内异物造成导叶损坏。一旦导叶卡阻，作用在导叶上的力超过规定的极限，剪断销破断，将允许导叶与转臂产生相对转动以避免导叶进一步破坏。且每个导叶还设有摩擦装置以防止导叶在剪断销剪断后自由摆动，冲撞其他导叶，同时导叶的立面设计应具有在流体作用下自关闭性能。导叶还设有限位开关装置，避免导叶失控。

（七）水导轴承

水轮机水导轴承三维效果如图 2-24 所示。

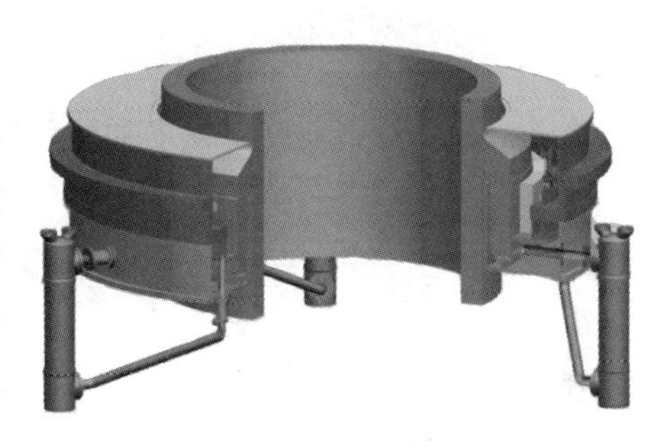

图 2-24　水轮机水导轴承三维效果

在设计过程中，水导轴承的循环冷却系统、水导轴承运行过程中的甩油及油雾等问题是重点关注对象。水导轴承的冷却系统分为内循环和外循环两种冷却方式，其中外循环分为外加泵和非外加泵两种方式，冷却系统的冷却器应充分考虑冷却能力和冷却容量问题，每种循环冷却方式各有利弊。对于内循环冷却方式应充分考虑冷却器管路的强度和其他部件与管路的干涉，外循环冷却应充分考虑各部件检修维护的便利性，工程中可根据工程实际情况针对性地选择。若采用外循环冷却方式，建议在外循环管路上设置便于拆解清理的过滤器并在过滤器处设旁通管路，以保证机组投运初期水导轴承油质的清洁。

如锦屏一级水电站水导轴承采用内置式冷却器，但是该两组共四只冷却器采用两路串联结构，由于冷却器管路较长且弯曲较多，管损较大，导致冷却器的实际过流量较低，得益于设备厂家在水导轴承设计时考虑的流量裕度较大，未对安全生产产生实际的影响；锦屏二级水电站采用外循环冷却方式，冷却器外置于顶盖内，由于设计选型较小，采用原设计的一主一备冷却方式不能满足机组运行需求，故而正常运行时两台接力器均投入，而接力器尺寸选择较大，平时检修时无法取出冷却器进行更换处理，未达到便于检修维护的目的。二滩水电站水导轴承采用内循环冷却器，但曾发生过冷却器铜管在机组运行过程中与其他结构部件发生刮擦导致冷却器漏水故障，影响设备安全稳定运行。

对于转速相对较高机组，由于水导轴领部位运行过程中外缘线速度较高，如果匹配油槽体积较小或油槽内部组件较多，油流循环过程中的内扰将较大，由于撞击撕裂的细小油颗粒形成油雾，在运行过程中油槽内部温度的作用下，油槽内部气压较高，此时若油槽底座或盖板在结构设计上密封效果较差，则极易发生油雾逸出现象，对水车室设备和环境造成污染，影响设备的安全稳定运行；水轮机水导轴承的甩油和油雾问题是共性现象，在多个项目均有发生。因此，在设计阶段即需针对设备的运行情况和工况，充分考虑防甩油和油雾措施。

如锦屏一级水电站水轮机由于转速较高、油槽尺寸较小且油槽内结构部件较多，油流循环时易与相关结构件撞击产生细小颗粒，从而形成油雾从油槽盖板与主轴的接触式密封处溢出，在原设计上采取了包括油呼吸器、接触式密封、油槽稳流板等措施防止油雾，但是效果不明显，后经过多次试验研究，采取了轴领平压孔的封堵方案，油雾效果有所改善。官地水电站水导轴承因转速低，油槽尺寸大，油雾容易控制，油雾相对较少。同时有效的油雾处理措施还有加装吸油雾装置、采用带隔离空腔的双层水导轴承油槽盖板并通入压缩空气等方式，可以根据工程实际情况相应采取预防油雾的措施，可以根据工程项目的实际情况采取合适的油雾处理措施。

（八）导叶接力器

水轮机导叶接力器三维效果如图 2-25 所示。

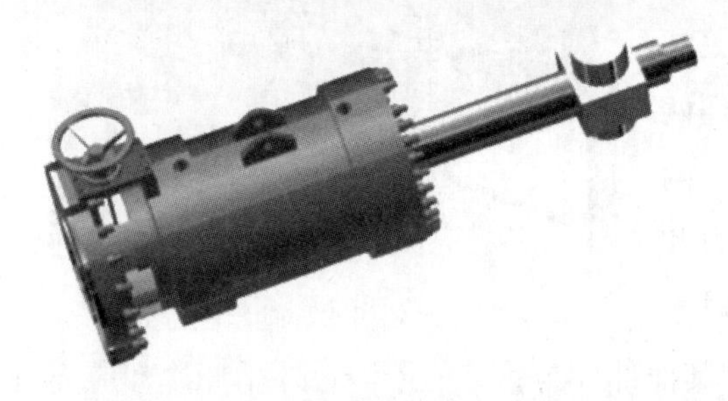

图 2-25 水轮机导叶接力器三维效果

导叶接力器是操作机组导水机构的重要执行部件，其对安装精度、工作环境方面的要求均较高，由于该接力器直接驱动控制环的工作特点，导叶接力器推拉杆不仅承受轴向力，也承受控制环引起的径向力，同时还承受接力器活塞前后缸支承力，如接力器在结构设计上不能很好地消纳径向力并同时在活塞和缸体材料上合适选择，则极容易引起拉缸事故。另外，为了避免接力器运行过程中活塞快速动作对前后缸盖的撞击，接力器缸体两端应设计小口径通油接口，通过限制流量控制活塞移动速度，避免接力器运行过程中活塞与缸体的撞击。

桐子林水电站水轮机导叶接力器在设计上，活塞与缸体采用硬度相近的材质，由于接力器行程很长，水车室空间有限，接力器活塞杆设计为单轴承支撑结构，活塞运行至全关位置时，活塞杆在前缸盖部位形成支点，形成长悬臂的作用，导致活塞与缸体间隙变小，发生接触，硬度相近的钢材在接触并刮擦后产生粘连，进而进一步造成拉伤，形成恶性循环导致缸体于活塞拉伤并卡死。

后续项目建议导叶接力器在设计阶段，合理选择活塞和缸体的材质，以避免接力器运行过程中活塞与缸体相近硬度的材质粘连，导致拉缸问题进一步加重；并且在接力器结构设计上建议采用带平衡杆结构，前后缸盖均有活塞杆支撑，保证运行过程中活塞与缸体不发生接触，可在很大程度上避免接力器拉缸问题的发生。

（九）顶盖排水

由于顶盖下部接流道，顶盖中还布置有导叶操作结构和机组转动部件，密封泄漏以及采用水润滑型式的主轴密封排水会进入顶盖，如排水不畅，可能会造成水淹厂房的严重事故。

根据流域各项目顶盖排水方式的使用效果、检修维护便利性，建议后续项目充分考虑采用潜水泵进行排水，且潜水泵的数量应考虑设置足够的备用。锦屏一级水电站顶盖排水在设

计上采用射流泵和潜水泵两种方式，采用射流泵的设计用意很好，厂房失电也能排水，但射流泵目前国内射流泵的产品品质较低，运行噪声较大、效率较低，无法很好地满足顶盖排水要求，同时射流泵接蜗壳水高压，各连接部位易产生漏点，形成新的隐患。锦屏一级水电站后取消射流泵顶盖排水系统，增加潜水泵台数替代射流泵排水。

（十）机组轴线

机组安装完成后，摆度是衡量机组设计、制造、安装综合效果的重要指标，并直接影响设备的安全稳定运行。由于设备表现出来的运行摆度与设备厂家的设计制造精度和安装精度均有关系，为有效区分摆度问题中设备厂家和安装单位的责任，建议后续项目采用两个摆度标准分别用于对两个单位的质量考核。盘车摆度作为对现场安装质量的考核。盘车摆度达标的情况下；运行摆度值是对厂家的考核，提醒厂家产品设计时应考虑足够的精度要求。以往各项目容易因机组安装后运行摆度较大问题产生设备厂家与安装单位的纠纷，由于无相关确切的证明记录及依据，给问题原因分析和处理造成较大难度。

（十一）大螺栓连接设计

对于顶盖与座环、座环与基础环、接力器与基础板、接力器缸盖与缸筒等采用大尺寸螺栓连接的部位，应充分考虑固定部件螺纹与螺栓硬度的匹配性，避免后续设备安装、检修维护过程中，因硬度不匹配导致固定部位螺纹受损，对设备连接稳定性造成影响。锦屏二级水电站顶盖通过双头螺栓与顶盖上环板把和连接，预装完成后，在顶盖上环板钻铰固定螺纹孔。机组检修维护过程中，顶盖与座环把和螺栓存在无法拆除的现象，后通过切割方式破坏螺母后，检查发现螺栓与座环螺纹部分粘连，并导致座环内螺栓部分受损，现场用丝锥对损坏的螺纹进行处理后，后经现场检查评估受损螺纹对整体顶盖与座环连接效果无影响后，正常进行顶盖安装。建议后续项目在机组设计阶段，对于采用大螺栓把和连接的部位，应从结构设计和材料选择方面充分考虑螺栓与固定螺纹的硬度匹配问题，避免后续工作中固定部件螺纹损伤问题的发生。

（十二）水轮机分段关闭设计

一般来说，出于机组安全稳定运行的要求，一般水轮机在设计过程中均设计有分段关闭装置，以便根据最终的调保计算结果调整机组关机时间。当前主流的分段关闭主要有导叶接力器油口配合单向节流分段管关闭阀、机械分段关闭切换控制和电磁阀分段关闭切换控制三种方式，不同设备制造厂家根据自身的设计经验，选择合适的分段关闭控制方式。根据公司前期各项目的经验，由于机械分段关闭切换控制在实际使用过程中受控制管路的制约影响较大，容易因管路较长造成分段关闭延时和滞后，若项目对分段关闭控制要求响应速度和精度较高时，一般不推荐采用机械分段关闭切换控制方案，同时，分段关闭信号开关建议采用快动式信号开关，以消除分段关闭动作和复归行程和时间差，保证分段关闭装置响应迅速。

二滩水电站水轮机分段关闭采用导叶接力器油口配合单向节流阀的分段关闭控制方式，通过在接力器关腔不同位置设置不同尺寸的油口，同时在接力器关闭回油管路上加装一个单向节流阀实现三段关闭，活塞移动至接力器不同位置，逐渐关闭和打开相应的油口，通过调节单向节流阀，调整分段关闭的关机时间，该分段关闭控制方式关机时间调节简单方便，系统运行稳定，若在设备安装调试阶段将单向节流阀更换为配孔的节流板，可以很好地实现关机时间固定。锦屏一级和官地水电站分段关闭在设计上采用机械切换控制方式，在接力器推拉头上安装刚性连接触块并在合适位置安装机械切换阀，当触块运行到相关位置时，机械切换阀动作，从而实现分段关闭。调试过程中发现，由于调速器系统控制部分管路较长，机械切换阀动作后，管路存在较长的充油时间，导致分段关闭实际动作滞后较多，导致分段关闭时间较长，无法可靠调整到位，同时该控制方式关机时间调节难度较大，同时分段关闭信号开关采用拨动式动作开关，监控系统显示分段关闭装置投入和复归信号导叶开度位置存在差异。后经过研究讨论，将原机械切换控制方式更换为电磁阀切换控制方式，为了减小控制管路充油时间，将控制电磁阀改装集成至事故配压阀模块，并增加电磁阀通流孔径，将原拨动式信号开关调整为动作迅速的直动式信号开关，解决分段关闭相关问题。

（十三）主轴密封

水轮机主轴密封三维效果如图 2-26 所示。

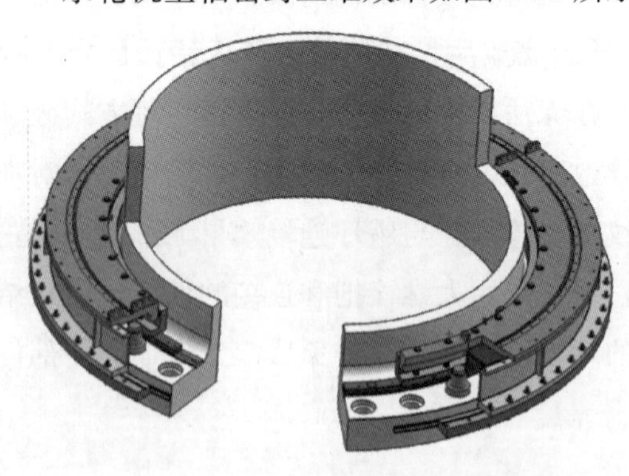

图 2-26　水轮机主轴密封三维效果

在水轮机设计制造过程中，需重点关注主轴工作密封，该密封的主要作用是防止转轮室的水通过顶盖与转轮之间的密封进入顶盖腔体，是保证机组运行最重要的一道动静配合密封。目前行业主流主轴工作密封采用轴向自补偿型水润滑密封，该类型主轴密封要求润滑水的水质干净、水压和流量稳定，密封元件耐磨性好且磨损量能在线监测。为保障主轴密封水满足相关运行要求，在常规项目中一般设取自清洁水和机组技术供水系统的两路独立水源并且保证足够的流量，由于机组技术供水水质较差，故而在供水系统应安装多级过滤器以保证水质。为了保证过滤器工作的可靠性及稳定性，应尽可能选择质量可靠的可自动切换的具有自排污反冲洗功能的过滤器。同时由于主轴密封为损耗件，其磨损到一定程度后会因密封效果变差而影响机组的安全稳定运行，因此，主轴密封系统应设计稳定可靠的磨损量在线监测装置，以便发现磨损量过大及时处理。

对于检修密封，行业常规选用空气围带的结构形式，但需要求空气围带现场粘接后能够

形成一个贯通的腔体，保证空气围带充气膨胀后的密封效果。如锦屏二级水电站在设计上主轴密封从蜗壳取水，经环流降压和旋流过滤处理后供至主轴密封，每两台机组的主轴密封供水管路相联通互为备用。由于设计管径较小，当一台机组发生取水口堵塞等故障后，另一台机组的取水量无法满足两台机组主轴密封运行的要求，后锦屏二级水电站对主轴密封供水系统进行改造，通过消防水给每台机组配置了一路备用水源，保证主轴密封用水的稳定性。锦屏一级水电站和官地水电站主轴密封滤水器在投运初期，由于水质较差，频繁发生滤水器堵塞、流量降低现象，需人工对滤水器滤网进行清理，增加了维护工作量，若采用自动反冲洗滤水器则可以规避该问题。桐子林水电站主轴检修密封空气围带由于两端为封头结构，现场粘接后粘接部位无法接通压缩空气膨胀，接头部位的密封效果相对较差。

（十四）机械过速保护

一般来说，为了避免水轮发电机组在故障或失控状态下的事故扩大化和次生事故，避免机组转速过高对机电设备和水工建筑物造成影响，机组在设计上多采用纯机械过速保护装置，作为机组失控失速状态下现在机组转速的保护。机械过速保护系统由飞摆、机械换向阀、事故配压阀等部件组成，当机组转速达到一定程度时，飞摆触碰机械换向阀，事故配压阀控制回路建压后，事故配压阀动作，操作导叶接力器关闭。随着工程项目水头变幅的扩大，机械过速保护系统也暴露相关问题。锦屏一级水电站设计最高水头和最低水头差为80m，机械过速保护装置按最大工作水头设计，投运前期，由于水库水位较低，在略高于最低水头工况下进行机组过速试验时发现由于水头不够，机组无法达到设定的机械过速保护装置动作的转速，机械过速保护装置无法正常动作在机组运行过程中若发生类似问题，可能造成机组在高转速下长时间转动，对机电设备造成恶劣的破坏性影响。后通过在过速装置设计上进行修改，增加一套机械过速保护装置，两套过速保护装置分别适用于低水头和高水头运行工作，根据机组运行水头情况，切换相应的高、低水头过速保护装置动作，并根据严格计算选取切换的水头值，以避免发生机组在高转速下长时间转动问题。对于后续水头变幅较大的项目，建议在设计阶段考虑设置两套过速保护装置分别应用于高低水头工况，避免类似问题发生和后期处理的工作难度。

（十五）止水密封

在水轮机设计阶段，需注意各部位止水密封的设计及密封材料的选择，并充分考虑密封的结构形式，以保证密封效果。如顶盖分瓣面密封、导叶上下轴孔密封、筒阀上下密封、导叶立面端面密封、检修密封、工作密封等。端面密封常见的形式是在顶盖和底环处应设置可拆卸和更换的导叶端面密封、密封延伸至导叶轴。密封块由青铜块组成，其后面有橡胶板。导叶在关闭位置，利用橡胶和水压将青铜密封环压向导叶端面而起到密封作用，由于采用金属接触式密封，可以最大限度地减小通过导叶顶端和底部间隙的渗漏。

六、水轮机产品设计阶段先进技术的应用

在中、高水头大型混流式水轮机的科研、开发和设计过程中，各制造厂家不断更新和完善设计手段和工具，特别是随着当今水电行业的大力发展，为解决中、高水头混流式水轮机容量不断提高、运行范围不断扩大以及运行稳定性要求不断提高所面临的许多技术难题，各制造厂家均采用了许多先进的工具作为强大技术支持。先进的设计手段主要有：

（一）在水力设计方面，采用 CFD 分析工具在更宽广应用范围内进行流场分析

在水力设计方面，采用 CFD 分析工具在更宽广应用范围内进行流场分析，通过叶栅耦合计算程序，可以进行固定导叶与活动导叶、活动导叶与转轮以及转轮与尾水管联合分析，进一步可以实现针对每一个特殊电站量体裁衣的优化解决方案。与 30 年前相比，这不仅使得单机出力和效率水平产生很大飞跃，而且特别在非稳态工况下的机组性能方面有很大提高。

先进的 CFD 分析软件与一百多年的研发成果和长期的技术积累相结合，实现了：

（1）三维黏性和紊流流体；

（2）多部件之间流体的相互干涉研究和优化；

（3）水轮机整个流道的非稳定流计算，提高水轮机部分负荷稳定性。对尾水管汽液两相流的计算可得到与模型试验相当吻合的压力脉动频率和幅值特性；

（4）空蚀仿真；

（5）泥沙磨损仿真。

如在锦屏一/二级、官地、桐子林项目中，制造厂家通过该技术的应用，从而使得数值计算的精度和可靠性处于世界先进水平行列。使用该项技术也大大缩短模型的开发周期，提高水轮机的性能水平，减少模型试验的次数。水轮机设计工况尾水管与转轮流态 CFD 分析计算结果如图 2-27 所示。

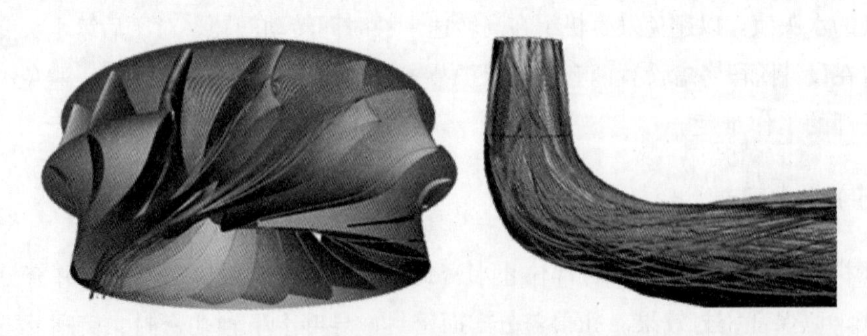

图 2-27　水轮机设计工况尾水管与转轮流态 CFD 分析计算结果

（二）在结构设计方面，采用先进的计算机辅助设计 CAD 系统实现全三维设计

采用计算机辅助设计 CAD 系统实现了水轮机从蜗壳、座环、导水机构、导叶、顶盖、

底环、控制环、转轮到尾水管等所有部件全三维设计。通过三维设计 CAD 系统，可以实现复杂零部件的空间曲面造型，复杂系统的装配检查、动作分析、干涉检查和公差分析。不仅大大地优化设计、提高设计的质量，而且缩短了设计周期。

（三）在结构分析方面，进行结构有限元分析计算

在结构分析方面，有限元分析计算已经成为当今日常使用的计算工具，它不仅可以完成静态应力计算，而且可以实现动态应力计算，为避免机组运行过程中产生裂纹提供安全保障。如在锦屏一/二级、官地、桐子林项目，制造厂家将通用的 ANSYS 有限元分析软件与流体 CFD 数值仿真成果和多年的模型试验、现场试验成果相结合研发的有限元结构分析工具 FEA 可以对结构的应力、变形、固有频率的模态进行分析，从而使得计算的精度和可靠性大大提高。锦屏一级转轮 ANSYS 有限元分析如图 2-28 所示。

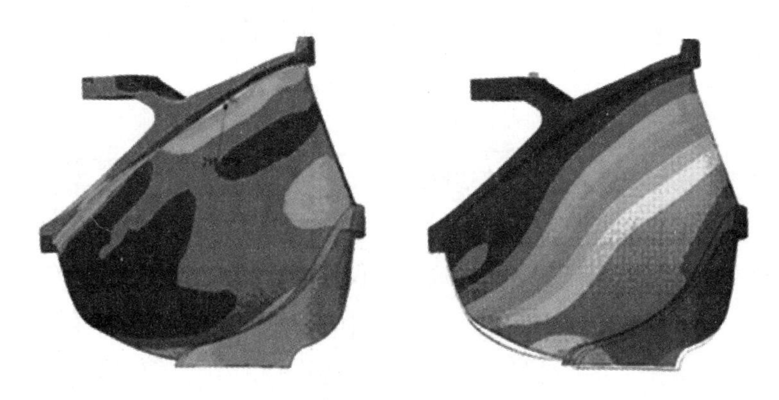

图 2-28　锦屏一级转轮 ANSYS 有限元分析

（四）机组轴系非线形系统的仿真计算

通过建立轴系：水轮机—轴—发电机—轴承系统的非线形结构三维模型，将输入条件—径向水推力—在模型试验中的实测结果引入非线形系统，从而得出轴系的稳定性指标，如振动、摆度、频率响应、轴心轨迹、弯振频率、扭振频率、轴系挠度等。

（五）转轮疲劳强度分析

转轮疲劳强度分析是一项综合性的系统分析程序，制造厂家将水力设计、模型试验、真机现场实测的成果、转轮材料的水下疲劳强度实验结果和机组的实际运行工况相结合，从而分析出转轮的疲劳寿命。运用该项技术可以在设计阶段对转轮的裂纹和运行寿命进行预测，并针对性采取应对措施，提高机组运行的可靠性。

七、圆筒阀产品设计

圆筒阀三维效果如图 2-29 所示。

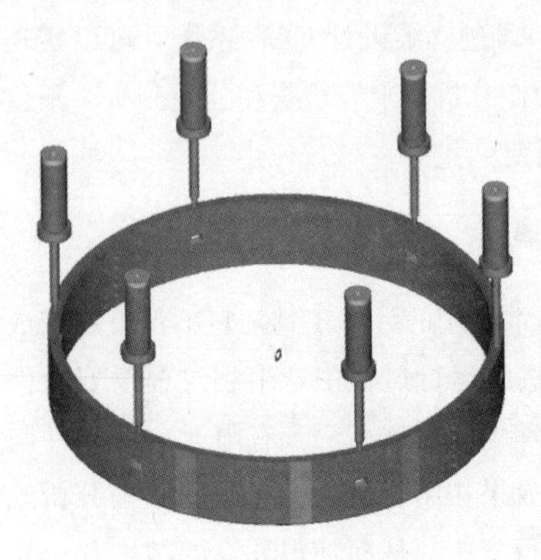
图 2-29　圆筒阀三维效果

圆筒阀是装设在水轮机流道上的阀门，设置在水轮机固定导叶和活动导叶之间，由同步液压接力器操作使阀体处于全开或全关的工作状态。圆筒阀的主要功能是保护中、高水头混流式水轮机（一般要求对调峰有快速反应）的导水机构免受由于过流面与顶盖和底环间端面泄漏引起的磨蚀，同时可在紧急工况下通过切断水流（包括动水关闭）保护机组。水轮机是否装置圆筒阀，在规程、规范中有所规定，现行 2004 年版《水力发电厂机电设计技术规范》DL/T 5186—2004 中规定："对于多泥沙河流水电厂的单元压力管道输水管或压力管道较长的单元压力管道输水管，为水轮机装设进水阀或在水轮机流道上装设圆筒阀，应进行技术经济比较论证"。

（一）筒阀的优点

与其他类型的进水阀（蝴蝶阀和球形阀）相比，圆筒阀具有以下优点：

（1）可以降低电站建设的总投资。一般来说，圆筒阀本身的成本（包括为安装圆筒阀而对水轮机部件所作的相应改进在内增加的成本）仅为蝴蝶阀成本的 1/3～1/2，约为球形阀成本的 1/4。此外，圆筒阀不仅自身成本低，更重要的是使电站工程投资降低了不少。圆筒阀不像常规阀门那样必须安装在水轮机蜗壳的前端，需有伸缩节、连接管、旁通阀、空气阀等一整套复杂的辅助设备。它所需安装的空间很小，布置时不需要扩宽厂房。对于地下电站，采用圆筒阀可大大减少开挖量，这一点尤为重要。

（2）由于圆筒阀操作灵活、方便，故对承担峰荷的机组而言，采用圆筒阀更为有利。

（3）由于圆筒阀启闭时间短，对水轮发电机组起到了更有效的事故保护作用。大型机组的蝴蝶阀或球形阀，动水紧急关闭时间规定为 2～3min。在水轮机导水机构全开时，机组与电网解列时，若遇到调速器失灵，可在 10～40s 就能使机组达到飞逸转速。蝴蝶阀或球形阀的动水关闭只能起到免于机组长时间飞逸，防止事故扩大的作用。圆筒阀启闭为直线运动，运动规律可以改变，因此，关闭时间可以缩短，因此它比其他阀门更能有效地保护机组。

（4）圆筒阀具有良好的密封性能，运行可靠，水力损失小，效率高。另外，圆筒阀开启后，筒体下端面与顶盖过流面齐平，不产生任何水力损失。此外，当水流被筒体截断时，由于流动的轴对称性，水流的扰动程度没有常用的阀门那样严重，水轮机的固定和旋转部件所承受动载荷都较小。

（5）保护水轮机流道、减轻流道空化、泥沙磨损效果好。由于圆筒阀启闭时间短，投入快，电站使用时动作频繁，停机就关圆筒阀，开机就打开圆筒阀。因此，在我国含泥沙多的河流中，圆筒阀可以非常明显的防止停机时导叶及其流道的空化和泥沙磨损。

（6）圆筒阀是一种自承式结构，不像蝴蝶阀或球形阀那样需要复杂的衬套和轴颈载荷集中在壳体上。

（7）圆筒阀操作机构简单可靠，往复运动所需的力较小，并且有足够的强度来承受紧急关闭过程中产生的巨大的水作用力。

（8）圆筒阀在断电情况下能正常动作，操作油可在有压状态下存储。

（二）选型过程

1. 锦屏一级

国内的一些多泥沙河流的中、高水头电站（如渔子溪Ⅰ级、渔子溪Ⅱ级、南桠河Ⅲ级及太平驿电站），在设置水轮机进水阀的基础上，为减轻或避免水轮机导水机构停机间隙的空蚀和磨损，减少导水叶漏水造成的电能损失，在较长时间停机时，相继采取了行之有效的“停机关阀”措施，水轮机大修周期明显延长。漫湾、大朝山和多泥沙的小浪底、光照等大型电站水轮机导叶进口前装设了圆筒阀，在机组停机时，关闭圆筒阀同样避免了水轮机导水机构停机间隙的空蚀和磨损。我国当时已建的与锦屏一级水头相近的小湾水电站、瀑布沟水电站，以及当时在建的如溪洛渡等巨型电站，虽然都有大水库，过机泥沙含量小，但为了保护导叶免遭间隙气蚀及避免停机漏水造成能量损失，水轮机均设有圆筒阀。

锦屏一级水电站运行水头高，水轮机停机关闭导水叶时，间隙空蚀和泥沙的联合作用会使导水机构的破坏加剧。可以预见，将来水轮机损坏严重的过流部件将是活动导叶和上下抗磨板。因此，为了保护水轮机导水机构，使机组能长期稳定运行，锦屏一级水电站水轮机考虑设置圆筒阀。

2. 锦屏二级

由于锦屏二级电站具有引水隧洞特长，直径大（约 12m），水头高（最大水头达 318.8m）且单机容量大（600MW），调压室最高涌浪高（达 70 多米）等特点，若将快速闸门设置在上游调压室内，须尽量减少因涌浪引起的动水压力对闸门在门槽中安全停放的影响，要求快速闸门平时停放的位置相对较高，机组一旦发生飞逸，很难达到在 5min（机组抗飞逸时间一般不超过 5min）内快速关闭孔口切断水流的要求。因此无法胜任水轮发电机组调速系统以外的防飞逸功能；其次，锦屏二级水轮机蜗壳进口直径达 6.05m，最大工作水头达 321.0m，无法设置蝶阀和球阀；设计阶段，电站设计单位华东院也在防止机组飞逸方面，曾对本电站设置高压闸阀方案进行较为详细的分析论证。所谓高压闸阀方案，就是在调压室后高压管道的上平洞段设置高压闸阀式快速闸门。由于高压闸阀需要布置在离机组较远的专用阀室内，阀门中心线距水轮机蜗壳进口约有 376.5m，充水量约为 1.5 万 m^3，机组一旦发生过速，即使阀门迅速关闭（一般为 60s），阀后水体仍将对水轮机产生较长时间的加速。

圆筒阀布置在水轮机固定导叶和活动导叶之间，紧贴水轮机转轮，动水关闭迅速，机组一旦发生过速，可以在 60～70s 时间之内切断水流，对防止机组飞逸起到迅速、有效的保护作用。

经过较为充分的分析和论证，圆筒阀具有良好的水力性能、密封性能和在动水状态下较强的自关闭能力，以及离水轮机转轮最近的结构特点，通过合理的控制方式，圆筒阀作为锦屏二级电站防止机组飞逸的措施是可行的。锦屏二级最终采用了“圆筒阀＋调速器＋过速限制器＋机械保护装置”的综合机组防飞逸措施。

在具体设计制造生产方面，华东院经过详细调查论证，认为尽管筒阀尚无300m以上水头动水关闭的业绩，但有直径6m的应用业绩，理论上和技术上具可行性。为此华东院编制了进水阀选择专题报告，提出了筒阀方案并通过了总院审查。

通过机组的现场试验和试运行表明，锦屏二级所采用的防止机组飞逸的措施，设计选型是正确的，是有效可行的。而且锦屏二级筒阀动水关闭的成功使筒阀应用达到了新的高度，对后续类似电站进水阀的选型具有很强的指导意义。

（三）产品设计

筒阀主要由筒体、操作机构与同步机构和行程指示装置三大部分组成。

1. 结构设计

(1) 筒体。筒体的作用是：在机组停机时，圆筒阀处于关闭状态，筒体落下处于座环固定导叶与活动导叶之间，上端紧压布置在顶盖上的密封条，下端紧压布置在底环上的密封条，从而达到截流止水作用。当机组要开启时，首先开启圆筒阀，将筒体提升到座环上环与顶盖构成的空腔内，筒体底面与顶盖下端面齐平，不干扰水流流动。筒体外缘与座环固定导叶之间设置有导向块，导向块焊在固定导叶上，它可以在导水机构中，当导叶发生故障动水关闭圆筒阀时，由于水流的不对称性，对圆筒阀外缘受力不均而使筒体偏向一侧时起到很好的限位和导向作用。

筒体与提升杆采用埋入式螺栓连接。连接螺母采用超级螺母，置于筒体上开设的窗口内，超级螺母装拆简便易实施。筒阀的下密封，采用压板橡皮条结构装于底环上；上密封采用带凸缘的橡皮板及压环结构装于顶盖上。

(2) 操作接力器。筒阀一般采用6只直缸接力器操作。

2. 同步控制方式

目前，圆筒阀同步机构广泛采用的同步方式有两种：机械同步步（依靠链条强迫各接力器同步运行）、电液同步。电液同步又分为：同轴油马达式、伺服比例阀式、全数字集成式。

(1) 锦屏一级。锦屏一级水轮机供货厂家是东方电机股份有限公司（以下简称“东电”），东电早在漫湾一期电站投入商业运行后，就已经开始了电液同步研发工作，在圆筒阀控制领域开展了大量工作。通过漫湾二期电液同步控制系统设计、系统集成、安装、调试，发现其系统复杂、调试困难、运行维护工作量大、设备昂贵，且因技术专利属于国外而受制于欧美国家。为了开发更加先进的圆筒阀控制技术，在经过大量原创性的开发和研究工作后，东电提出采用数字缸圆筒阀电液同步控制系统。而作为一种电液同步控制装置，数字缸

已经被广泛成功地应用在航空航天及其他领域，在这些领域数字缸作为液压同步控制装置具有大量的实际运行经验。

数字缸工作原理：步进电机接收计算机发出的数字脉冲信号而转动，该转动带动数字伺服阀运动，并将旋转运动转变为直线运动，该直线运动打开数字阀的阀口，由液压油源驱动操作油缸活塞杆前进或后退。活塞杆带动反馈机构并与数字阀相连，形成耦合，调节阀口以保证操作油缸活塞杆的当量值。

数字缸作为水轮机筒型阀的同步电液控制装置被引入锦屏一级水电站。考虑到锦屏一级电站装机规模大（6×600MW），数字缸又是第一次在大型水电站上应用，作为数字缸电液同步控制系统的供货方，东电决定在已投入运行的滩坑水电站（3×200MW）的一台真机上进行试运。据东电统计，自 2009 年 7 月将滩坑 3 号机圆筒阀机械液压同步改为数字缸电液同步，到 2010 年 5 月，已顺利开启圆筒阀 270 余次，无一次卡阻故障，运行可靠性较高，且运行维护非常方便。数字缸在滩坑水电站成功应用，为数字缸应用于锦屏一级水电站水轮机筒型阀电液同步控制系统打下了良好的基础。

锦屏一级水电站采用的全数字集成式筒阀电液控制系统，由全数字集成式液压控制系统、电气控制系统两部分组成。

数字缸有如下优点：

1）控制原理简单化。电气控制系统根据目标值，给出一定量控制脉冲，驱动集成式接力器的步叠加动作，直至目标值。

2）控制方式全程数字化。从行程检测、信号传输与控制、电液转换执行机构到接力器液压运动操作，全程实现了精密数字化。

3）液压控制装置集成化。液压控制装置的所有元件均与接力器集成为一体，无其他液压部件，结构紧凑，节省安装空间。

4）参数完全量化。接力器都能够在各种工况下实现高精度同步，系统控制、接力器移动、系统参数均实现完全量化。

5）纠偏方式多样化。控制系统具有静态纠偏（包括机械纠偏、电气纠偏两种方式）和动态纠偏（包括电气纠偏、液压自适应同步纠偏两种方式）功能。

6）操作与维护人性化。全数字集成式电液控制系统是高度集成控制系统，更换器件简单，系统维护工作量极低。

7）具有全手动单缸调节功能。控制系统可以通过电气控制装置对单只接力器活塞位置进行高精度有效调节（双向调节），也可用纯机械手动方式进行双向调整。

8）调试模式下能精确定位。在调试模式下，筒阀具备在任意开度位置高精度精确定位特性，解决了安装、检修调试不方便的难题。

9）工厂内能电液联动与整体调试。能在工厂进行电液联动、整体调试、完成负载加偏载模拟试验，缩短电站现场安装、调试周期，节省相关费用。

10）丰富的人机动态对话界面。控制系统不仅能完成各种控制功能，还能通过电气控制柜以动画、数据、棒图、曲线方式同步记录、存储和显示圆筒阀运行过程中的全部参数，并追忆历史数据。

（2）锦屏二级。锦屏二级水电站采用的是同轴油马达式电液同步系统。机械液压部分由6台接力器、一套综合控制阀组、一台同步分流器、一套纠偏阀组组成，电气部分由PLC控制，在PLC内部可设置程序控制筒阀在各种工况下的运动方式。圆筒阀的整个系统以接力器位移量偏差为负反馈的闭环电液随动系统。开启圆筒阀过程中，以6个接力器的平均位移为基准，关闭圆筒阀过程中，以6个接力器的最大位移为基准，在给定的启、闭规律基础上按经典的PID控制算法，产生控制量作用到液压比例阀上，液压比例阀控制接力器控制油量大小校正发生的不同步的偏差以保证各接力器的同步运行。

（四）其他

筒阀接力器为轴向圆周均匀布置，提升杆与筒阀连接方式存在不同的设计思路，一种是整体刚性连接的，另一种是分两段且柔性连接。锦屏一级采用刚性连接，锦屏二级采用柔性连接，两种连接方式各有优缺点，行业内均有采用，具体效果须后续观察研究。从目前实际运行的效果分析，采用两段柔性连接的活塞杆本体受力方面更好，同时可承受筒阀阀体一定程度的变形和偏心。

八、发电机产品设计

发电机三维效果如图2-30所示。

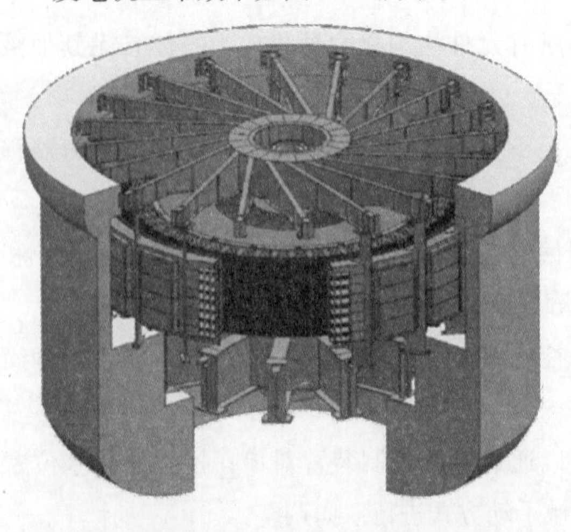

图2-30　发电机三维效果

（一）斜元件设计思想

斜元件通常用于连接两个处于同一平面但直径不同的两个环形部件或直径相同但处于两个平行平面的环形部件，常见的发电机斜元件设计如转子支架、上机架、定子机座等。由于水轮发电机容量的增加，发电机部件的尺寸越来越大，大部件的刚度问题越来越突出，从刚强度角度来说，大型水轮发电机定子机座、转子支架及上下机架的刚度（变形）问题要比强度（应力）问题重要。随着水轮发电机组的设计制造日趋大容量、低转速化和发电机斜元件设计结构和受力方面的优点在越来越多大型水轮发电机组上得到验证，采用斜元件结构已成为当前大型水轮发电机组主要结构件设计的主流思想。传统结构与斜元件结构对比如图2-31所示。具有斜元件支撑

结构的定子如图 2-32 所示。

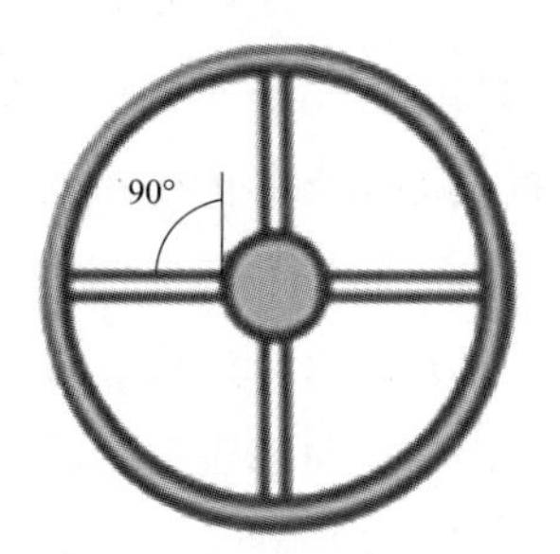

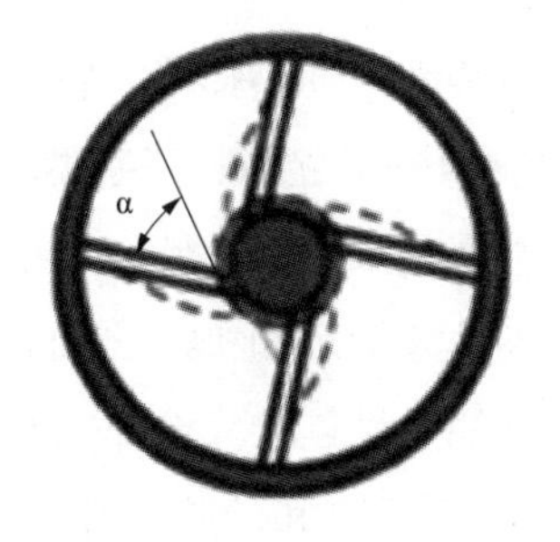

图 2-31　传统结构与斜元件结构对比

图 2-32　具有斜元件支撑结构的定子

斜元件的作用可将结构件承受的径向力转换为切向力，同时保证结构件的刚度和强度。设备运行时，随着同心膨胀，斜元件将在阻力较小的方向上偏移，结构上相邻的两个环彼此关联，因而能保证良好的同心度。结构件采用合理的斜元件倾斜方向设计，当结构件存有任何扭力和径向变形时，斜元件将在机械阻力最大的方向上产生变形，从而保证发电机结构件很好的稳定性和刚性。斜元件的变形原理如图 2-33 所示。

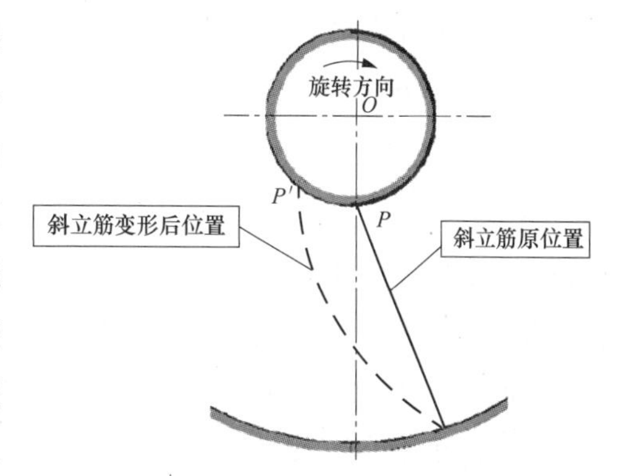

图 2-33　斜元件的变形原理

斜元件的倾斜方向影响结构受力，根据各结构件的实际受力特性和结构特点，转子斜元件设计宜采用前倾结构，以吸收设备运行时所产生的膨胀，并通过旋转变形改善压缩受力，同时斜立筋也能减少热打键作用在中心体产生径向作用和变形力。上、下机架和定子机座，斜元件设计宜采用后倾结构通过斜元件结构，可改善机座运行时结构件热膨胀和磁拉力下的受力状况，稳定均匀性好，规避了传统的固定式机架和定子机座易变性和浮动式定子机座不稳定的问题，但由于该斜元件采用的是可恢复弹性变形的柔性设计，该结构特点表现为在机组运行过程中，定子机座振动相较固定式或浮动式定子机座较大，目前行业对该问题已有充分的认知，并已组织专家对相关标准进行了修改。

1. 采用斜元件的定子结构设计具有以下特性

（1）径向宽度较小而直径相对很大的铁芯和机座，足够的径向刚度可防止椭圆变形、不同心膨胀、波浪变形及失稳。

（2）可保证定子具有优良的性能：

1）定子铁芯圆环的稳定性和扭曲；

2）同心度；

3）防止定子铁芯翘曲的安全裕度；

4）定子动态特性调整。

为保持定子稳定使磁拉力保持平衡，以避免系统失稳。通常要求机座环板具有足够的宽度（弯曲刚度大）。斜立筋的角度通过有限元优化计算确定。斜立筋在切向具有很强的刚度与气隙扭矩相平衡；而在径向却具有适当柔度允许热膨胀。约有80%的扭矩是通过斜立筋由机座传递到基础上，其余20%的气隙扭矩通过斜立筋、工字型环板及机架支臂传递到上面的基础环上。良好的环状稳定性及自身同心度是采用斜元件的定子结构的突出优点。

铁心受热会产生同心径向膨胀，由于铁芯圆环和机座之间存在温差，两环连接处将产生热胀力。具有斜立筋的定子机座，与基础的刚性连接完全是对称的，其径向膨胀仅受结构的弹性限制。因此不可能产生偏心膨胀。当两环之间的热膨胀力超过铁心压紧力的一定限值时，定子将产生翘曲。定子机座刚度太大，而热膨胀受阻极易发生这种情况。调整定子机座斜立筋的安装角度可优化整个定子的动态特性。

2. 采用斜元件的转子结构设计特性

传统结构的磁轭通过刚性直支臂直接与中心体连接。离心力和热膨胀力引起的拉伸力沿径向向中心传递，导致支臂产生高应力。这将使支臂的径向布置受到限制。此外，随着转速的提高，磁轭本身也要膨胀，致使同心稳定性降低。

采用具有斜支臂的转子支架，能很好承受正常运行时的扭矩、磁极和磁轭的重力矩、有效地吸收离心力及热打键配合力。转子支架足够的切向和轴向刚度可避免不应有的变形，保证磁轭与磁极对中以及气隙的均匀度。

3. 采用斜元件的上机架结构设计特性

采用斜元件的上机架结构设计轴向刚度大而切向具有适当柔度。当温度变化时，支臂产生弯曲而中心体产生微小转动。与传统的径向直支臂结构相比，作用在中心体和基础上的力可减至最小，且对导轴承的间隙无影响。由于大型机组发电机支臂很长，每个支臂传递的轴承径向力不可能是均匀的。为此，在支臂数、支臂截面形状和惯性矩的设计计算时也需考虑上述因素的影响。

4. 斜元件的选择

主要结构部件采用斜元件，使所有复杂和关键的问题被巧妙和富有成效地得到了解决。分析和计算证明，在正常和非正常工况运行时，发电机主要结构部件的工作应力、变形和稳定性以及机组的激振频率避开了厂房构件的固有频率。

在对锦屏二级发电机结构设计进行讨论过程中，公司组织国内行业的专家对发电机结构件斜元件倾斜方向对结构件受力变形的影响进行了分析，统一了对斜元件的认识，认为转子支架应采用前倾的斜元件结构，以缓解机组运行过程中热膨胀对转子支架变形的影响，改善转子支架受力；定子机座应采用后倾的斜元件结构，以缓解机组运行时定子机座径向热膨胀产生的变形和受力影响的同时，保证定子机座在运行过程中呈直径变大的运行态势，缓解定子机座对铁芯热膨胀变形的约束，防止定子铁芯变形；对于上、下机架由于仅只将热膨胀的径向力转变为切向力，故而对机架的斜元件方向可不做具体要求。锦屏二级水电站定子机座

在原设计中采用前倾斜元件结构，分析认为该结构在机组运行工况下磁拉力造成定子机座呈尺寸缩小趋势，可能造成定子铁芯在机组后续运行中发生翘曲变形，不利于机组长期连续安全稳定运行，后公司组织专题会对该问题进行了研究讨论后，更改了定子机座斜元件的方向，锦屏二级发电机自投运以来，发电机运行情况良好，定子机座斜元件结构未发生异常。

（二）发电机定子

发电机定子三维效果如图 2-34 所示。

定子是发电机的核心部件，包括：定子机座、定子铁芯、定子绕组及附件等。定子机座主要起支撑定子铁芯作用，并将定子扭矩传到发电机基础上。定子机座的设计要求是：具有足够的弹性，允许铁芯同心膨胀；足够的刚度避免磁拉力引起椭圆变形和振动；能承受短路和半数磁极短路产生的不平衡磁拉力引起的动态扭矩和切向力；避免电气和水力激振频率与结构固有频率共振。

大型水轮发电机的定子以刚性结构固定在基础上有一个非常不利的因素，即在运行时，定子铁芯的温度比机座的高，受热时定子铁芯不能径向膨胀将产生翘曲变形。在传统的定子设计中，使用径向导向滑动元件来避免定子铁心的翘曲变形；而且，为维持定子的稳定性，定子机座需要有较高的弯曲刚性。径向导向滑动元件不能有效防止定子铁心的翘曲变形，因为机组运行过程中由于定子的扭力和导向件本身的摩擦力可能引起的定子铁心不确定的椭圆度，因此有必要对导向件进行定期的检查和维护，以防止无法控制的摩擦甚至阻塞的发生。

为了改善传统的定子设计中遇到的问题，在锦屏一/二级、官地定子机座设计中引入了斜元件的理念，当定子受热膨胀和受扭矩作用时，连接的斜板能够在圆周切向方向产生位移，从而确保定子铁心的圆度。带斜元件的定子机座设计能够保证在各种运行工况下都有最优系统性能，它既可以维持正常运行时的最佳稳定性，又可在系统故障的最差工况下极大程度地减小作用在定子和基础的应力。斜元件既保证了定子的高圆度和稳定的同心度，也能保证在热膨胀、扭转力矩情况下的最优回弹性。斜元件和滑动元件之间的比较如图 2-35 所示。

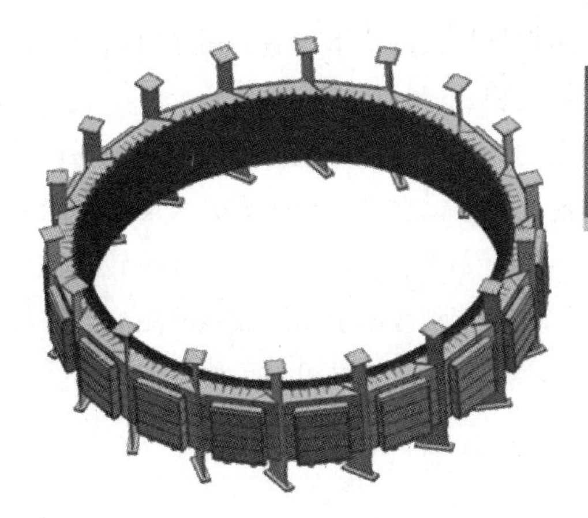

图 2-34　发电机定子三维效果

图 2-35　斜元件和滑动元件之间的比较

（三）发电机转子

发电机转子三维效果如图 2-36 所示。

图 2-36 发电机转子三维效果

主流的水轮发电机转子多采用钢板组焊而成，受运输交通条件的影响兼顾转子结构稳定性和质量的可靠性，大型水轮发电机组转子支架一般采取中心体整体到货，其他连接件散件到货现场组焊后进行加工的模式。根据锦屏、官地等项目的经验，由于现场施工环境条件方面的限制，为了避免焊接变形等问题的影响，在设计上转子钢构件的焊接工作量应尽量多的在厂内完成；转子磁轭在设计上应充分考虑通风槽、通风隙的尺寸和裕度，通风量满足设计要求的同时，考虑后续机组运行油雾、油污等可能对磁轭通风槽造成的堵塞等方面的影响；由于旋转挡风板在机组运行过程中受到较大的应力作用，原则上除了上下定转子气隙外，尽量不设置旋转挡风板；由于现场大立筋焊工作量大，容易产生不可控的变形，大立筋焊接完成后需在现场配置专用机床进行车铣加工，增加工程投资的同时逐条立筋加工周期较长，在一定程度上制约工程进度，加工过程中的车床精度和操作人员误差还可能引起次生的相关问题，而采用主副立筋结构可以在很大程度上规避相关问题。因此，转子立筋在设计上建议采用主、副立筋结构，尽量避免采用大立筋现场焊接结构。

锦屏二级水电站发电机在原设计上采用现场焊接的大立筋结构，且大立筋在磁轭叠片完成后进行大立筋焊接，通过叠片完成的磁轭限制立筋现场焊接的变形，后公司通过研究，协调厂家将大立筋结构改成了主副立筋结构，方便现场安装。

在立筋结构上，应尽可能采用上下端非悬臂的立筋结构设计，避免设备加工或现场焊接等作业的影响导致立筋变形，对于采用悬臂结构立筋的机组，在设计上应充分考虑悬臂段刚强度的问题。锦屏二级水电站发电机转子主立筋工地加工完成后，进行转子上部旋转挡风板焊接过程中发现，由于焊接应力较大，而主立筋悬臂段设计刚度不够，造成该段主立筋被拉弯，后通过现场校正后在立筋悬臂段加装支撑以提高刚度的方式解决相关问题。

（四）上机架

发电机上机架三维效果如图 2-37 所示。

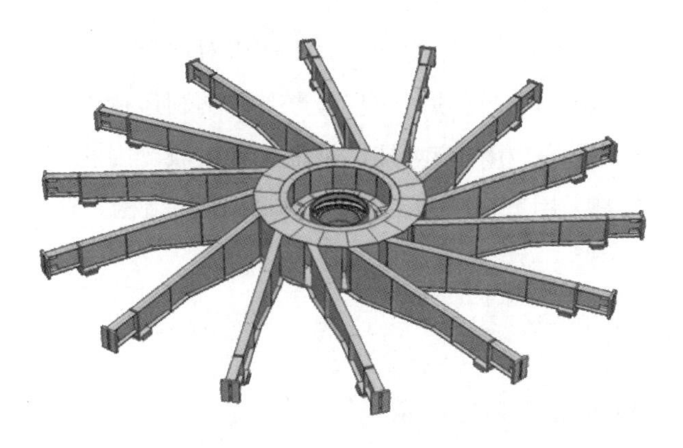

图 2-37　发电机上机架三维效果

上机架主要作用是支撑轴承、保持机组轴系稳定性、将径向力传递到发电机基础上，所以其对同心度和热膨胀的要求是与定子和转子相似的。上机架设计要求：足够的刚度，径向均匀膨胀；能安全承受水轮机转轮不平衡水推力的作用；能安全承受定子短路和转子半数磁极短路引起的不平衡磁拉力；对风罩墙的径向作用力最小、均匀和恒定；消除与水轮机振频或其倍频共振的可能性。

上机架中心体温度要比基础或定子机座的高，由于上机架基础刚度大，致使中心体热膨胀产生很高的应力或变形。带有径向支臂的传统轴承机架，由于机组运行过程中受热膨胀产生的径向位移不能够很好地被吸收或释放，机架本身产生很大的内应力，而且对基础造成很大的作用力。而带斜支臂的轴承机架，由于斜支臂通过中心体的微小旋转补偿拉伸作用力，避免了应力显著增大。因而，斜支臂机架有着好的系统性能：高同心稳定性、斜支臂与基础连接牢固、斜支臂机架使径向弹性参数最优化、减小由于热应力导致基础上的受力。与径向支臂相比，斜支架的径向刚度得到改善，且基础上的受力也减小了。基于此，锦屏一/二级、官地发电机上机架采用斜支臂的结构。径向上机架和斜元件上机架的比较如图 2-38 所示。

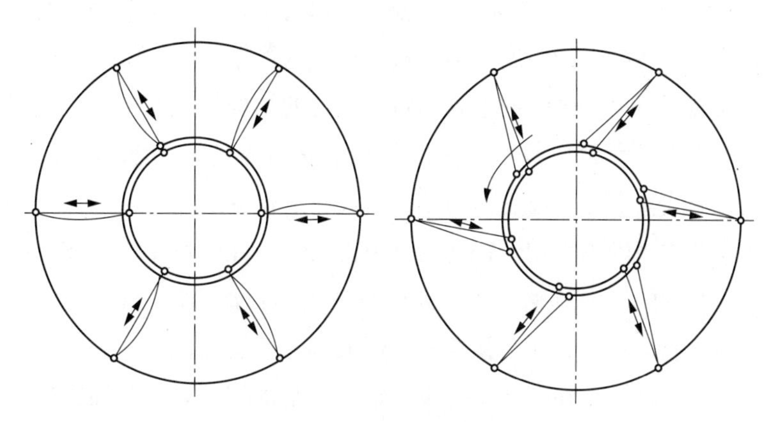

图 2-38　径向上机架和斜元件上机架的比较

除此之外，上机架与混凝土基础联结的设计也至关重要。常规的上机架支撑在定子机座上，并在径向与机坑混凝土接触。在正常运行时不产生对混凝土基础的径向力。但考虑混凝土基础受力及上机架的刚度时，还必须考虑在最严重的不利运行工况下，即在发电机转子半数磁极短路和非同期合闸时所产生的应力能够被消化和吸收。因此，采用斜元件结构的锦屏一/二级、官地的上机架都采用上机架与混凝土基础相连的结构。这种结构也有利于安装过程轴向找正。

（五）下机架

发电机下机架三维效果如图 2-39 所示。

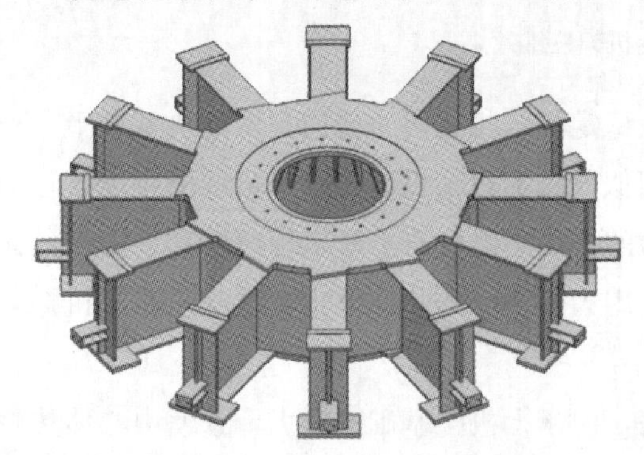

图 2-39　发电机下机架三维效果

下机架设计时需考虑能承受水轮发电机组所有转动部分的重量和水轮机最大水推力的组合轴向载荷，并能与上机架一起安全地承受作用于水轮机转轮上的不平衡水推力，以及由于绕组短路，包括半数磁极短路引起的不平衡力。这就要求下机架应具有足够的刚强度，且不发生有害变形，并能适应热变形。同时，下机架设计时需充分考虑轴承维修所需的充足空间和方便的通道。

（六）发电机轴承

推力轴承是应用液体润滑承载原理的机械部件，它需承受水轮发电机组所有转动部分的重量，包括水轮机最大水推力在内的最大组合载荷。对推力轴承的一般要求为当发电机在额定电压、额定转速、额定容量运行时，一般要求导轴承和推力轴承巴氏合金瓦用埋设的检温计法测量的温度均不得超过 75℃。对于大型水轮发电机组推力负荷（轴向载荷）通常超过 3000t，为了减小由于压力和温度不平衡引起推力轴瓦变形，需要在轴承设计中采取方法，使得机组运行时油膜保持一定的厚度，提高机组运行的可靠性。

设备厂家可根据项目设备的结构形式和自身设备的结构特点，推荐使用成熟的轴瓦固定及冷却方式，对于推力轴承可以选择经实际验证成熟可靠的推力轴承结构（钨金瓦或塑料瓦）和推力瓦支撑方式，避免支撑受力的不均对设备运行造成影响。

锦屏一级水电站推力轴承采用带托瓦的分块巴氏合金瓦弹性小支柱支撑结构，安装阶段需对各推力瓦进行均衡的受力调整，以保证机组轴线和轴瓦温度。各瓦之间设置有喷油管，以保证润滑油能够顺利进入推力瓦与镜板之间形成可靠的运行油膜。为了避免经过上一块推力瓦的热油进入下一块轴瓦，在喷油管上设有铜质的刮油刷装置，刮油刷通过背压弹簧压紧在镜板上。前两台机组在调试过程中，分别出现不同程度的推力轴承烧瓦问题，分析认为，刮油刷将镜板经过上一块推力瓦的油完全刮掉后，镜板以干磨状态进入下一块推力瓦后造成

研磨，最终加剧磨瓦过程，导致烧瓦。另外，由于刮油刷采用铜质，且其通过背压弹簧与镜板的紧密接触较为锋利，在运行中，镜板与刮油刷刮擦可能产生的毛细铜条也可能在一定程度上造成轴瓦研磨，恶性循环后导致烧瓦，后更换新的推力瓦，重新调整各推力瓦的受力均匀，降低刮油刷的高度，使刮油刷与镜板之间存在一定的间隙，并对推力轴承油系统进行彻底清洗后重新投入运行，推力轴承各部件运行正常。发电机推力瓦（弹性小支柱支撑结构）三维效果如图 2-40 所示。

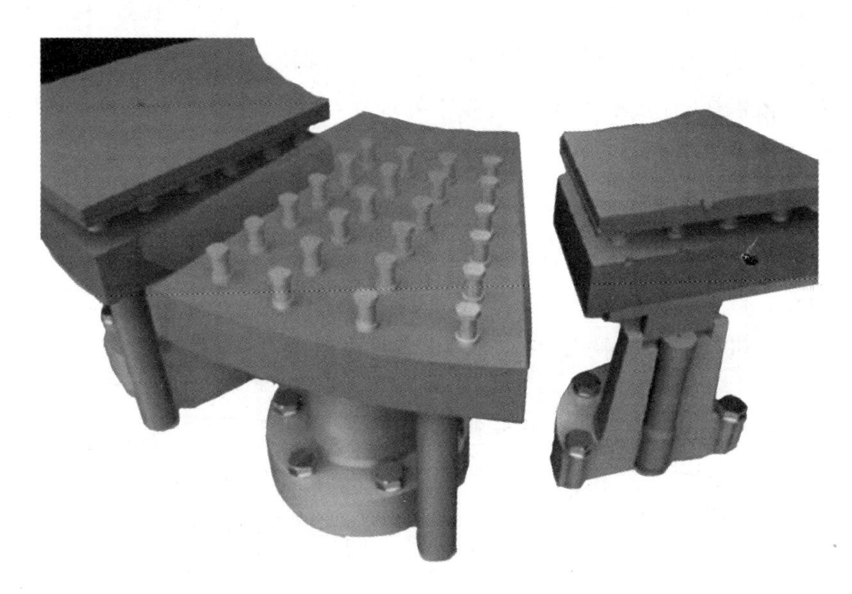

图 2-40　发电机推力瓦（弹性小支柱支撑结构）三维效果

对于采用外循环冷却方式的轴承，应充分考虑流阻损失，外循环压力和流量均应满足设备运行要求且有一定的裕度，必要时通过外加泵加压。在安装空间和流阻损失允许的情况下，尽可能加装带有在线切换清洗功能的过滤器，以减少运行初期油槽杂质，同时应充分考虑外置冷却器检修维护的便利性。锦屏一级水电站推力轴承采用镜板泵外循环冷却方式，安装调试过程中，由于 6 号、5 号机组烧瓦，需对推力轴承油系统进行彻底清扫以保证油槽系统清洁，由于该外循环冷却器尺寸大、质量重，在非大修状态下无法拆除分解进而清扫检查，冷却器内部分杂质短时间难以清除，为防止油循环系统内烧瓦的颗粒对新轴瓦运行的影响，后经过研究，在冷却器出口加装管道滤网对循环系统进行过滤，实践证明，加装的滤网对推力轴承油系统的杂质过滤效果非常明显，在很大程度上保证了推力轴承的安全稳定运行。

对于转速相对较高机组，由于其镜板、轴领或滑转子部位直径较大，运行过程中该部位外缘线速度较高，如果匹配油槽体积较小或油槽内部组件较多，油流循环过程中的内扰将较大，由于撞击撕裂的细小油颗粒形成油雾，在运行过程中油槽内部温度的作用下，油槽内部气压较高，此时若油槽底座或盖板在结构设计上密封效果较差，则极易发生油雾逸出现象，对发电机各部位、水车室等设备和环境造成污染，影响设备的安全稳定运行；若设计上油槽挡油圈的高度或结构设置不合理或与油槽运行油位不匹配，则还容易发生甩油现象。在后续项目设计中，对于各部油槽，可以通过尽可能加大油槽尺寸、加大油槽盖板与正常油位距离、减少油槽内部结构件、采用可靠的油槽底座及盖板密封结构、加装吸油雾装置、双层油挡油槽盖板充气封油雾等方式减少机组运行油雾现象，通过优化挡油圈的结构、合理考虑运行油位等方式避免甩油现象发生。

锦屏二级水电站发电机下导轴承在运行过程中存在油雾较大的问题，在运行过程中电厂技术人员对油雾问题进行跟踪分析，发现油槽盖板与主轴的动静密封部位是油雾逸出的主要通道，电厂对有擦盖板的接触式油挡进行技术处理后，确保接触式油挡的随动性，下导轴承油雾现象有较大改善。

基于流域已投运电站的实际经验，两河口水电站推力轴承结合最新油雾治理技术，采用了新型排油雾装置，推力轴承油挡有上下两层腔体，上部腔体有补气管路设置，下部腔体有排油雾管路布置。将补气管路引至高压区对轴承进行补气，配合排油雾装置，从而确保油雾不逸出。水轮发电机组轴承接触式油挡示意如图 2-41 所示。

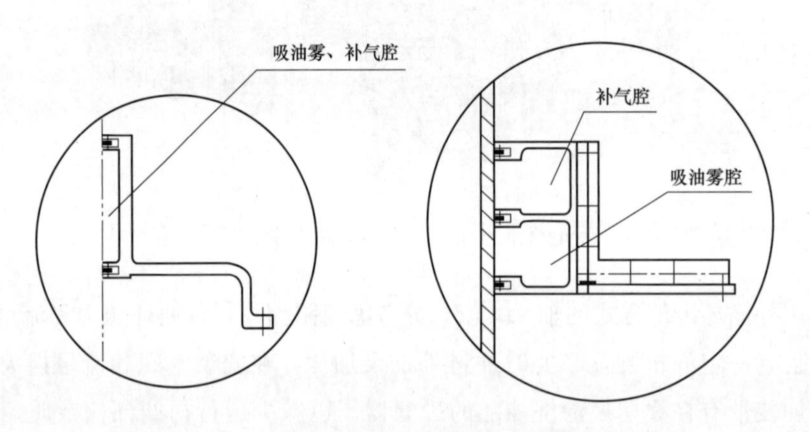

图 2-41　水轮发电机组轴承接触式油挡示意图

（七）防止发电机定子机座低频振动

锦屏一/二级、官地电站发电机采用斜元件结构，斜元件结构具有防止定子热变形带来的铁芯翘曲风险、减少基础受力、保证定子圆度和同心度、免维护等诸多优点。但是国内对定子机座的振动限制要求较高（0.08mm），公司机电物资管理部高度重视定子机座的低频振动，在招标文件里予以明确，要求各制造厂家通过设计软件计算可能的振动幅值，综合考虑定、转子圆度偏差，根据计算结果改进定子设计，同时对发电机安装提出明确的公差要求，并且适当增加发电机定子机座钢板厚度，加大相关尺寸，增加刚度，有效避免或降低了大型发电机较为普遍的低频振动值超标问题。

（八）轴承冷却系统结构设计

各部位的冷却器是保障机组稳定运行的重要部件，冷却器应根据设备结构特点，针对性地进行结构设计并保证容量满足机组运行要求，同时冷却器的质量也至关重要，如果冷却器出现漏水等故障，可能对机组产生严重的影响。锦屏二级水电站发电机空冷器在运行过程中多次出现因残留杂物卡阻及磨损伤害造成空冷器漏水现象，二滩水电站上导轴承冷却器在运行过程中也曾发生过管路破裂漏水强迫停机现象。为规避后续项目类似问题的发生，可在冷却系统结构设计过程中，参照油路外循环加旁路过滤的方法在空冷器进口前后加可在线清扫切换的旁路过滤器。每台空冷器应设有独立的排气阀，排气阀应垂直布置，且其布置位置应尽可能地远离发电机电磁部位。可在排气阀前应设置一个可手动操作的球阀，以便于排气阀故障或失效状态下的应急处理，排气部分管路不宜过长，以避免机组运行过程中的长管路挠度振动对排气阀或相关管路造成疲劳破坏。锦屏一级水电站空冷器排气阀由于在设计上采用水平布置方式，同时由于安装过程中的野蛮施工造成排气阀薄弱部位存在一定程度的断裂，使排气阀处于带病运行状态，同时排气管路较长，在运行中振动等因素的作用下，断裂情况加剧，在机组停机检修后重新启机时，空冷器充水后排气阀断裂，水淋发电机，所幸未对设备和安全生产造成重大影响。

（九）发电机空气冷却循环

发电机通风示意如图 2-42 所示。

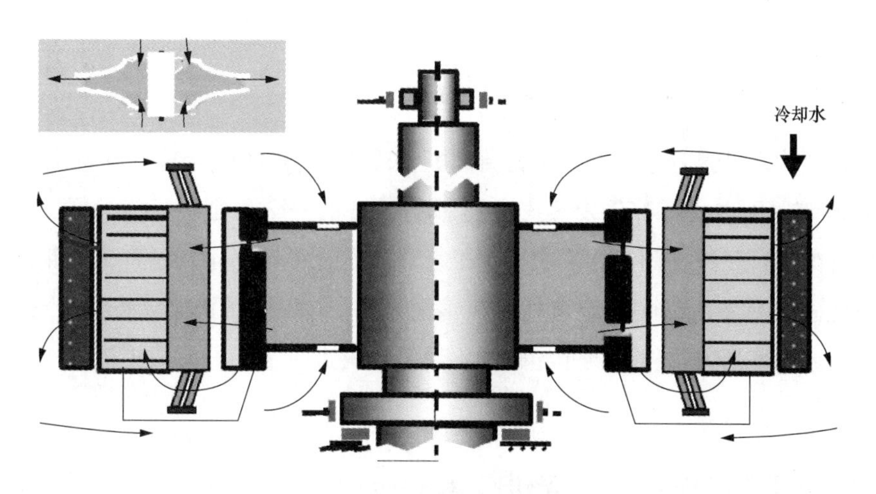

图 2-42　发电机通风示意图

大型发电机的通风冷却方式是机组设计重要关注点。流域已投运电站发电机均采用密闭、重复自循环、双路径向、无风扇的空气冷却系统。气压由转子支架及磁轭径向通风沟的离心风扇效应产生，使径向气流沿电机轴向及其圆周均匀分布。冷风通过极间区域时冷却转子绕组，然后穿过定子径向风沟冷却定子绕组及铁芯。定子绕组上下端部采用端部回风。

对于大型水轮发电机组，各发电机生产厂家在此方面均有较为成熟的经验，且根据机组的结构类型，各自的循环方式也有不同的特点。锦屏二级发电机风路循环在发电机定子下端部绕组位置采用进风旁路的冷却方式，该冷却方式在一定程度上降低发电机对总冷却风量的要求，单下端部绕组形成相对封闭的腔室，由于运行过程中不可见，无法可靠判断下端部绕组的运行状况，不便于问题分析和故障排查，且由于该部位在冷却过程中受发电机制动风闸粉尘的影响，定子下端部绕组被粉尘污染严重。建议后续项目发电机定子下端部绕组位置采用回风冷却配合定转子气隙旋转挡风板的方式，可以充分观察定子绕组下端部的运行情况，方便设备问题分析和故障排查工作的进行。

（十）发电机磁极极间支撑

由于发电机磁极在运行过程中受到较大的离心力作用，磁极沿发电机圆周方向的切向力分量也相对较大，因此在结构设计方面，发电机磁极之间多通过采用极间支撑块的方式进行固定，避免侧向力的影响。锦屏一级水电站发电机极间支撑块在设计上通过长螺杆拉紧固定，但由于极间支撑块尺寸较大，即使退出到最外端仍与磁极上下端部阻尼环干涉，造成磁极无法在不吊转子情况下顺利拔出。而为了保证设备运行安全，极间支撑连接把合螺栓在靠近线棒端进行了锁紧止松，非大修无法安全拆除，后只能通过切割极间支撑块的方式取出，给检修维护工作带来极大不便。后续项目在设计过程中建议加强各类似部位的细节匹配检查，及时发现并规避可能存在的冲突，保证检修维护工作的便利性。

（十一）发电机涉磁部件（元器件）材料的选择

在发电机结构设计过程中，对于涉磁部件应采用非导磁材料，避免设备运行过程中由于发电机涡流等原因造成零部件发热，进而影响设备的安全稳定运行。锦屏二级水电站发电机汇流环支架通过长螺杆固定在发电机定子上，原设计中该固定长螺杆采用钢质，机组投运后，由于受磁力涡流的影响，该螺杆发热情况严重，对设备的安全稳定运行造成较大影响。后紧急联系设备厂家重新提供非导磁的不锈钢材料进行更换，解决汇流环支撑螺栓发热问题。

九、发电机产品设计阶段先进技术的应用

在大型发电机的科研、开发和设计过程中，各制造厂家不断更新和完善设计手段和工具，特别是随着当今水电行业的大力发展，为解决大型发电机容量不断提高以及运行稳定性要求不断提高所面临的诸多技术难题，各制造厂家均采用了许多先进的工具作为强大技术支持。先进的设计手段主要有：

（一）在结构和刚强度计算方面，采用 ANSYS、MADYN 程序等大型结构分析软件

ANSYS、MADYN 程序等大型结构分析软件的应用，能够对发电机设备进行强度振动计算分析和优化设计，并可以开展在多物理场分析中的热结构耦合分析、整机结构疲劳寿命预估分析、转子系统动力稳定性分析、发电机气隙稳定性分析，从设计源头保证了机组结构运行的可靠性和稳定性。

（1）可快速求解、智能网络划分、前后处理分析求解等非线性多功能（含计算应力场、温度场和电磁场功能）。

（2）除对定子机座、上、下机架及转子支架单件进行精确计算，还可对机组上机架和定子机座建立合成模态，进行联合振动分析计算。

（3）工作应力和安全系数。设备在各种正常和非正常工况下，所有部件材料的计算应力不超过规定的最大许用应力。对于一些关键部件，如定子机座、上下机架、转子中心体、转子支架，磁极 T 尾，进行有限元分析和计算。并提供应力分析图及应力计算和说明。

（4）刚度和振动。对三架一座和轴系在各种正常和非正常运行工况的变形、挠度值及固有频率进行详细计算。具有足够的裕度并避免与水轮机的振动频率、水力脉动频率、电网及建筑物的振动频率产生共振。

（二）在通风设计方面，采用先进的计算机软件系统实现全三维设计

通风设计计算方面，几家制造厂家均采用先进的计算机软件系统进行通风网络求解，并在总结设计经验和运行经验的基础上，将通风计算与电气电磁计算、结构计算、结构布置、风路设计综合到一起，作为程序的一部分与电气设计，结构设计互相关联相互影响使通风网络模拟更加精准全面，同时对不同海拔发电机通风冷却计算充分考虑了空气密度变化对风量、损耗的影响，及空气与各元件热交换系数的变化，使通风计算结果与真机运行更加接近，为发电机的通风冷却提供了可靠的保障。

先进的计算机软件系统的应用使通风计算结果（包括发电机风量、风速分配，热流量的分布，定子铁芯风速空气温度）均可以图形方式直接表述，使通风计算结果更加直观形象，便于分析使用。

（三）机组轴系非线形系统的仿真计算

通过建立轴系：水轮机—轴—发电机—轴承系统的非线形结构三维模型，将输入条件—径向水推力—在模型试验中的实测结果引入非线形系统，从而得出轴系的稳定性指标，如振动、摆度、频率响应、轴心轨迹、弯振频率、扭振频率、轴系挠度等。

十、水轮发电机组产品设计其他事项

（一）附属部件设计

水轮发电机组在设计制造过程中，设备厂家均会对座环、转轮、顶盖、定转子、上下机架、主轴等主要结构件进行刚强度分析计算，确保各主要部件的刚强度满足相关要求。但是对于挡风板、排水泵、泄压管等附属部件，设备厂家往往疏于计算，选择较一般的材料和设备，导致附属部件在运行过程中出现刚强度不够、使用寿命短等问题。

如锦屏二级水电站发电机在运行过程中由于风洞内密闭自循环风力较大，导致多块下挡风板从支撑部位被撕裂，相邻挡风板之间的把合螺栓被剪断，影响机组的冷却效果；后设备厂家更改挡风板固定方式，通过增加挡风板支撑的方式提高挡风板刚强度。上机架固定挡风板把和螺钉由于强度不够，在机组运行过程中受风力、机组振动等方面的影响，发生螺栓断裂或脱落；后设备厂家根据实际情况优化挡风板结构并进行加厚，同时加强把和螺钉的刚度，更换后挡风板运行情况良好，未发生类似问题。锦屏一级和官地水电站发电机测速齿盘由设备厂家提供，厂家在设计上采用薄钢带冲压方式加工成型，在运行过程中，由于测速探头对薄钢带齿盘的感应不明显，多次发生信号误报问题，在一定程度上影响安全生产，后厂家用线切割加工的齿盘替换原齿带后，相关问题得到解决。

（二）辅助部件的容量确定

完整的水轮发电机组系统存在较多的电机、泵、风扇等辅助部件，对于辅助部件在设计阶段的容量和选型确定，应在满足设备最恶劣运行工况的前提下，充分考虑足够的安全裕度，避免设备运行过程中出现容量不足现象。锦屏一级、二级水电站发电机均存在粉尘和油雾收集不彻底的问题，未被可靠收集的粉尘和油雾对发电机设备和运行环境都造成了一定程度污染。建议后续项目中，应采取结构优化、提高品质、增大安全系数等手段解决类似问题。

（三）机组编号的确定

为了便于水轮发电机组各组件的安装、调试及运行过程中检查、标记等相关工作的进行，需对相关部件进行编号，但是由于不同设备的界面关系、不同人员的编号习惯和对编号的认识等因素的影响，可能存在相同的设备出现两种甚至是几种不同的编号规则，容易误导设备安装调试及运行的相关工作。如锦屏一级水电站前两台发电机在调试过程中出现推力轴承烧瓦问题，由于安装过程中，二次专业施工对推力轴瓦的编号原则与主机专业施工的编号原则不同，造成实际上瓦的编号不一致，现场调试过程中根据监控显示的受力情况调整推力瓦受力过程中实际进行了完全错误的瓦号调整，导致局部瓦的荷载过大，造成第一台机组的

烧瓦情况尤为严重。在后续项目中建议在采购和安装合同中明确相同的设备部件编号规则，避免因编号混乱发生类似的问题，同时，统一的编号规则也更便于后续运行维护的管理工作。

（四）设计联络会的沟通审查及二次设计

设备采购合同在执行开始阶段，在设备加工制造前都需召开设计联络会对设备的界面接口、技术结构、参数性能、系统配置等方面进行确认，该确认方式多通过设计联络会进行，合同相关各方及有接口的其他系统设备承包人均视情况需要参加。设计联络会是合同开始执行阶段的重要工作，需提前熟悉系统图纸资料及相关技术文件，梳理机电与土建、不同系统设备之间的界面和接口、系统设备的设计结构、配合布置和性能参数等相关问题，并在设计联络会上将相关问题进行研究讨论，并通过会议讨论最终确定处理方案。各相关设备厂家根据确定的处理意见对系统设备进行结构优化或二次设计，最大可能地避免问题发生在设备安装和运行阶段，保证工程机电设备安装进度。

十一、水轮发电机设备加工制造

为保障流域机电设备供货质量，确保机组长期稳定可靠运行，公司机电物资管理部在机电设备设计、制造、监造、现场安装等全过程实施精细管理。

（一）设备尺寸控制

对于转轮、顶盖、座环、底环、基础环、控制环、圆筒阀阀体、蜗壳、尾水管等重大件，受道路交通运输条件和现场安装能力方面的制约，上述设备多采用分块或分瓣运输到现场，导水机构、定转子等系统均采用散件现场组装的方式。为充分保证分块、分瓣件和散件在工地现场组装的适配性，一般要求相关部件应尽可能在厂内按系统进行预装，检查各部件的加工制造尺寸、精度、配合等参数，以保证现场拼装或组装后的质量。根据锦屏、官地、桐子林等项目的管理经验，如受运输条件限制，一般要求尾水管和蜗壳以成品瓦片的方式运输到现场拼装成单节，然后逐节挂装、拼焊，为了检查瓦片尺寸及评估现场拼装效果，在设备加工厂具备条件的情况下，可进行首台机组设备厂内预装，不具备条件时，至少每台机的管节应两两配装，以检查瓦片卷制的成型精度和安装效果，最大可能地避免在现场发生较大的调整工作量；对于导水机构等重要部套或系统，应至少要求首台机设备进行厂内预装检查，有条件的情况下尽可能采用成品座环，不具备采用成品座环预装的条件时，可报经业主同意后采用工艺座环。

（二）主要部件材料选用

在设备加工制造过程中，为保证主要部件选用的材料满足质量要求，普通钢板可允许设备厂家或外协单位自由采购，但对厚钢板、抗撕裂钢板、不锈钢、铸锻件等，要求主机厂根据合同要求自主采购供料，且相关材料进厂后，应按要求进行材料的化学成分检验、物理及力学性能检验，确保主要设备的主要材料为满足要求的合格品；对于现场焊接的材料，母材与焊接材料及焊缝均应执行较高的无损检验标准；关键部件铸造、锻造、热处理、精加工等主要工序外委的，设备厂家应组织专人跟踪加工处理和检验过程，确保加工处理过程受控，以保证设备质量。

（三）设备厂家加工制造

为了保证交货设备的质量和精度，对于机组的重要部件及设备或重要设备及部件的重要加工工序一般在设备制造厂内完成，另外，当设备厂家排产计划不满足要求时，部分小结构件也可能在厂外完成加工制造。相对于外委外协加工部件，制造厂内完成的设备较少发生质量问题，对于厂内制造完成的设备，应严格执行厂内检查验收的相关管理规定，按要求对每道工序进行检查验收，上一道工序完成后方可进入下一道工序，从而保证交货设备的精度和质量。

锦屏二级水电站转轮与主轴通过螺栓把和销套传递扭矩的连接方式，1 号机组现场安装过程中发现由于转轮把合孔在加工过程中车床铰刀刀头挠度较大，导致各把合孔存在不同程度的垂直度偏差，螺母连接紧固后不能与主轴把和法兰面紧密贴合，现场只能通过打磨锁紧螺母平面的方式，解决该问题。设备厂家在后续机组相关工作进行过程中，对加工车床重新进行调整和加固，并设计专用工装解决刀头挠度较大问题，确保生产的相关设备满足要求。后续项目建议进行长度较大的孔钻铰工作时，应充分考虑较长刀头工作时产生的挠度影响，规避类似问题。

（四）关键设备生产

转轮是水轮机的核心部件，其加工制造质量直接影响到机组投入运行后的运行稳定性，转轮加工制造或处理工艺不当可能造成机组投入运行后的转轮叶片裂纹、机组运行振动、压力脉动增大、空蚀空化等各方面问题。一般要求水轮机转轮尽可能在厂内完成焊接、机加工、热处理、静平衡试验后整体运输到现场。对于转轮尺寸较大，受道路交通运输条件限制而无法进行整体运输的转轮，有可能采用各部件散件成品，在工地现场建设转轮加工厂并完成转轮散件组装、加工、热处理和静平衡试验等相关工作的方案；部分项目也有采用分瓣转轮到货现场拼装方案。

如锦屏二级水电站，由于前期无法确定道路运输条件对转轮整体运输的影响，初始考虑采用现场设置转轮加工厂并进行转轮散件现场组装的方案，后来由于交通运输条件的改善，经反复研究和论证，确定转轮整体运输可行后，锦屏二级水电站水轮机转轮采用工厂内组装完成并整体运输的方案，经实际运行证明，锦屏二级水轮机转轮自投运以来，机组运行稳

定，每转轮叶片裂纹情况良好，仅个别叶片发现少量的裂纹情况；二滩水电站和锦屏一级水电站水轮机转轮采用分瓣转轮现场组装的转轮加工方案，现场完成分瓣转轮组装后对焊接部位作局部退火热处理消应，实际运行的经验表明，二滩水电站机组投运十余年后，每次检修发现转轮叶片仍然或多或少的存在裂纹情况，锦屏一级水电站首台机组安装过程中检查发现转轮加工完成后存在较大的残余应力，后设备厂家重新进行消应处理后，残余应力虽有所降低，但仍在较高水平，后续各台转轮在焊接加工过程中，设备厂家优化了焊接工艺，通过控制焊接线能量、频繁锤击效应过程等手段控制焊接残余应力，但各台机组转轮处理完成后，残余应力均相对较高，且锦屏一级水轮机转轮自投运以来，历次检修也均不同程度的发现叶片裂纹情况。官地水电站水轮机转轮采用散件到货并在现场转轮加工厂内进行拼装、加工和处理的方案，现场完成转轮加工后，检查转轮残余应力在正常允许范围内，虽后续机组运行过程中每次检修均发现转轮叶片存在较多裂纹，但经研究分析，认为产生的均为规律的系统性裂纹，该裂纹受转轮结构影响，几乎未发现加工制造原因产生的裂纹。经过多次优化转轮结构并处理，系统性裂纹得到有效遏制，未再发现，出现的少量裂纹为处理缺陷产生的次生裂纹。整体来讲，建议后续项目优先采用整体转轮的加工制造方案，其次选择在工地现在设置转轮加工厂，转轮散件到货现场组装的加工制造方案，一般不建议采用分瓣转轮现场拼装的方案。若必须采用分瓣转轮现场组装方案，则为避免焊接加工后转轮残余应力较大对转轮运行的影响，应要求对拼装后的转轮进行整体加工和热处理消应，保证转轮安装前有较小的残余应力和后续转轮运行的稳定性。

（五）外协、外委加工及外购件控制

对于设备制造厂家而言，为了节约加工制造成本，保证供货质量和供货进度，可能将部分设备或部件外委具备相应能力的设备厂家进行加工，具体外委外协项目量与厂家项目任务饱满程度负相关。对于部分粗放的工序，需具备相应能力的单位协助加工，而对于系统中使用的市场可以采购的成品附件，一般直接从市场采购。考虑到在相关行业，部分专业厂家提供的相关设备质量更为可靠，且为了保证设备交货进度，一般在预判评估风险在可接受范围内时，业主可以同意设备厂家的外协、外委加工和外购申请。一般为保证外委外协加工和外购件的质量，业主应明确对相应设备外委、外协加工制造的加工资质、业绩能力等方面的要求，并明确对设备性能指标方面的技术要求。

锦屏一级、二级、官地、桐子林项目的水轮机主轴、导叶接力器、轴瓦等主要部件在设备加工制造过程中均存在外委、外协的现象，对于系统中使用的电机、泵、轴承、阀门、密封件等均为外购的成品件，曾发生多次因外委、外协、外购件质量和进度问题影响现场机电设备安装进度的情况。随着社会加工制造业水平的提高和多元化的分化，外委、外协加工和外购现象会进一步扩大化。建议在后续项目中，要求设备厂家对拟进行外委或外协的部件及厂家列出清单，为保证设备外委外协加工的质量，业主应加强对外委外协单位的加工制造能

力、业绩水平和经济能力进行严格审查，必要时需进行实地考察。对于外购成品件，一般建议在设备招标采购阶段对成品件的品牌和技术性能指标等进行约束和限制，以保证外购件的交货质量和交货进度。

如官地水电站座环、锦屏一级水电站蜗壳闷头由于外协厂家加工能力制约，实际供货无法满足现场机电设备安装的需求；桐子林水轮机前期设备供货进度滞后等问题在一定程度上影响现场机电设备安装工作；锦屏二级水电站顶盖排水潜水泵现场调试过程中损坏；锦屏一、二级蜗壳排水阀无法可靠密封；锦屏一级水电站尾水盘型阀阀座及提升杆断裂；锦屏一级圆筒阀接力器提升杆断裂；锦屏一级和锦屏二级圆筒阀油压装置压力罐空气安全阀关闭不严、官地水电站接力器采用非耐油密封导致接力器运行漏油；锦屏二级顶盖与座环把和螺栓外协加工后尺寸正偏差略大，导致后期检修发现螺栓与座环内螺纹粘连咬死，造成座环部分内螺纹不同程度受损；这些问题均可以通过采取严格的审核和过程跟踪检查等约束手段进行解决。

（六）厂内试验及见证验收

对于主机重要系统、主要设备及结构件、主要零部件等重要工序完成加工或在完成工厂内加工制造后具备发运出厂条件时，建议应组织各方对系统、设备或零部件进行工序见证或出厂验收试验等相关工作，旨以检查设备或部件的加工制造精度、缺陷情况、结构设计和组件装配情况、相关的试验参数和试验结论等，以确保合格的设备或部件发运到工地现场。如导水机构预装、轴承预装、转轮模型试验及出厂检验、底环、座环、顶盖、主轴等材料检验见证及加工尺寸检查见证等工作。鉴于前期各项目中曾出现相关设备或材料质量问题，如锦屏二级水轮机锥管不锈钢段在首轮机组检修过程中发现大量裂纹、桐子林水轮机导叶接力器现场分解过程中发现缸体存在锈斑、锦屏一级圆筒阀接力器提升杆在运行过程中发生断裂、锦屏一级蜗壳与座环过渡板焊接后探伤发现较多裂纹等，后续项目中建议针对性的考虑相关材料和设备的厂内检验和见证等相关工作，保证设备质量。

（七）设备工地现场制造加工

由于交通运输尺寸等方面的限制，部分设备需在工地现场进行二次加工制造，以保证设备的安装精度和质量。由于受工地现场加工制造环境、条件、人力、技术经验等方面资源的限制，其精度和质量控制难度均比厂内加工大得多，同时又要保证满足工程安装进度要求，往往从加工到安装各个环节安排紧凑，任何一个环节的问题均可能导致设备安装进度受影响，因此，原则上应尽可能多地在厂内完成加工，现场只进行设备安装必需的加工工作。如对于大型水轮机组，基础环、座环、底环、顶盖、控制环、圆筒阀、转轮等重大结构件均可能分瓣甚至散件运输至工地现场，在工地完成散件或分瓣件组装工作；机组部分结构的装配需在现场完成，以避免厂内完成精加工后现场安装偏差带来的影响。如转轮现场组装完成后

热处理及车加工、座环车加工、座环与底环把合孔钻铰、导水机构预装、水发联轴现场同镗、顶盖与座环把和螺栓孔钻铰等相关工作。对于现场加工制造的项目，厂家应组织经验丰富的专业人员进行，且在工作前充分做好并审查方案措施，对可能存在的风险情况针对性的采取措施进行预控，设备的运输、现场加工、热处理等各个过程均可能出现造成设备现场加工质量问题。

锦屏一级水电站副底环分瓣运输至现场，在现场安装完成后，检查发现副底环圆度存在较大偏差，分析认为分瓣副底环出厂时其防变形的工装支架不够稳固，运输和现场存放过程中应力释放等原因造成变形，圆度偏差较大，现场通过加装工装之间，配合液压千斤顶进行校核修型至设计尺寸；锦屏一级水电站转轮焊接完成后，在现场进行转轮精加工和配重试验，由于加工误差较大，加工完成后检查发现由于加工误差、人员经验和加工机床稳定性等原因，转轮上冠阶梯止漏环的实际尺寸小于设计值，转轮吊装后上止漏环间隙将较大，在一定程度上可能造成机组运行过程中漏水量大、效率低、顶盖泄压排水管工作强度高等问题，后通过对该问题进行专题分析讨论，评估认为上止漏环间隙略大于设计值对机组实际运行的影响可以接受，现场未对转轮进行处理，在后续转轮加工过程中，厂家对该部位加工进行了严格管控，未再发生该问题。锦屏一级水电站水轮机转轮现场焊接加工完成后，与水轮机主轴连接检查，发现整体轴线的垂直度超标，分析原因认为是转轮现场焊接加工完成后应力释放，转轮与水轮机轴连接法兰面平面度超标所致，现场通过研磨转轮与水轮机机轴连接法兰面的方式进行修正处理，保证水轮机轴与转轮连接后的轴线垂直度满足要求。做好接口管理。主机设备接口部位多，水轮发电机组的制造纵向链条长，横向单位多，总体协调难度大。从横向看，水轮发电机组存在与调速器、励磁、发电机出口电气设备、电站公用系统设备以及与电站土建部分的接口；从纵向看，水轮发电机组采购只是机电工程设计、制造、运输、工地接货与仓储、安装与调试、正式投入运行等这一整个链条中的一部分。一旦接口部位协调不当，机组的制造质量就会受到一定的影响。

十二、水轮机、发电机安装调试现场管理

（一）水轮机及发电机设备到货清点验收管理

为了及时做好设备到货清点验收管理工作，应建立设备到货清点验收相关工作制度，发运设备抵达工地现场后应在规定的时间内及时完成设备清点验收工作，并根据设备厂家的仓储要求做好设备仓储管理工作，避免因仓储不当造成设备损坏。并同时完成随机设备资料的收集整理，相关资料档案应及时移交档案室。对于清点和验收过程中发现的数量、缺陷等问题，应及时记录并反馈，协调设备厂家对相关问题进行处理。相关工作的进行应按要求做好记录备查。

（二）安装调试时设备损坏应对措施

为了避免类似问题对后续项目的影响，对于机电设备安装调试过程中损坏或补充的设备及工器具，在总结以往项目的基础上建议按以下原则进行处理，以达到尽快解决问题的目的，从而避免问题处理机制的纠纷对工程进度造成影响。

（1）根据业主同意的技术方案，需要重新提供新设备的，设备承包人按紧急缺件处理（重新制造或采购，并送至安装现场）；需要返厂修复的，由安装单位负责返厂运输，设备承包人按急件优先安排资源处理并负责修复后发运至安装现场；需要现场修复或返工处理的，机电安装承包人按技术方案紧急处理。

（2）问题处理的相关费用原则上由设备承包人和安装单位自行协商解决。

（3）当设备承包人和安装单位不能达成一致处理意见，且业主认为两方意见分歧将损害到项目进度、设备质量、工程安全等业主正当利益时，业主有权进行调停，争议双方应服从业主的调停意见。业主根据损坏原因界定双方责任和相应费用，设备承包人和安装单位可据此自行结算，不能自行结算的，业主在对对应各方的支付中予以扣除。责任无法界定的，设备承包人和安装单位各自承担50%的处理费用。费用标准发包人将依据双方合同报价水平进行评估确定。存在保险赔付的，由业主按责任界定对相关方予以补偿。

（三）设备出入库管理

现场监理应在设备到货现场后及时组织建设管理局、施工单位和库管单位进行到货设备开箱验收，进行设备数量清点和外观检查，及时反馈开箱检查的问题，并收集整理随机资料以备归档。设备现场验收后启动入库流程，后续设备领用等出库手续按相关规定执行，建设管理局负责督促相应库管单位做好设备出入库等级台账，并负责将相关信息向工程管理系统录入，以备查询。每台机组的转轮、导叶、轴瓦、镜板、推力头、销钉螺栓、冷却器、磁极、线棒等重要部件应在设备安装前预留足够的时间进行开箱检查，及时发现设备问题，以便处理。最后一台机组安装过程中，该预留的时间量需进一步延长。

（四）设备安装过程质量控制

1. 设备安装质量标准

为了更好地指导、管控水轮、发电机组设备安装质量，在水轮机、发电机设备采购合同签订后，技术设计阶段应在广泛结合国家和行业相关标准规范要求，调研、吸取类似项目经验教训的基础上，组织行业专家、流域专业人员、设计、设备厂家、安装监理及安装施工等相关单位人员研究编制、审查针对性的项目主机设备安装标准，对各关键部件和设备的安装技术指标和参数要求进行明确，并在设备安装过程中严格执行，从而保证设备安装质量，公司标准应在一定程度上严于行业或国家标准，但应符合工程项目实际，并充分研究标准实施

的效果和可执行性。

2. 设备安装QCR表管理

在设备安装前，在技术设计阶段应在广泛结合国家和行业相关标准规范要求，调研、吸取类似项目经验教训的基础上，组织行业专家、流域专业人员、设计、设备厂家、安装监理及安装施工等相关单位人员研究编制、审查相应的QCR表，用于设备安装过程中的数据记录，并要求在设备安装过程中严格执行QCR表管理制度，并及时、真实的做好记录相关工作，保证设备安装记录的可追溯性。

3. 设备安装说明书

设备制造厂家应根据项目的结构特点和技术情况，按机组结构部套编制设备安装说明书，设备安装说明书应全面细致，并符合设备的实际情况，重点说明对各部件的要求、控制要点和注意事项，对于传感器、排气阀等精密易损组件和接力器、镜板、集电环、轴瓦、冷却器等主要结构部件应特别说明，避免相关设备因安装不当损坏。

4. 安装工艺审查及评定

设备制造厂家根据设备材料和结构特点，针对性的编制设备安装工艺，如对于厚钢板焊接等特殊作业，施工前须严格进行焊接工艺评定。

5. 厂家现场技术指导

应要求设备制造厂家选派合格的专业技术人员指导现场设备安装，负责现场设备质量及安装问题协调处理、设备需求协调、安装技术指导（包括技术交底和旁站指导）、设备安装检查验收、设备调试及试运行等工作，建设管理局负责对现场技术服务人员的考勤和休假管理并对其进行考评打分，建议后续项目现场技术服务费用根据建设管理局的考评结果进行支付，以便促进设备厂家对现场技术服务工作的重视，更好地实现对现场技术服务人员的管理，保证现场技术服务效率和质量。

6. 新技术的引入

如，锦屏一/二级、官地、桐子林电站均在蜗壳焊缝检测中使用TOFD技术代替射线技术，成效显著。

（五）厂家技术资料及档案管理

合同确定后，应在设计联络会阶段明确需归档的图纸资料等相关文件及归档的文件格式、数量等要求，合同执行过程中设备厂家根据相关要求提供足够数量的图纸资料，对于施工过程中的设计优化、调整、设计变更等相关内容应及时在相应图纸资料中修改完善，项目设备安装施工完成后，设备厂家按要求提供足够数量的所有最终图纸资料和设备制造过程资料（包括来往文函、材料检验报告、制造过程检验记录及报告、检查试验及校验报告、目睹见证记录、出厂合格证、发运资料等相关文件），以便完成归档，并在设备采购合同中通过设定相关的违约索赔和处罚等机制，对其档案资料的移交行为进行约束，保证相关档案资料按期移交。

（六）专用工器具管理

后续项目除设备厂家专用的加工工器具或加工件外，标准化的工器具建议不在主机合同中采购，凡是能够在市场上买到的工器具（如油泵、拉伸器、磁力钻等）均由施工单位负责采购、使用及维护，设备厂家提前向施工单位提供相关工器具的规格尺寸需求，避免因工器具损坏、缺失等原因影响工程进度。

十三、筒阀动水关闭试验

锦屏二级水电站设计水头288m，最高水头318.8m，单机容量600MW，总装机容量4800MW，为世界上该水头段单机容量和装机总容量最大水电站，设计制造难度巨大。受工程地理条件限制，机组引水系统无法设置快速门保护，为保证电站安全运行设置了水轮机筒阀，筒阀必须参与机组保护。

锦屏二级水电站圆筒阀内/外径为8175/8625mm，高900mm，设置6个油压操作、双作用直缸接力器。圆筒阀操作接力器的压力油由圆筒阀油压装置供给，额定工作压力为6.3MPa。同步系统采用的是同轴油马达式＋伺服比例阀式的电液同步方式，由一套综合控制阀组、一台同步分流器、一套同步控制阀组组成，电气部分由PLC控制，由PLC内置程序控制筒阀在各种工况下的动作方式。筒阀同步控制系统基本结构如图2-43所示。

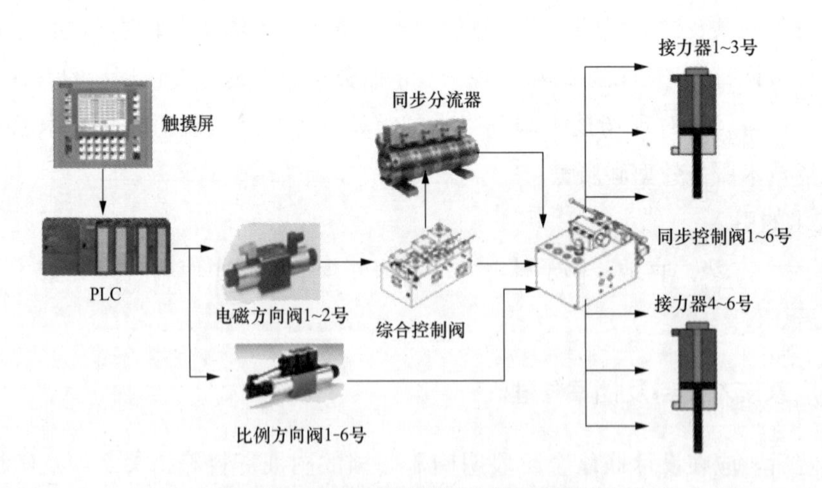

图2-43　筒阀同步控制系统基本结构图

经与制造厂家反复沟通、论证，最终确定机组过速时飞摆动作启动筒阀由纯液压回路（即筒阀电气同步保护退出）动水关闭的防飞逸保护措施，因此真机筒阀动水关闭试验成功与否对锦屏二级水电站安全运行具有十分现实的重要意义。

正常工况下，机组开机时筒阀在开启导叶前开启，停机时在关闭导叶后关闭。当机组过速时，机械过速切换阀动作后在油路上直接打开筒阀接力器下腔液控向阀使接力器下腔排油

回路打通，并且通过综合控制阀组内部液压回路直接打开同步分流器关闭筒阀，在此过程中同步分流器的动作无需电气信号的控制，完全通过液压部分实现筒阀关闭。

（一）圆筒阀动水关闭试验方案

鉴于锦屏二级水电站具有水头高、引水洞线长的特点，筒阀是确保机组安全的重要设备，为了全面检查筒阀的动水关闭性能，机组须完成筒阀动水关闭的真机试验。

筒阀动水关闭试验工况的确定是一个非常复杂的问题，最终选定的方式是按照机组运行在额定转速下导叶设定在固定开度，用筒阀卸负荷的过程（类似于进水阀的动水关闭试验），这是一个非常复杂的动态水力学过程，也是甩负荷条件下筒阀关闭的最不利工况。这种试验工况有别于真机实际运行的工况。

根据设计要求和锦屏二级水电站具体情况，经过分析和研究确定了动水关闭试验方案：分别在机组空载、25%、50%、75%和100%额定负荷下，导叶保持相应开度，用筒阀关闭减负荷，负荷接近零时断开断路器，筒阀关闭后，关闭导叶。为保证试验时筒阀能顺利全行程关闭，掌握筒阀全行程动水关闭特性，试验时保持电气同步。考虑到现场机组安装和启动试运行的实际情况，圆筒阀动水关闭真机试验首先选择在3号机组上进行。

试验判据：最大单个接力器油压波动峰值小于25MPa，蜗壳最大压力小于4.0MPa。

（二）第一次圆筒阀动水关闭试验情况及分析、改进

1. 试验情况

试验水头为313m，共进行了机组空载、25%N_e（153MW）、50%N_e（305MW）三种工况，筒阀静态关闭时间为60s。当25%N_e和50%N_e试验时，实测发现圆筒阀下拉力比模型试验数据偏大较多、接力器下腔油压力和蜗壳内水压力比预计的数值偏大等情况。为确保筒阀动水关闭试验的工作安全和进行原因分析，现场中止了后续试验。3号机组筒阀动水关闭试验各关键数据汇总见表2-2。

表2-2　　3号机组筒阀动水关闭试验各关键数据汇总表

筒阀关闭前水轮机参数					最大筒阀下拉力时					
出力（MW）	导叶开度（%）	导叶转角 Model（°）	流量（M^3/s）	蜗壳静压（1bar=100kPa）	蜗壳最大压力		最大下压力		接力器最大力（kN）	接力器最大压力（bar）
					蜗壳动压（bar）	监控读数 CSCS	模型（kN）	实测（kN）		
0	7.80	3.0	13.7	31.1	34.05	33.99	1431	2720	593	110.78
153	30.75	7.0	60	31.1	39.07	36.19	2917	4509	1150	168
305	47.30	11.0	109	31.1	40.48	36.74	4245	6398	1608	217

2. 试验结果分析与改进

为了分析问题的根源和确保后续筒阀动水关闭试验的顺利完成，根据试验结果从动态水

力学、筒阀动水关闭的过渡过程模拟计算、结构强度设计、机械液压系统、同步控制系统进行了分析研究。

通过对导叶关闭水轮机和筒阀关闭水轮机的流量特性进行对比分析比较，发现两者存在很大的差异。导叶关闭水轮机时，其流量几乎是与导叶的关闭规律是一致的；然而当用筒阀关闭水轮机时其流量变化特性则差异很大，小开度时流量突变，其变化速率甚至比导叶关闭的速率还要快，这使得蜗壳和压力钢管水击压力增大，无翼区压力降低较大，造成筒阀阀体上下的压差增大，筒阀的下拉力增大，接力器的压力随之也增大。

经过分析，要想减小蜗壳水击压力，就需要延长筒阀的关闭时间和改变筒阀的关闭规律，采取类似导叶的两段关闭规律。为了研究筒阀总的关闭时间宏观上对蜗壳压力上升的影响，初步计算了额定负荷（600MW）下关闭时间分别从 40s、50s、60s、70s、80s 到 90s 的过渡过程。根据计算结果，当筒阀总的关闭时间在 70～90s 时对蜗壳压力影响明显，因此，应将筒阀的动水关闭时间优化至 80s。

筒阀在接近全关位置的流量特性对蜗壳水击压力有非常大的影响。蜗壳的压力上升对筒阀接近全关位置的关闭规律非常敏感。因此对不同的两段关闭的拐点位置进行了过渡过程计算分析。在接近全关的位置设置了一个缓冲段，仅靠比例阀即可实现，拐点位置可根据需要进行设定。针对在 300MW 和 600MW 负荷，当总关闭时间分别为 60s 和 80s 时，采用不同的拐点位置，也即按照筒阀开度的 0%，1%，2%直到 10%设置第二段关闭的拐点，分析其对蜗壳压力上升的影响。根据计算结果分析，当第二段缓冲段拐点为 5%左右时效果明显。

（三）第二次筒阀动水关闭试验情况及分析、改进

在对筒阀采取了延长关闭时间、采用分段关闭、优化同步控制系统等改进措施后，5 号机组进行了第二次筒阀动水关闭试验。

1. 试验情况

试验水头为 313m。共进行了机组空载、25%N_e(150MW)、50%N_e(300MW)、63%N_e(377MW) 四种工况。上述工况下，试验结果表明筒阀采用二段关闭规律后蜗壳压力上升有明显改善，控制参数优化后，筒阀同步性能有明显改善。但在 300MW 及 377MW 负荷下筒阀动水关闭时，在分段关闭拐点附近接力器下腔压力、筒阀上腔压力、总下拉力均出现了明显脉动现象，总下拉力已上升至 8492kN，单个接力器最大下拉力已达 1729kN，已接近设计值，考虑到安全因素试验中止。几种工况下试验如图 2-44 和图 2-45 所示。

2. 试验结果分析与改进

（1）压力脉动及不稳定分析。试验结果显示筒阀不同接力器之间的压力脉动存在一定的相位差，跨中心对称分布接力器压力脉动的相位差为 180°。由于筒阀阀体周围的压力脉动，引起了筒阀下拉力波动和接力器下腔压力脉动。通过稳态 CFD 分析表明，筒阀上腔的压力会随筒阀竖直方向位置的变化而变化，但它的变化在圆周方向是均匀分布，不会引起 180°相

位差的脉动。另一方面，筒阀的水平方向运动可能会导致筒阀上下腔压力局部发生变化。这种情况下，筒阀上、下游侧的间隙产生的压降值是不同的。如果筒阀沿径向方向水平向外移动，那么筒阀上腔局部的压力将会降低，最近的接力器下腔内的压力也会减小。而对称位置的筒阀背向活动导叶一侧移动，筒阀上腔局部压力增加，最近的接力器下腔压力同时升高，继而产生 180°的相位差。总之，使用 FSI 分析水平方向的波动可以很好地解释试验测得的数据。

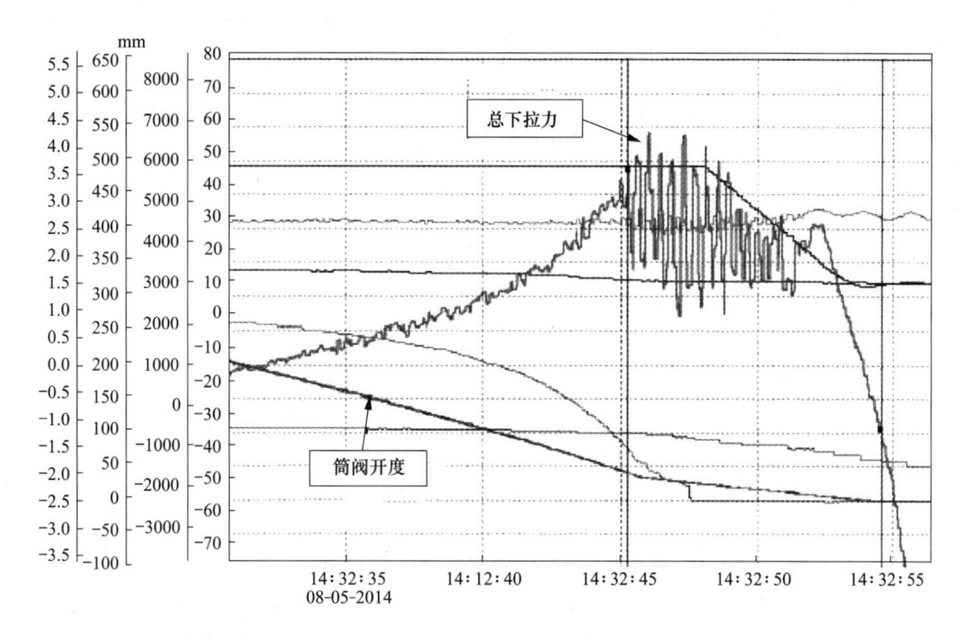

图 2-44　300MW 负荷（分段关闭的拐点为 5%的筒阀开度）的接力器总下拉力

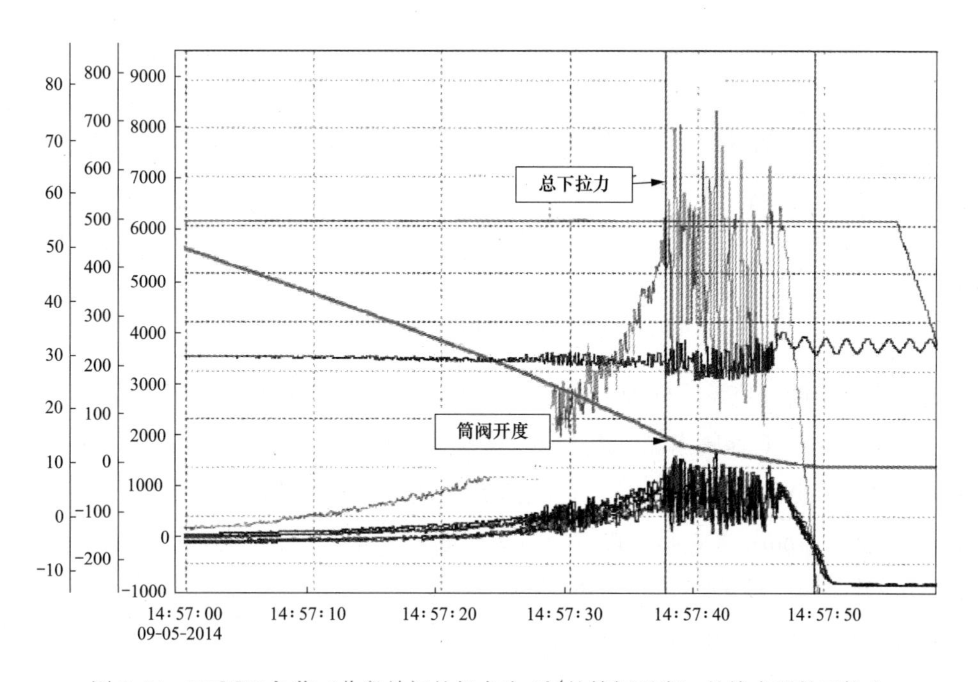

图 2-45　385MW 负荷（分段关闭的拐点为 6%的筒阀开度）的接力器总下拉力

压力脉动是一种不稳定状态，不稳定往往由于固液干涉引起，结合筒阀具体结构是由于狭小间隙内结构部件与水力系统相互作用而引起的动态不稳定。

筒阀可视为狭小间隙内的振荡部件，当筒阀沿中心位置向右侧偏移时，增加了右侧间隙的节流效果，泄漏量的减少导致右侧间隙处压力的动态部分总是降低的。在左侧，产生相反的效果，泄漏量的增加导致左侧间隙处压力的动态部分总是增加的。压差将产生运动方向的力，并一定程度上与运动速度 x 有关。如果系统中的阻尼太小，能量将会传递给运动系统，同时产生动态不稳定。

（2）固液耦合计算结果。对筒阀不同间隙条件下，通过显示稳定和不稳定的反应特性，比较了筒阀在不同进口流速下的动态特性。为了比较不同结构类形的动态稳定性，图 2-46 给出了阻尼比曲线穿过阻尼比为零的横坐标轴时，各种结构类形的稳定门槛值。径向刚度增加，动态稳定性增加，同时，整段长度的外部间隙减小，也能够显著增加动态稳定性。但是，如果只减小下部 30mm 长度的间隙值，稳定门槛值甚至有微弱降低。

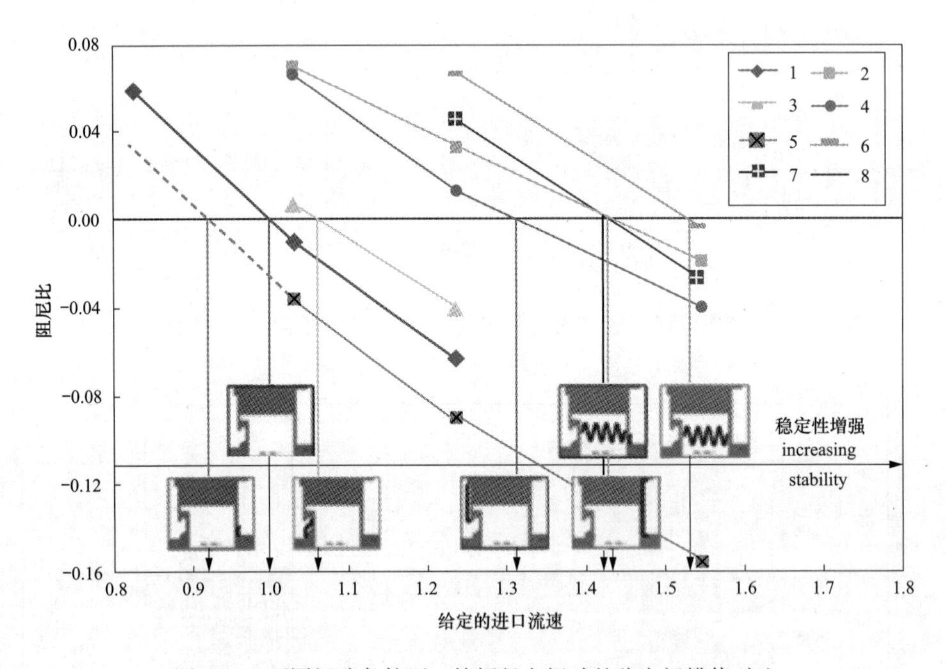

图 2-46　不同间隙条件下，筒阀径向振动的稳定门槛值对比

其中，“1”是筒阀原设计间隙；“2”是筒阀与座环环板外侧间隙整个高度方向由 12.5 缩小至 7.5mm；“3”是筒阀内侧下部 12mm 间隙高度从 60mm 缩短至 30mm；“4”是筒阀内侧上部间隙从 10mm 增大至 25mm；“5”是筒阀与座环环板外侧间隙仅下部 30mm 高的间隙由 12.5 缩小至 6.5mm；“6”是在接力器活塞杆增加轴承以增强刚度；“7”是在接力器活塞杆增加刚度的同时减小下部 30mm 高的间隙值。

（3）改进稳定性的可能措施。减小筒阀与座环环板外侧整个高度方向的间隙值，可大大提高了筒阀动态稳定性，并可减小作用在筒阀上的轴向水推力，进而减小筒阀上腔的平均压力。

调整筒阀关闭时间，由此前的 80s 增大至 95s，以尽可能地限制 600MW 关闭筒阀的最恶劣工况下的水锤破坏。

对筒阀关闭规律进行了调整，优化拐点位置。此前对筒阀关闭规律进行了调整，在最后5%段增加缓冲，从而使小开度下筒阀可以允许有数秒的不稳定缓慢关闭。为快速跨越脉动最大区域，将第二段缓冲段拐点由 5%调整至 2%。

（四）第三次筒阀动水关闭试验情况及分析、改进

在采用固液耦合分析等动态稳定性分析，找到了脉动的原因并采取了上述措施后，8 号机组进行了第三次筒阀动水关闭试验。试验共进行了机组空载、25%N_e（150MW）、50%N_e（300MW）、75%N_e（450MW）和额定负荷（600MW）五种工况，上述工况下动水关闭时，虽然接力器下腔和筒阀上腔产生明显的压力脉动，但筒阀下拉力和接力器下腔油压均在预期和设计范围内，试验实测数据见表 2-3。

表 2-3　　8 号机组筒阀动水关闭试验各关键数据汇总

筒阀关闭前水轮机				最大筒阀下拉力时							关闭时间（s）
出力（MW）	导叶开度（%）	流量（m^3/s）	蜗壳压力（bar）	蜗壳最大压力（bar）	最大下拉力模型实（kN）	接力器最大力@总下拉力最大点（kN）	接力器最大压力（MPa）	接力器最小力@总下拉力最大点（kN）	最大/最小	筒阀开度（mm）	
0	9.00%	13.32	31.7	33.12	2173	479	8.7	287	1.67	7	101
150	31.10%	60	31.5	34	3079	746	11	387	1.93	5	99
300	47.10%	107	31.3	34	4474	836	16.3	640	1.31	8	97
452	61.50%	155	31.4	34.3	4668	872	18.5	638	1.37	8	94
600	78.90%	207	30.8	35.1	7945	1702	22.8	857	3.72	61	90

试验实测结果表明：

（1）充分验证了筒阀动态稳定性分析计算结果，筒阀上腔动水关闭时有明显的水压脉动，此脉动引起筒阀下拉力的波动，反映在筒阀接力器的有杆腔油压的波动。油压波动频率与水压脉动的频率一致，频率约为 3Hz，并且存在相位差，当一个接力器下腔油压最大时，其对面的接力器油压达到最小值。

（2）实测最大接力器油压脉动峰值 22.8MPa，小于目标值 25MPa。

（3）实测蜗壳最大压力 3.17MPa，远小于目标值 4.0MPa。

（4）各个接力器同步性非常好，各接力器的受力均匀分布，由于水压脉动的相位差，各接力器的油压最大值之间也有相位差。

8 号机的筒阀间隙调整是成功的，间隙调整后能满足最恶劣工况下动水关闭的设计要求。但接力器下腔压力脉动值在筒阀接近完全关闭时增大，导致实际试验过程中 600MW 负荷动水关闭时产生较大的噪声，同时筒阀接力器油管振动剧烈。

（五）第四次筒阀动水关闭试验情况及分析、改进

在 8 号机组筒阀动水关闭试验成功的基础上，对动态分析计算又进行了率定，在率定的基础上优化了其它机组筒阀与座环上环板之间的间隙，同时对筒阀接力器油管增加管夹后，5 号机组再次进行了筒阀动水关闭的验证性试验。

试验过程同样进行了机组空载、25%Ne、50%Ne、75%Ne 和额定负荷四种工况，上述工况下动水关闭时，筒阀下拉力和接力器下腔油压在预期的范围内，较之 8 号机组试验结果，接力器下腔和筒阀上腔的压力脉动进一步得到改善，5 号机组与 8 号机组试验实测数据对比见表 2-4。

表 2-4　　5 号机组于 8 号机组筒阀动水关闭试验各关键数据对比表

关键数据	筒阀关闭前水轮机参数				最大筒阀下拉力时						
	出力	导叶开度	流量	蜗壳压力	蜗壳最大压力	最大下模型拉力实测	接力器最大力@总下拉力最大点	接力器最大压力	接力器最小力@总下拉力最大点	最大/最小	筒阀开度
	(MW)	(%)	(m^3/s)	(bar)	(bar)	(kN)	(kN)	(MPa)	(kN)	—	(mm)
U8	0	9.00	13.32	31.7	33.12	2173	479	8.7	287	1.67	7
U5-2	0	9.90	13	31	32.8	2800	524	9.46	402	1.30	4
U8	150	31.10	60	31.5	34	3079	746	11	387	1.93	5
U5-2	150	31.30	61	31.7	34	4434	830	12	604	1.37	6
U8	300	47.10	107	31.3	34	4474	836	16.3	640	1.31	8
U5-2	302	49.10	110	31.6	35	4806	925	15.5	655	1.41	
U8	452	61.50	155	31.4	34.3	4668	872	18.5	638	1.37	8
U5-2	434	62.90	163	31.4	34.3	4901	914	19.6	696	1.31	3
U8	600	78.90	207	30.8	35.1	7945	1702	22.8	857	1.99	61
U5-2	590	80.00	206	30.5	35.4	5515	1019	23.8	721	1.41	3

试验实测结果表明：

（1）5 号机组的实测结果与 8 号机组相似，实测最大接力器油压 23.8MPa（油压脉动峰值），小于目标值 25MPa。为减少脉动值，平均间隙略微放大，间隙更均匀，所以油压值及总的静态下拉力稍微增大，但在最恶劣工况时的总的下拉力大幅减少，由 7945kN 减小至 5515kN。

（2）在额定负荷动水关闭时筒阀接力器油管无明显振动，说明油管加固的措施得当，取得了预期效果。

（3）总下拉力在筒阀开度约 60mm 时达到一个峰值，然后下拉力及脉动值随着开度的减少而减少。在 3mm 筒阀开度时，下拉力突然达到最大值，而此时的脉动分量很小，所以在最大下拉力时各接力器的拉力比较均匀，接力器下腔压力脉动包络线比值（最大值与最小值的比值）均小于 1.5，较 8 号机组有进一步改善。

值得一提的是，实际的筒阀动水关闭工况是在机组过速等情况下才操作的，而机组的实际过流量要比试验工况小很多，因此，筒阀的安全可靠性将进一步提高。

锦屏二级水电站筒阀动水关闭试验的成功不仅对锦屏二级水电站工程安全运行具有重要意义，同时也掌握了高水头大容量水电站水轮机筒阀动水关闭的规律，为后续项目的设计提供了宝贵的经验，为行业技术进步做出了重大贡献。

十四、质保期问题处理

（一）转轮裂纹

官地电站转轮叶片、上冠、下环散件运输至工地，现场组焊加工成整体，转轮焊接后现场整体退火、铲磨、现场车加工，最后完成静平衡试验。官地转轮现场焊接如图 2-47 所示。

图 2-47 官地转轮现场焊接

1. 转轮裂纹情况

官地电站在 2012～2013 年度的首轮检修中，1 号水轮机转轮、2 号水轮机转轮均发现了比较严重的转轮裂纹，在 2013～2014 年度检修中，1～4 号机再次发现了较为严重的转轮裂纹。最严重的转轮裂纹为 2 号机首轮检修中出现的裂纹，裂纹总长度为 4010mm 左右，在 2 号机第二次检修中，2 号机转轮裂纹总长度为 1100mm。

各机组具体的转轮裂纹漏情况如下：

（1）1 号机转轮叶片裂纹情况。2013 年度 1 号机组 C 极检修中，发现水轮机转轮叶片出现了多条贯穿性裂纹，其中 9 个叶片有裂纹，共有 10 条裂纹，最长 510mm，最短 20mm；裂纹总长 1077mm。

2014 年度 1 号机组 C 极检修中，发现水轮机转轮叶片出现了多条贯穿性裂纹，其中 7 个叶片有裂纹，共有 12 条裂纹，其中单边最长 505mm，最短 4mm；裂纹总长 1512mm。

裂纹基本都主要集中在转轮上冠、下环出水边靠 R 倒角位置处。1 号机转轮叶片裂纹情况见表 2-5。

表 2-5　　1 号机转轮叶片裂纹情况

叶片号	裂纹部位	第一次检修转轮叶片裂纹长度（mm）	第二次检修转轮叶片裂纹长度（mm）
1	上冠出水边	贯穿性，背水面 65mm	
4	上冠出水边		贯穿性，背水面 150mm
	下环出水边	背水面 15mm	
5	上冠出水边		贯穿性，背水面 220mm
6	上冠出水边		贯穿性，迎水面 285mm
7	上冠出水边	贯穿性，背水面 510mm	贯穿性，背水面 505mm
	下环出水边	背水面 20mm	背水面 17mm、6mm、4mm
8	上冠出水边	贯穿性，背水面 140mm	
9	上冠出水边	贯穿性，背水面 70mm	
10	上冠出水边	贯穿性，背水面 80mm	
	下环出水边		迎水面 15mm、5mm
13	上冠出水边		贯穿性，背水面 255mm
	下环出水边	背水面 10mm	
14	上冠出水边	贯穿性，背水面 160mm	
	下环中间部位		迎水面 26mm，24mm
15	下环出水边	背水面 7mm	
合计		第一次检修转轮叶片裂纹合计长度：1077mm	第二次检修转轮叶片裂纹合计长度：1512mm

（2）2 号机转轮叶片裂纹情况。2013 年度 2 号机组 C 级检修中，发现水轮机转轮出现了多条贯穿性裂纹，其中 7 个叶片有裂纹，共有 8 条裂纹，最长为 730mm，最短 40mm，裂纹总长 4010mm。

2014 年度 2 号机组 C 极检修中，发现水轮机转轮出现了多条贯穿性裂纹，其中 9 个叶片有裂纹，共有 12 条裂纹，最长为 230mm，最短 20mm，裂纹总长 1100mm。

所有裂纹主要集中在转轮上冠出水边 R 倒角根部且距离上冠约 3～7cm 处。2 号机转轮叶片裂纹情况见表 2-6。

表 2-6　　2 号机转轮叶片裂纹情况

叶片号	裂纹部位	第一次检修转轮叶片裂纹长度（mm）	第二次检修转轮叶片裂纹长度（mm）
2	上冠出水边	贯穿性，720	贯穿性，140
	下环出水边	贯穿性，40	
3	上冠出水边	贯穿性，730	贯穿性，230
4	上冠出水边	贯穿性，550	贯穿性，210；迎水面 35、30
6	上冠出水边	贯穿性，60	
8	上冠出水边		贯穿性 95
9	上冠出水边	贯穿性，640	贯穿性 100
10	上冠出水边		迎水面 20、13

续表

叶片号	裂纹部位	第一次检修转轮叶片裂纹长度（mm）	第二次检修转轮叶片裂纹长度（mm）
11	上冠出水边	贯穿性，640	
	下环		叶片出口 R 角附近 13
12	上冠出水边		
	下环		叶片出口 R 角附近 25
15	上冠出水边	贯穿性，630	贯穿性 105
合计		第一次检修转轮叶片裂纹 合计长度：4010mm	第二次检修转轮叶片裂纹 合计长度：1100mm

（3）3 号机转轮叶片裂纹情况。2013 年度 3 号机组 C 极检修中，发现水轮机转轮叶片出现了多条贯穿性裂纹，其中有 12 个转轮叶片有裂纹，共有 17 条裂纹，其中单边最长 630mm，最短 10mm；裂纹总长 2620mm。

所有裂纹主要集中在转轮上冠、下环出水边靠 R 角位置。3 号机转轮叶片裂纹情况见表 2-7。

表 2-7　　3 号机转轮叶片裂纹情况

叶片号	裂纹部位	裂纹长度（mm）	裂纹性质
1	上冠出水边	85	贯穿性裂纹
3	上冠出水边	65	贯穿性裂纹
	下环出水边	20	
4	上冠出水边	450	贯穿性裂纹
	下环出水边	150	贯穿性裂纹
5	上冠出水边	120	贯穿性裂纹
6	下环出水边	30	贯穿性裂纹
8	上冠出水边	630	贯穿性裂纹
	下环出水边	10	
9	上冠出水边	560	贯穿性裂纹
10	上冠出水边	170	贯穿性裂纹
	下环出水边	50	贯穿性裂纹
12	下环出水边	80	贯穿性裂纹
13	上冠出水边	30	
	下环出水边	70	贯穿性裂纹
14	下环出水边	75	贯穿性裂纹
15	上冠出水边	25	
合计		2620mm	

（4）4 号机转轮叶片裂纹情况。2014 年度 4 号机组 C 极检修中，发现水轮机转轮叶片出现了多条贯穿性裂纹，其中有 11 个转轮叶片有裂纹，共有 19 条裂纹，其中单边最长 590mm，最短 10mm；裂纹总长 3105mm。

所有裂纹主要集中在转轮上冠、下环出水边靠 R 角位置。4 号机转轮叶片裂纹情况见表 2-8。

表 2-8　　4 号机转轮叶片裂纹情况

叶片号	裂纹部位	裂纹长度（mm）	裂纹性质
1	上冠出水边	背水面 70，迎水面 40	贯穿性裂纹
2	上冠出水边	380	贯穿性裂纹
3	上冠出水边	460，60	贯穿性裂纹
5	上冠出水边	迎水面 10，125	浅表性裂纹
7	上冠出水边	背水面 30	浅表性裂纹
		590，80	贯穿性裂纹
8	上冠出水边	340	贯穿性裂纹
9	上冠出水边	360	贯穿性裂纹
10	上冠出水边	迎水面 30	浅表性裂纹
		100	贯穿性裂纹
11	上冠出水边	迎水面 50	浅表性裂纹
	下环出水边	60，50	贯穿性裂纹
12	上冠出水边	250	贯穿性裂纹
13	上冠出水边	20	浅表性裂纹
合计		3105mm	

转轮具体裂纹情况如图 2-48 所示。

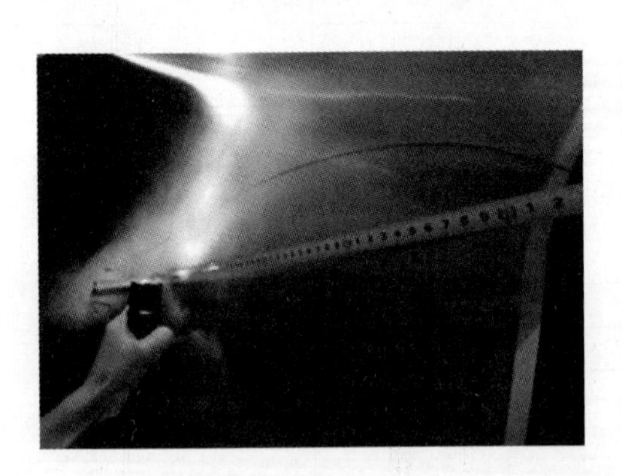
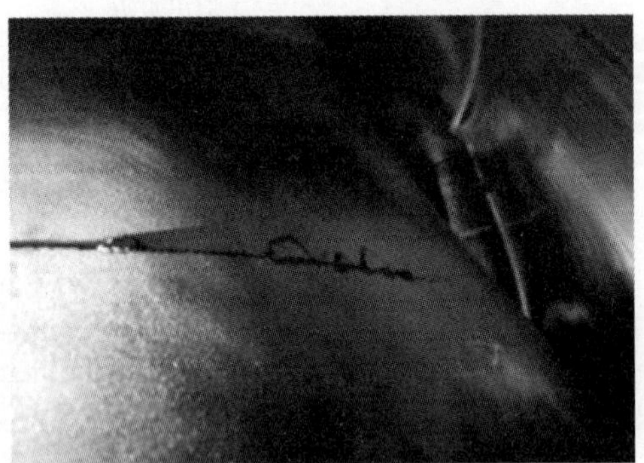

图 2-48　官地转轮裂纹情况

2. 原因分析

根据官地电站已经检修的机组转轮叶片裂纹情况统计得知，贯穿性裂纹大多位于转轮上冠出水边处，裂纹长度 60～730mm 不等，少数浅表性裂纹位于转轮叶片下环出水边处；叶片上冠出水边处的裂纹基本都位于叶片出水边 R 倒角处，裂纹起点均距焊缝 R 倒角根部约 30～60mm 处，处于焊缝热影响区附近，并且裂纹起始端与叶片出水边垂直；叶片裂纹基本都未沿焊缝融合线扩展，而是呈不规则抛物线状延伸至转轮叶片中心；个别叶片背面裂纹呈沿主裂纹，还存在树枝壮发散分布了一些小裂纹、裂纹端部错开并且金属存在崩落现象。转轮叶片上冠出水边裂纹如图 2-49，转轮叶片裂纹位置示意如图 2-50 所示。

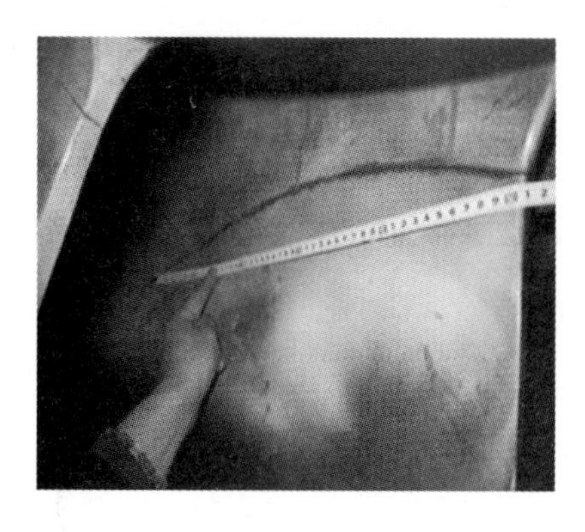

图 2-49　转轮叶片上冠出水边裂纹

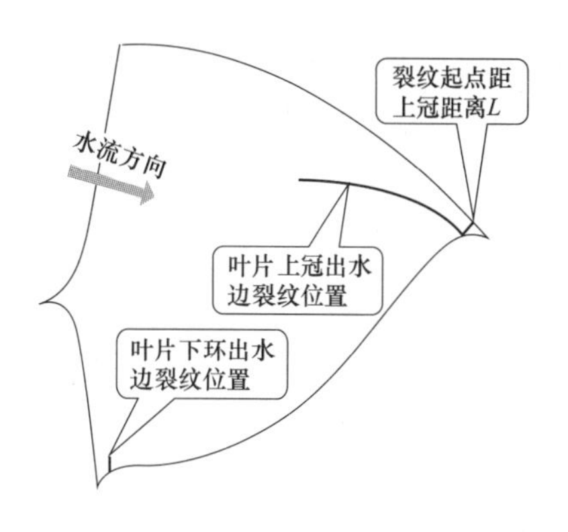

图 2-50　转轮叶片裂纹位置示意图

3. 处理过程

针对上述情况，机电物资管理部组织行业专家、设备制造厂家、设计院等召开专家咨询会，专家根据转轮裂纹实际情况，结合国内其他电站转轮类似裂纹情况，建议采用在叶片出水边增加三角补强块的方式解决上述问题。官地转轮增加减应力三角块效果和现场图如图 2-51 和图 2-52 所示。

图 2-51　官地转轮增加减应力三角块效果

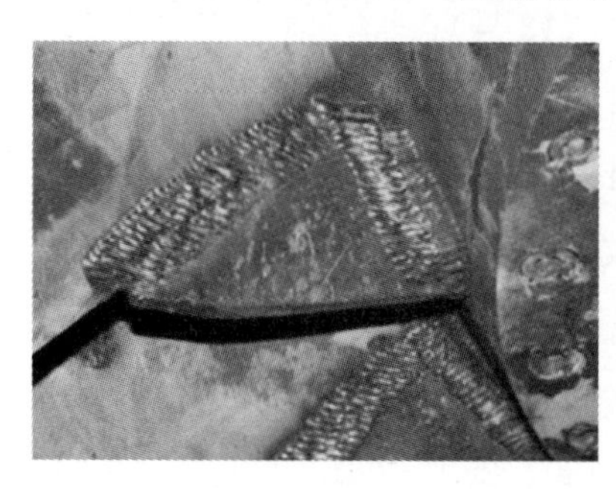

图 2-52　官地转轮增加减应力三角块现场

根据咨询建议，首先在 2 号机组上进行了三角块的补强，三角块焊接打磨探伤合格后，随后在 2 号机转轮进行了动应力试验。

2号转轮动应力试验。在11块叶片上焊接三角块，完成动应力测试后，焊接剩余的4块三角块。2号转轮动应力试验总共对5块叶片进行动应力测试。

转轮动应力测试之前，对3号、6号、8号、13号叶片进行焊接残余应力测试。完成转轮动应力测试后，增加3号、6号、8号、13号叶片三角块焊接，焊接工艺方案与之前11块三角块的焊接工艺方案相同。应力测点布置示意如图2-53所示。

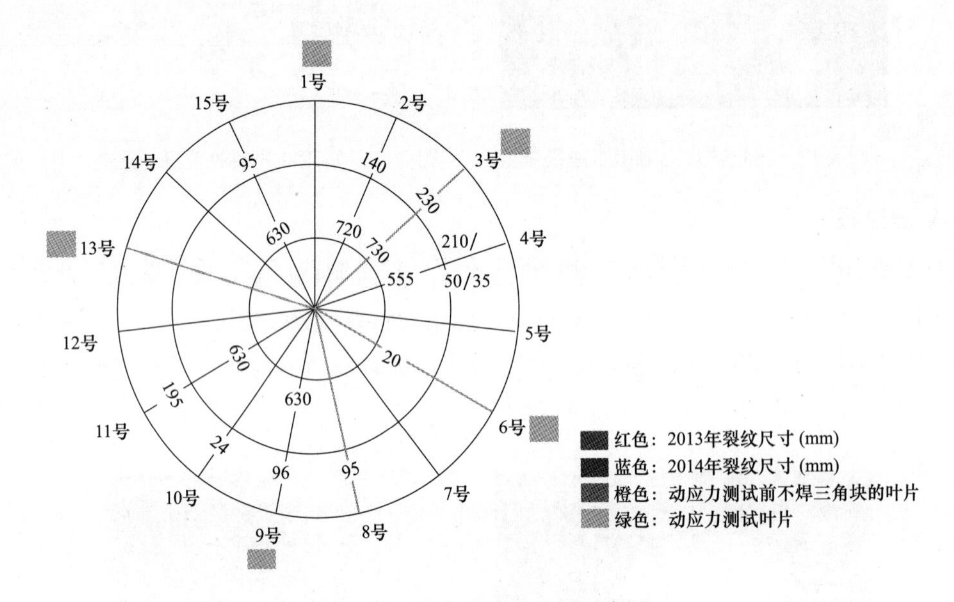

图2-53　动应力叶片选择示意图

图中红色数字代表2013年检修时发现的转轮裂纹；蓝色数字代表2014年检修时发现的转轮裂纹；橙色线段代表动应力测试前不焊接三角块，并且进行焊接残余应力测试的叶片；绿色代表动应力测试的叶片。

动应力测试叶片选择是：

1）未焊三角块且两次检修都有裂纹的叶片（3号）；

2）未焊三角块且两次检修都无裂纹的叶片（13号）；

3）焊接了三角块且两次检修都有裂纹的叶片（9号）；

4）焊接了三角块且两次检修都无裂纹的叶片（1号）；

5）第一次检修有裂纹且第二次检修无裂纹的叶片（6号）。

试验工况：

分别进行了空载试验、不同负荷试验［试验负荷为（MW）：0、20、40、60、80、90、100、110、120、130、140、160、180、200、230、260、290、320、350、380、410、450、500、550、600］、甩负荷试验（分别甩额定负荷的：50%、100%）。

试验结果表明，未装焊减应力三角块的叶片出水边靠上环处在小负荷工况下动应力都比较大，出水边靠上环背面的动应力峰峰值最大在60～80MPa之间，且叶片背面出水边靠上

环背面区域的静应力通频峰峰值高于正面出水边靠上环正面。结合叶片静应力特性分析，出水边靠上环背面区域的静应力随负荷上升而上升，此区域的材料表面是逐渐拉伸的。由金属材料特性分析可知，材料的抗拉性能远低于抗压性能，较高的静应力叠加动应力是金属产生疲劳损坏的主要原因之一。同时，叶片中部和下环处的动应力变化趋势与叶片增加三角块与否没有必然联系。但叶片上冠出水边背面的动应力幅值增加三角块与否区别明显，增加了三角块的叶片该区域的动应力明显比没有增加三角块的叶片动应力低。由此可见，增加减应力三角块对降低叶片动应力有明显效果。

后又在其余机组进行了推广处理，处理后，经过两年多的运行，整体运行效果良好，再未出现明显的裂纹。

建议后续项目招标阶段在保证水轮机效率的前提下，尽可能引导各设备厂家在设备稳定性上加大研究力度。同时，在运输条件允许下，尽可能使转轮在工厂组装后整体退火；或者是转轮在工地转轮加工厂散件组装，然后整体退火，有效降低转轮静应力；尽量减少分瓣转轮现场焊接。

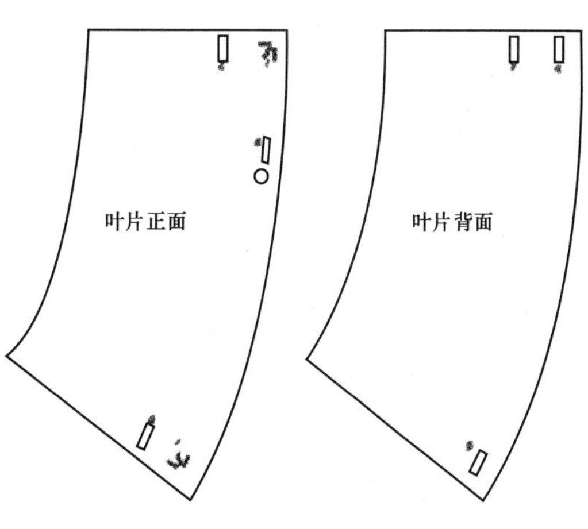

图 2-54　应力测点布置示意图

（二）转轮尺寸问题

由于桐子林水电站对机组效率要求较高，在设计中，为减少漏水所造成的损失，设备厂家设计的转轮叶片与转轮室之间间隙较小，未充分考虑各种可能的变形量对安装造成的影响。2 号机组转轮安装后检查发现转轮叶片与转轮室间隙小于设计值，检查发现原因为桨叶在厂家生产时环境温度整体较低，而桨叶在较高的施工环境温度中产生温度热胀变形，由于桨叶尺寸较大，其表现出来的变形量也相应被放大，从而造成桨叶现场安装后尺寸比实际尺寸较大，转轮整体直径实际大于设计值，转轮吊装后桨叶与转轮室之间间隙较小。后设备厂家组织人员到现场对已完成安装的 2 号机组转轮室和 3 号机组转轮叶片进行修磨，保证吊装后转轮与转轮室之间的间隙。

建议后续项目招标阶段充分评估和研究类似设备尺寸温度影响、桨叶与转轮室间隙对机组效率的影响，避免类似问题发生。

（三）转轮噪声问题

桐子林电站四台机组投运初期在 80MW 以下运行时，转轮均发出高频噪声。

1. 原因分析

经专家及厂家多次现场检查，初步判断该异音属于机组在低负荷区间，水力振动与叶片

本身振动达到共振引起的共鸣，表现为尖锐高频异音。随后厂家安排技术人员现场对噪声进行了测量，噪声的主频为 265Hz 左右。根据桐子林电站的情况以及葛洲坝等其他电站类似问题的处理经验厂家，分析认为机组噪声是叶片出水边产生弹性变形引起。对于引起弹性变形的激励原因，主要由以下几点：

（1）叶片出水边卡门涡与叶片固有频率产生共振；

（2）叶片出水边有局部小范围凹陷。

2. 处理方案

（1）修型方案。根据噪声频率结果，桐子林噪声问题与葛洲坝噪声问题性质一样，葛洲坝噪声主频 275Hz，桐子林为 265Hz，两者十分接近，且都是在尾水进人门处最明显。因此厂家提出了采用叶片出水边修型方案，以错开叶片共振频率，减少噪声。

同时，经分析计算发现叶片出水边靠近轮缘附近小范围存在一定的凹陷，葛洲坝叶片该位置也同样出现反曲，且出现一定程度的汽蚀，因此修型方案也将对该位置进行修型。

（2）方案可行性论证。修型前，厂家对桐子林电站模型进行了全通道 CFD 计算、叶片刚强度与动态特性分析、工艺可行性论证等，如图 2-55～图 2-58 所示。

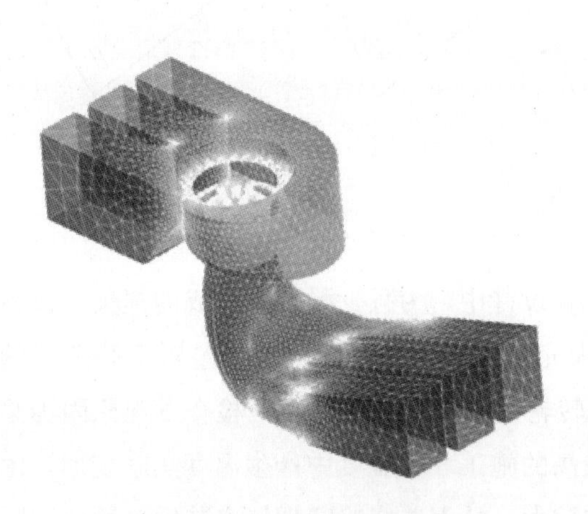

图 2-55　全通道几何模型

图 2-56　转轮区网格模型

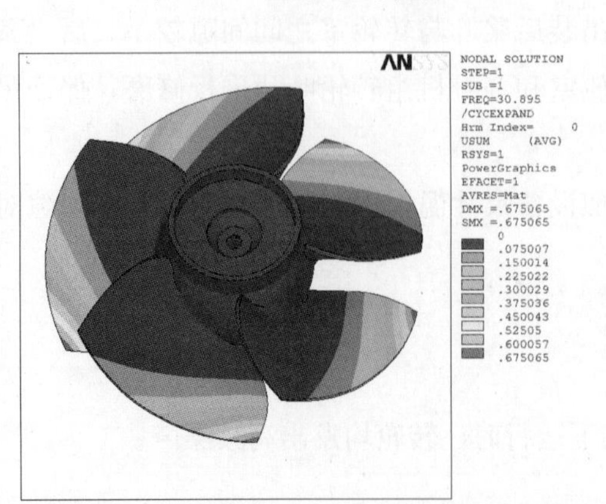

图 2-57　叶片第 1 阶振型（修型前）

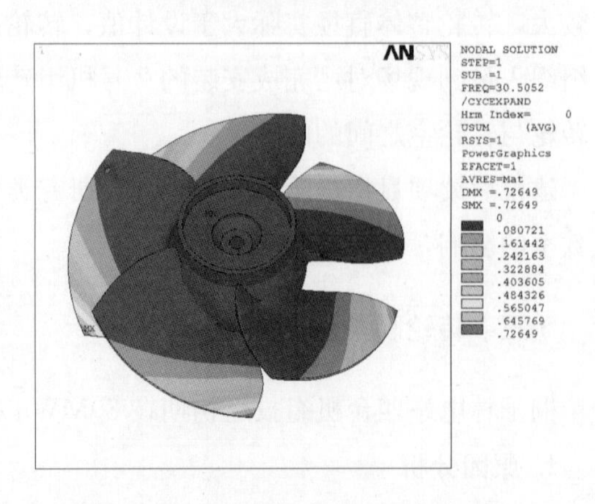

图 2-58　叶片第 1 阶振型（修型后）

得出结论如下：

1）通过数值分析计算，修型后的叶片效率有略微提高，在相同开度与叶片转角下完全可以保证合同出力，且过流量将变小，转轮空化性能也会同时得到改善。

2）修型后的桐子林电站转轮叶片的应力水平小于材料的许用应力水平，转轮叶片强度满足要求；修型后的转轮叶片在水中的固有频率避开了机组的激振频率，叶片具有良好的动态特性。

3）根据葛洲坝电站的经验。在桐子林叶片上实施上述措施后，预期能够解决噪声问题。

3. 处理效果

目前，厂家已根据方案完成了桐子林电站4台水轮机转轮的修型，修型后转轮高频噪音消失，后续检查未发现转轮生产裂纹，水轮机运行稳定。

建议后续类似项目招标阶段引导制造厂家注重转轮叶片叶型工艺控制和转轮运行稳定性。

（四）调速器主配压阀故障

官地水轮机调速器主配压阀为GE公司SAFR2000HWT-200，型号为FC20000，为阀套、两阀盘阀芯结构，阀芯直径254mm，卧式布置于回油箱上，工作油压6.3MPa。阀套与阀体采用间隙配合，阀套两端下部通过挡块及一颗限位螺栓（5/16-18UNC）与阀体连接限位。FC系列主配压阀结构如图2-59所示。

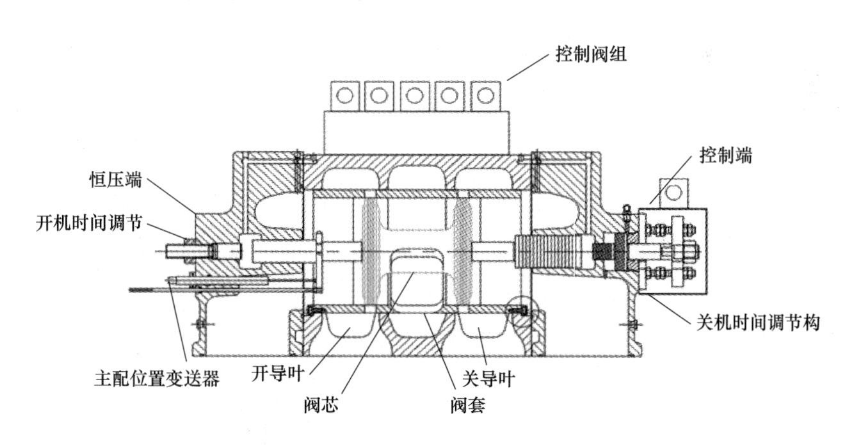

图2-59　FC系列主配压阀结构图

官地2号机组调速器主配压阀先后出现两次由于阀芯卡塞造成阀套限位螺栓断裂，导致调速器异常、机组强迫停运。

1. 主配压阀故障过程

（1）第一次故障。2012年10月30日22时55分，官地电站2号机组处于空转状态时出现接力器抽动，导叶开度指示在10%～17%之间变化、机组频率在49.3～50.8Hz波动。现场人员将2号机调速器切换至手动控制模式检查发现，调速器控制系统对其液压随动系统的调节呈现无规律的超调现象。2号机调速器系统故障发生前后导叶开度和机组频率波形如图2-60所示。

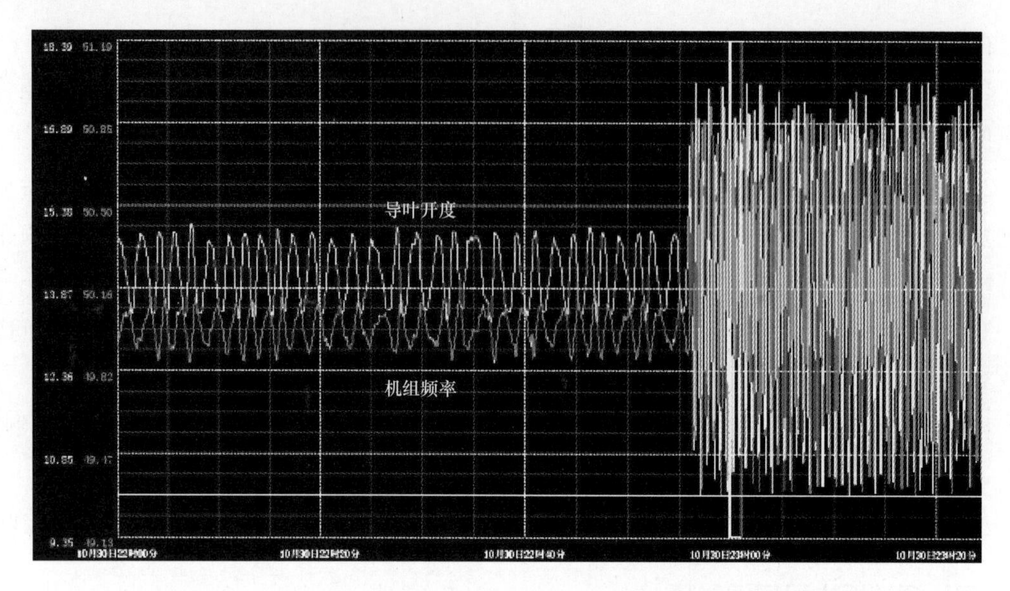

图 2-60　2 号机调速器系统故障发生前后导叶开度和机组频率波形

（2）第二次故障。2013 年 5 月 31 日 12 时 56 分，2 号机组进行振动区试验，机组负荷从 520MW 向 540MW 调整过程中，机组功率升至 530MW 左右开始下降。试验人员发现异常并到达调速器控制柜旁时，2 号机组负载功率降为 200MW，试验人员立即进行了应急操作。应急操作顺序过程为：调速器控制方式“远方”切“现地”，“自动”切“手动”，“A 套调节器”切“B 套调节器”运行。但仍未稳住机组负荷下降趋势，直到发生逆功率保护动作停机，整个过程历时约 220s。

2 号机组负荷下降过程中，2 号机调速器控制系统报“液压故障”“机组功率反馈故障”。

2 号机组负荷下降直至停机的整个过程中，机组功率、开度、开限、频率变化趋势如图 2-61 所示。

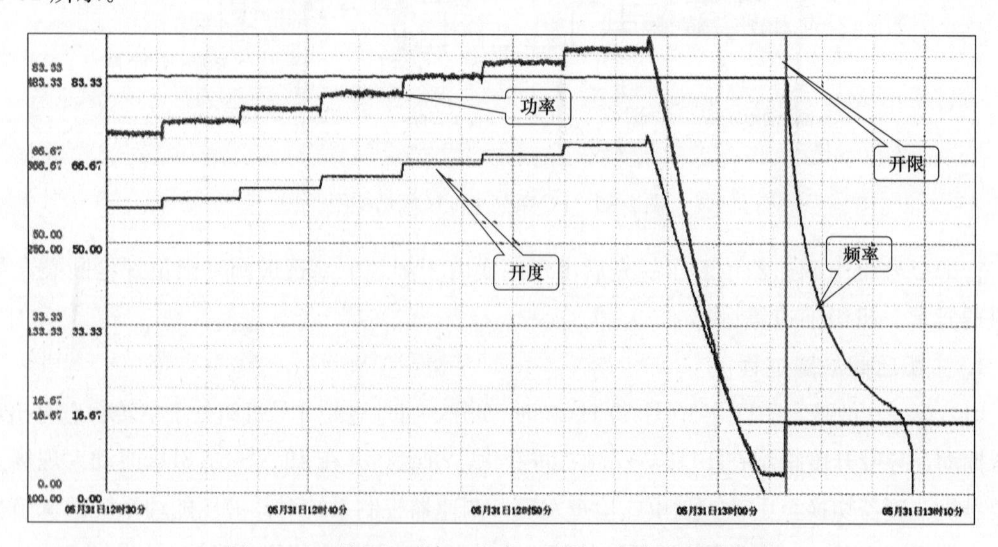

图 2-61　2 号机组功率、开度、开限、频率变化趋势图

2. 主配故障原因分析

根据两次故障过程分析和停机检查情况，确定故障停机的直接原因为阀套限位螺栓断裂。经进一步分析，阀套限位螺栓断裂是由于主配压阀异物卡涩、阀芯与阀套制造及装配存在偏差、壳体微量变形等原因造成阀芯阀套发卡进而导致阀套限位螺栓断裂。

(1) 杂质影响。

1) 系统油质影响。对故障主配的分解检查中，未发现阀芯与阀套间有明显的划痕，阀内也未发现异物，电站检修前后调速器油样化验合格，排除了油中杂质导致阀芯卡塞致使螺栓断裂的可能性。检查回油箱内部如图 2-62 所示。检查油管路如图 2-63 所示。

图 2-62　检查回油箱内部

图 2-63　检查油管路

2) 主配内壁的残留铁锈剥落或其他异物/杂质进入阀套内导致阀芯卡塞。现场分解检查故障主配时发现其内腔壁残留有大面积的锈蚀；分解厂家供货的新主配时内部同样发现了锈蚀、翻砂瘤等异物和杂质遗留。因此，分析认为故障主配存在设备出厂遗留的铁锈剥落，异物、杂质等在运行中进入阀套内导致阀芯卡塞致使螺栓被拉断的可能性。主配压阀壳体和阀芯锈迹分别如图 2-64 和图 2-65 所示。

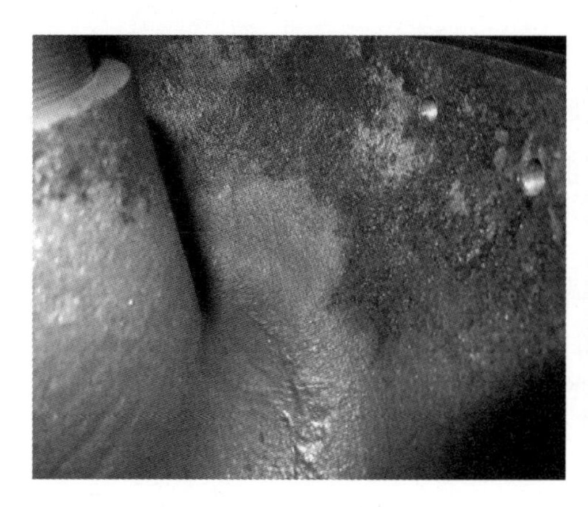

图 2-64　主配压阀壳体锈迹

图 2-65　主配压阀阀芯锈迹

图 2-66 检查主配压阀手动动作情况

（2）结构影响。

1）阀芯卡塞导致阀套限位螺栓断裂。厂家技术人员在现场对故障主配压阀分解检查发现阀芯在全关、全开位置附近与阀套均存在卡塞现象；检查还发现，刚到货未经运行的新主配压阀也存在阀芯动作不灵活、卡塞现象。分析认为该型主配压阀阀芯两端设计间隙较小，一定程度上会造成卡阻现象。检查主配压阀手动动作情况如图 2-66～图 2-68 所示。

图 2-67 检查主配压阀阀芯动作情况

图 2-68 检查主配压阀阀芯尺寸

（3）主配压阀壳体微量变形，导致阀芯卡塞。紧固主配压阀基础把合螺栓的影响。关于主配压阀基础把合螺栓的紧固方法及力矩，厂家技术文件中没有要求。安装时，4台机组均采取对称、均匀紧固的方法；更换新主配时，按同样的顺序依据厂家提供的紧固力矩进行紧固。是否存在紧固基础把合螺栓导致主配压阀微量变形需待进一步跟踪分析。

3. 解决办法及优化措施

厂家结合现场检查情况，适当优化阀芯与阀套的间隙。同时，为进一步提高设备运行可靠性，在回油箱上加装在线静电滤油机，提高油液洁净度。上述几个措施有效保障了后续主配压阀的可靠运行，再未出现类似故障。

考虑到主配压阀对机组的重要性，建议在后续项目招标采购阶段充分引导厂家研究主配压阀可靠运行的措施。

（五）同步分流器问题

锦屏二级筒阀液压同步系统采用德国雅恩斯公司（JAHNS）生产的 MTL 系列同步分流器，MTL-6/170-EA 分流器是由多组高精度同规格的径向同步马达组合而成，其特点是结构

精密紧凑，同步精度高，承压能力强，质量稳定可靠。同步分流器中曲轴每转一圈每个出口的出油量一定，转速（有杆腔的油流量为 62.11L/min，所以转速为 62.11×1000/170.9＝363r/min）由系统设计的油流量决定。同步分流器外形如图 2-69 所示。单元组成部分如图 2-70 所示。

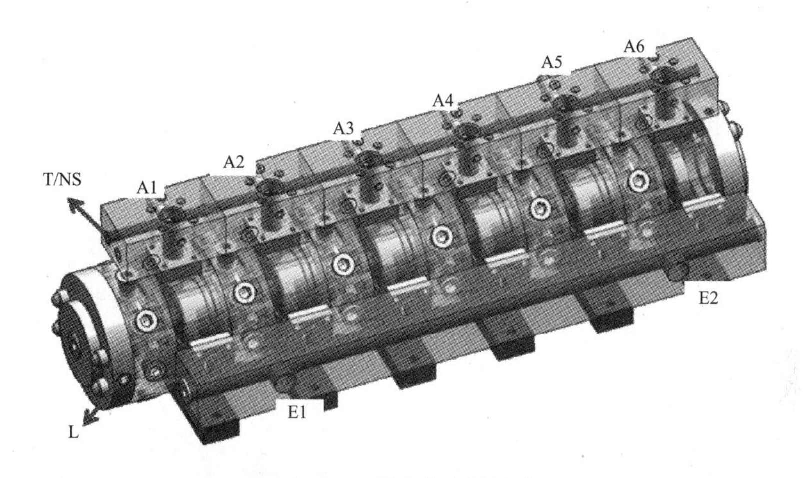

图 2-69　同步分流器外形

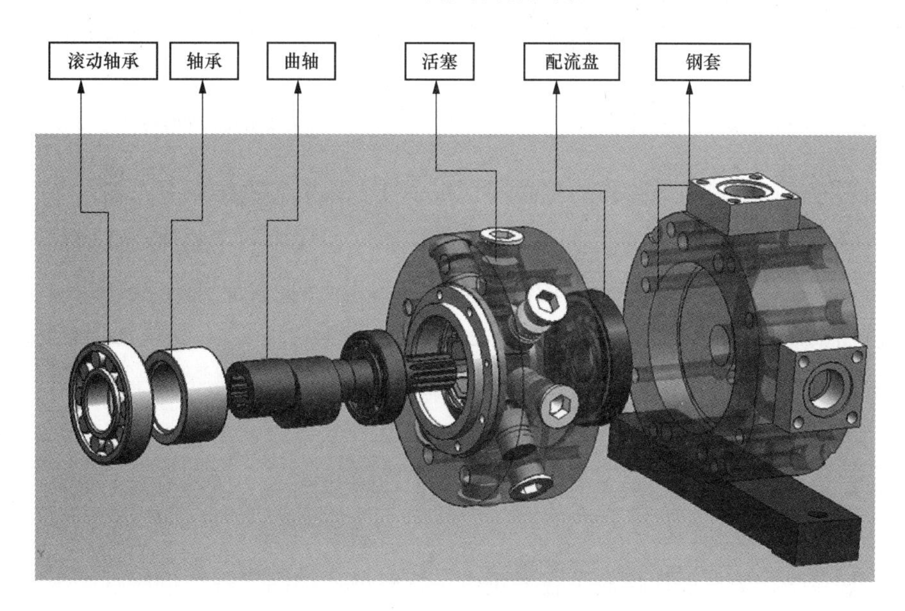

图 2-70　同步分流器单元组成部分

1. 圆筒阀工作原理

（1）筒阀开启过程。筒阀在开启过程中，筒阀油压装置提供的压力油源连接至分流器 E1、E2 口。此时 E1、E2 口为压力油口，A1～A6 口为出油口，当压力油从 B1 口进入分流器的一个腔体后，压力油流进配流盘的内圈，并从内圈通过活塞孔进入活塞腔（由于配流盘外形为偏心圆，而活塞孔圆周分部，因此始终有 3 个活塞孔连通配流盘外圈，3 个连通配流盘内圈），压力油推动活塞向圆心方向运动（即向曲轴方向运动），活塞与曲轴之间由活塞杆及滑靴连接，曲轴开始转动。随着曲轴转动压力油依次从不同的活塞腔进入，源源不断的推动曲轴转动，而连通至配流盘外圈的活塞腔则由于活塞朝反圆心方向运动，将液压油压出活塞孔经由 A1 口到达筒阀接力器下腔提起筒阀。A2～A6 分流器腔体工作原理一致。

（2）筒阀关闭过程。筒阀在关闭过程中，压力油源直接由筒阀油压装置供油至接力器上腔，下腔回油接通分流器的 A1～A6 口。分流器的动作原理与开启过程类似，唯一不同的是进油口为 A1～A6，出油口为 B1～B6。

筒阀开启、关闭时同步分流器油流示意如图 2-71 和图 2-72 所示。

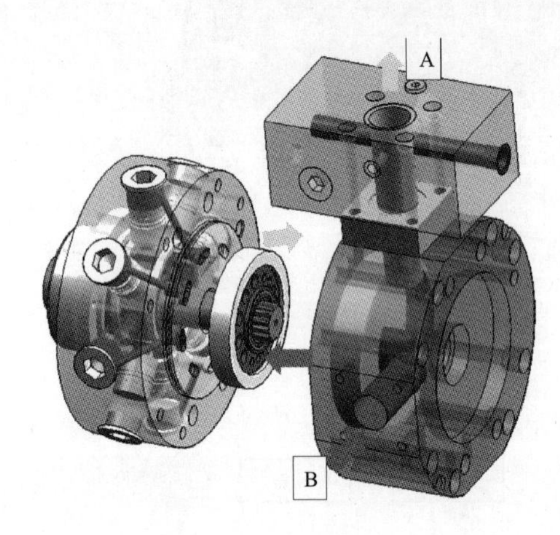

图 2-71　筒阀开启时同步分流器油流示意图

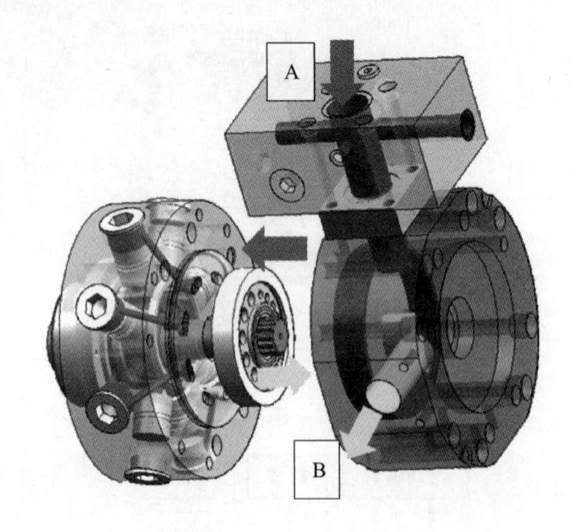

图 2-72　筒阀关闭时同步分流器油流示意图

（3）同步原理。筒阀有 6 个接力器控制，每个接力器下腔连接至分流器一个单元，分流器由 6 个单元组成，每组单元的曲轴由末端齿轮轴相互连接成一个整体，此时，曲轴转动速度一致，活塞容积一致（每一转压出的液压油量一致），由此保证进油量一致的情况下，可以保证出口油量一致。

2. 同步分流器损坏过程

锦屏二级 3 号机组筒阀于 2014 年 4 月 17 日检修时发现筒阀无法正常关闭，检查发现筒阀倾斜严重，行程偏差很大，最大偏差达 115mm，最大相邻偏差发生在 3 号和 4 号接力器之间，偏差达 58.4mm。

排查发现 4 号接力器的比例阀卡在偏关位，拆解该比例阀发现比例阀油腔内有杂物。移除卡阻物后，比例阀阀芯动作正常，无卡涩现象，回装后动作筒阀，仍然有原先的偏差过大的现象，再次分析后得出还是 4 号比例阀的问题，于是再次拆解并找到卡阻物。从陆续找到的卡阻物判断出分流器已经损坏，不宜再继续动作筒阀。比例阀卡有异物如图 2-73 所示。同步分流器损坏情况如图 2-74 所示。

3. 分流器损坏原因分析

（1）直接原因：

1）接力器不同步。筒阀的开启与关闭平顺与否取决于 6 个接力器的同步性。在筒阀同

图 2-73　比例阀卡有异物

图 2-74　同步分流器损坏情况

步控制系统中，筒阀操作的同步性首先是由同步分流器的精度决定的，在筒阀动作过程中电气同步系统实时跟踪筒阀动作的同步性并在同步性超出要求时进行调节，保证在筒阀的开启与关闭的过程中能运行在安全的同步偏差范围之内。当同步偏差超出范围造成电气保护动作而导致筒阀停止动作时，如果再使用手动操作筒阀，没有电气保护的情况下，则同步偏差将进一步加大。

在筒阀操作过程中电气同步系统设置了当偏差超过 2mm 开始进行调节，相邻接力器偏差超过 5mm 或最大偏差超过 10mm 时，保护系统动作，筒阀停止动作。当筒阀开启至接近末端时，如果此时由于偏差的存在，第一个筒阀接力器活塞（如 4 号）到达顶部时，其余五个接力器活塞继续向上运动，如图 2-75 所示，同步分流器 4 号出口由于与之连接的筒阀接力器活塞已顶至全开，因此无法继续将液压油泵出，导致 4 号出口被动憋压。筒阀开启时同步分流器不同步示意如图 2-75 所示。

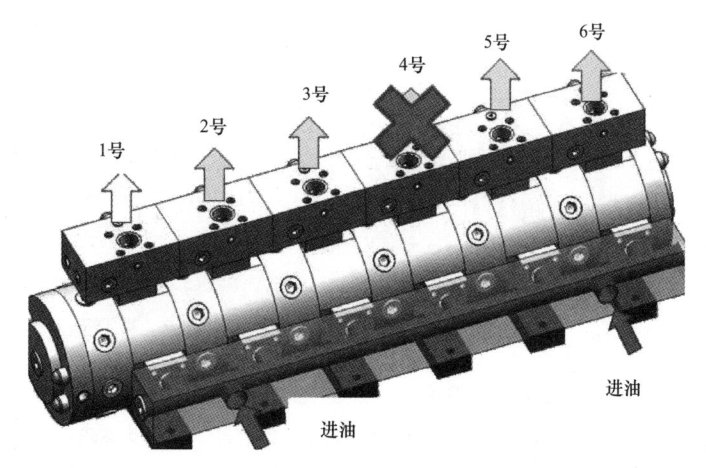

图 2-75　筒阀开启时同步分流器不同步示意图

当筒阀关闭至临近末端时，与开启时类似，如果第一个筒阀接力器（4 号）活塞到达底部，则其余五个接力器活塞继续向下运动，如图 2-76 所示，同步分流器中 4 号进口可由 T/NS 口自动补油保护分流器。

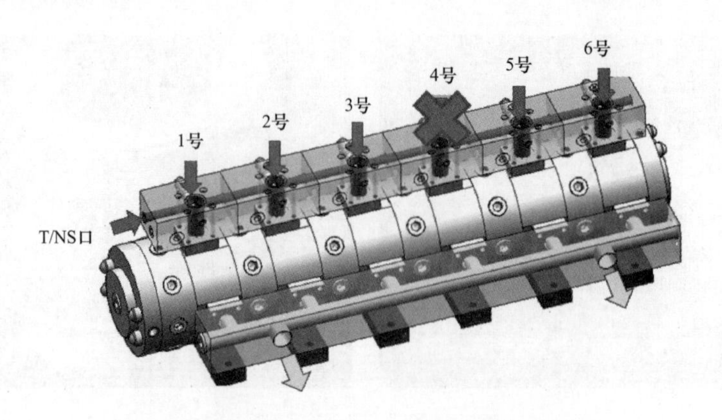

图 2-76 筒阀关闭时同步分流器不同步示意图

2）管路中可能存在金属杂质或其他异物。

（2）间接原因。管路系统大量存在气体，导致筒阀动作过程中偏差过大，筒阀由于电气保护而停止动作，此时若再手动操作容易造成分流器损坏。

4. 解决办法及优化措施

将损坏的同步分流器返厂修复，为了进一步保证筒阀在动水关闭过程中的安全性与可靠性，在筒阀控制系统总回油管路增加设置了对夹式单向阀（开启压力 3～5bar），同时将同步分流器 2 端 T/NS 口均用 $\phi35$ 管路连接至单向阀前。

优化示意如图 2-77 所示。

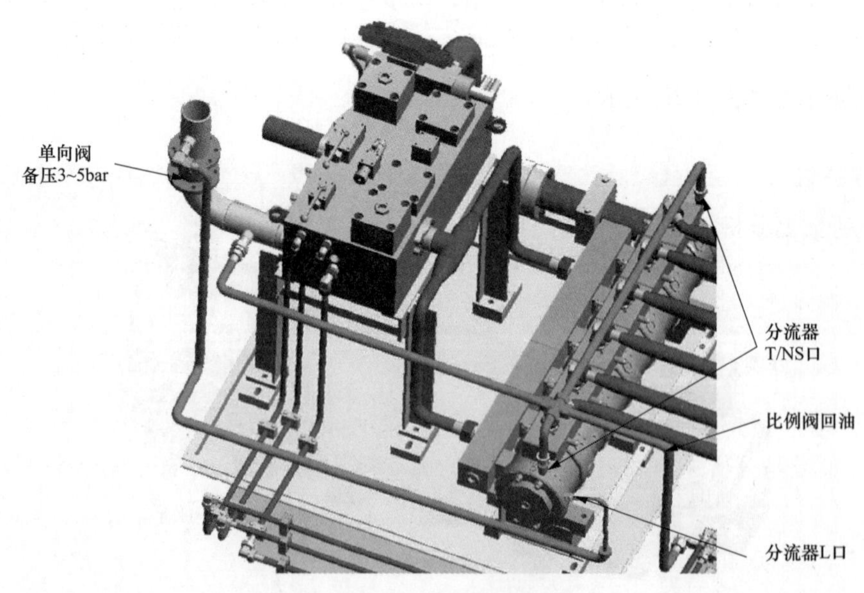

图 2-77 优化示意图

为了筒阀的安全运行，厂家专门准备筒阀系统检修后恢复操作详细流程作为操作维护手册的补充，电站需严格遵循该操作流程的要求，避免因操作不当引起系统设备损坏。建议在后续项目中，若设置筒阀，需特别注意筒阀的同步性及系统内杂质和空气对筒阀同步性的

影响。

（六）筒阀活塞杆断裂

圆筒阀安装在水轮机的固定导叶和活动导叶之间，关闭时作为机组止水阀，同时作为可紧急关机的隔断阀，是保证机组安全的重要设备。圆筒阀控制系统通过液压系统控制接力器活塞杆的运动实现阀体的开启与关闭。

1. 活塞杆故障过程

锦屏一级 3 号机组检修调试过程中，圆筒阀由全关开启约 36mm 时系统报筒阀卡阻故障，无法继续开启。检查发现卡阻原因为圆筒阀接力器活塞杆断裂，经现场全面排查确认 3 号机组 2 号、3 号、4 号接力器活塞杆均已断裂，如图 2-78 所示。

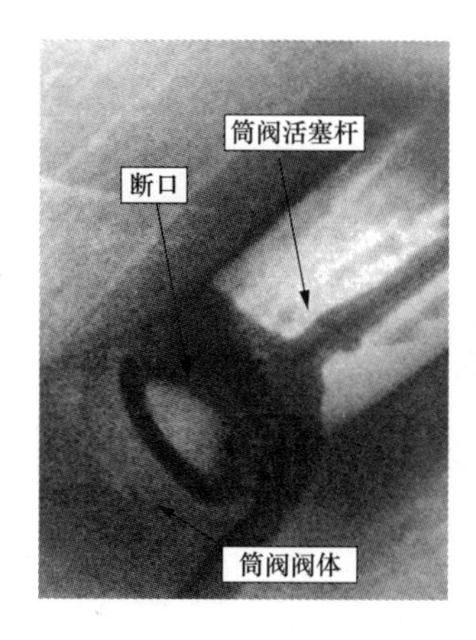

图 2-78　3 号接力器活塞杆断裂断口位置（内窥镜拍摄）及活塞杆断裂情况

2. 原因分析

（1）运行数据分析。通过分析 3 号机组投运后筒阀开启过程中 6 只接力器上、下腔油压监控历史数据（接力器上、下腔压差相较其他各台接力器小得多，说明接力器未受力），分析得出 2 号、3 号接力器提升杆在投运前已断裂，4 号接力器提升杆于近期断裂。监控历史数据如图 2-79～图 2-81 所示。

（2）活塞杆检查检验。发现筒阀活塞杆断裂后相关各方进行了大量的检查检验工作。

1）外观检验与分析。分析发现圆筒阀活塞杆沿断口边缘存在多疲劳裂纹源，疲劳裂纹向内扩展的独立疲劳扩展区扩展到提升杆中心后快速断裂，断口形成锥顶形。锥顶是偏心的，而且尺寸小，说明活塞杆在使用中承载不均匀。

2）断口边缘体视显微镜检验。圆筒阀活塞杆断口边缘经体视显微镜检验发现，该提升杆由多源疲劳扩展造成的断裂，几乎每一条裂纹都起始于较深的机加工痕。

3）断裂起源部位的扫描电镜（SEM）分析。在 SEM 下观察发现，所有的多疲劳裂纹都起源于圆角过渡区的机加工刀痕。

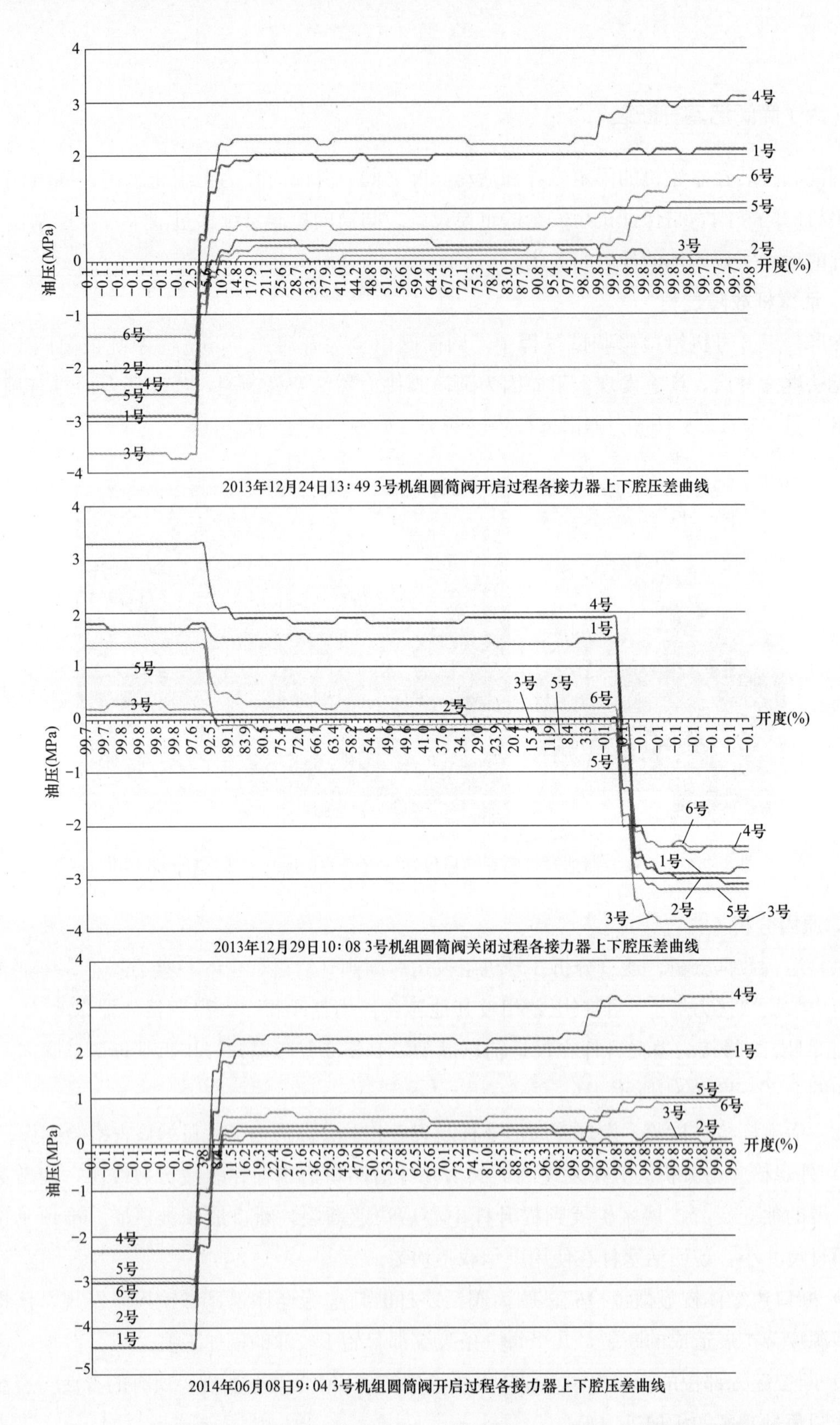

图 2-79　3 号机组投运后筒阀开启过程中 6 只接力器上、下腔油压监控历史数据（一）

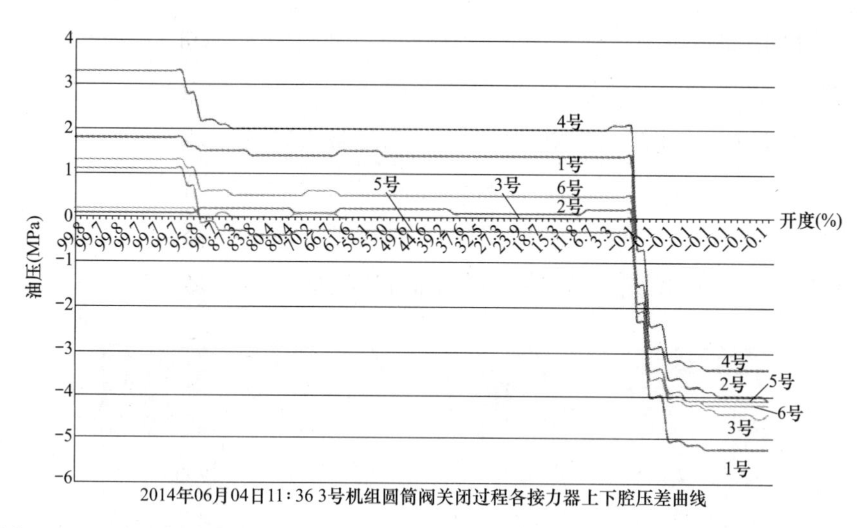

图 2-79　3 号机组投运后筒阀开启过程中 6 只接力器上、下腔油压监控历史数据（二）

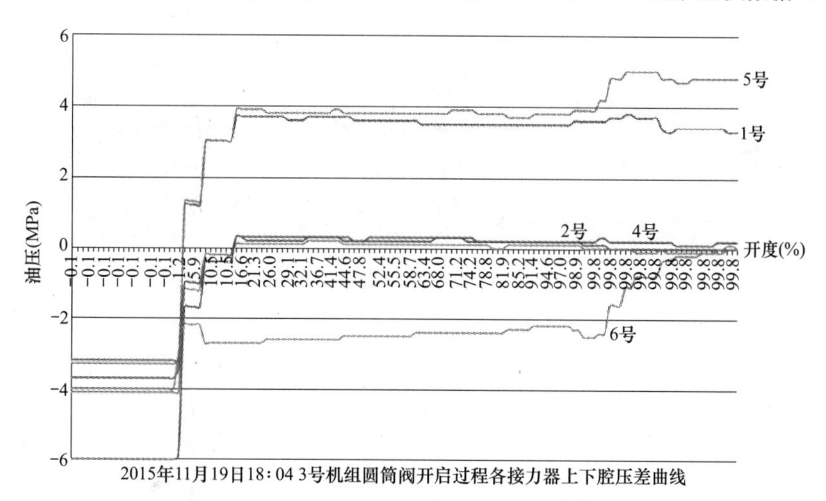

图 2-80　3 号机组检修完成后圆筒阀开启过程中 6 只接力器上、下腔油压监控历史数据

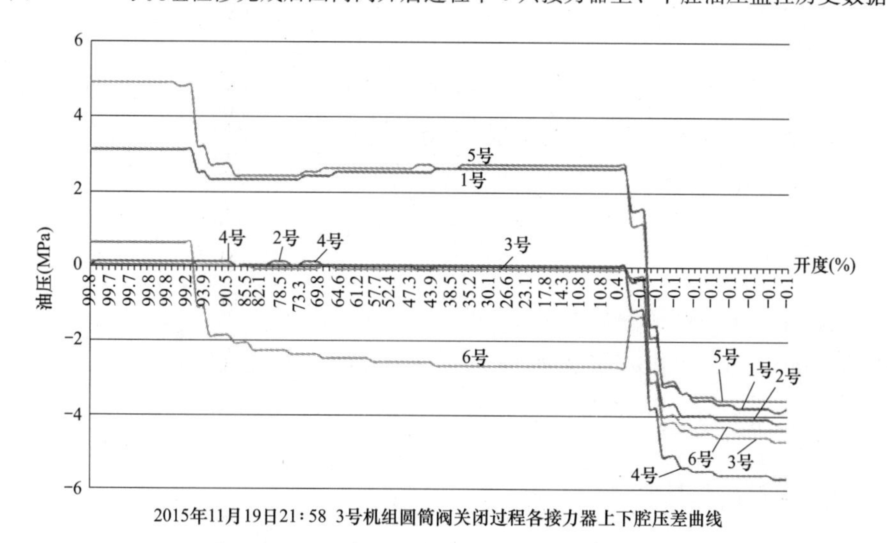

图 2-81　3 号机组检修完成后圆筒阀关闭过程中 6 只接力器上、下腔油压监控历史数据

4）对3号机组圆筒阀筒体、导向条、导向块、接力器油缸本体及导向套和相邻各部件进行彻底检查。

a. 检查3号机组圆筒阀筒体外侧、内侧均无明显碰撞痕迹。

b. 对固定导叶上12个固定条（材质为铝青铜）进行检查，发现2号、3号、4号、5号固定导向条上部（座环支持环段）均有不同程度的刮痕，而1号、7号、8号、9号、10号、11号、12号导向条下部（固定导叶段）均有不同程度的刮痕，如图2-82所示。

图2-82　固定导向条下部刮痕

（3）根据运行数据及取证分析资料得出结论：

1）提升杆在热处理过程中采用风扇吹冷的方式，由于冷却过程不均匀，造成提升杆毛坯件中间粗段冷却速度较慢而两端细段冷却速度较快，导致轴径段硬度升高，韧性降低，力学性能指标不满足相关要求。同时国标未对杆件材料的硬度上限提出明确要求，加上提升杆加工制造过程中尺寸突变部位未采取避免应力集中的措施且该部位加工精度不够，导致提升杆投运后发生断裂。

2）提升杆的破坏是在圆筒阀筒体提升过程中，因一部分接力器提升杆的行程轨迹与固定导叶导向条的垂直方向不一致，致使筒体与固定导叶导向条间隙剧变为零，筒体横向移动，筒体与固定导叶导向条间发生有较大横向力的碰撞与剐蹭，筒体产生剧烈振动，在提升杆结构薄弱部位（ϕ120mm到ϕ180mm变径部位R角过小，该部位应力过度集中）产生疲劳和应力集中。

后根据问题发生的原因，对提升杆毛坯件采用油冷方式重新制造所有6台套提升杆对原提升杆予以了更换，更换后的筒阀运行正常。

针对此类问题，建议在后续项目有关活塞杆相关的设计制造，均要求厂家对制造过程进行全面的质量跟踪和监督，并要求原材料做好可追溯措施。

（七）导叶接力器拉缸问题

桐子林4号机组导叶接力器安装调试过程中，接力器出现操作发卡不能动作的情况，拆

除后检查发现接力器缸体及活塞有不同程度的拉伤，如图 2-83～图 2-84 所示。

图 2-83　接力器内壁拉缸情况

图 2-84　活塞刮擦情况

1. 接力器拉缸原因分析

（1）接力器支撑问题。桐子林导叶接力器只有一点支撑，接力器活塞在运动过程中，易受侧向力，导致整个接力器一定程度上呈弯曲形，很容易造成活塞单侧与接力器缸体内壁刮擦，而活塞上的密封不能将活塞支撑住，活塞与接力器缸必然会接触，进而导致拉缸，现场检查情况也表明，在接力器一侧拉缸严重，其他区域未见明显拉缸现象。同时，接力器活塞环只有靠近控制环侧有密封圈，后端无密封圈，当活塞杆与接力器缸体运动过程中不同心时不能有效减少刮擦的产生。

（2）材质问题。根据故障过程分析和停机检查情况，导叶接力器缸体内壁材质与活塞环材质一样，性能相同，一旦两者产生刮擦，就形成了“硬碰硬”，很容易造成拉缸，而且越来越严重。

后厂家结合现场检查情况，在活塞环上镶嵌了一圈铜，避免了两种同样材质的“硬碰硬”，同时，厂家在活塞环后端增加了密封圈，辅助活塞在运动时与接力器缸体同心。

2. 现场处理

现场为保证机组安装质量，对 4 号机组两个接力器进行了返厂检查处理，返回现场安装运行良好，后又对 1～3 号机组接力器活塞进行优化更换，目前所有机组接力器运行良好。

考虑到接力器损坏对机组投产发电制约因素较高，建议在后续项目招标采购阶段充分研究避免接力器拉缸设计。一方面，在接力器安装布置时，尽量采取两点支撑结构，使接力器活塞不受侧向力，防止出现拉缸现象。同时，在接力器设计制造阶段，要求厂家充分考虑防止拉缸的措施。

（八）导叶端面间隙问题

1. 锦屏一级 2 号机组导叶端面间隙问题

锦屏一级 2 号机组 C 修期间，检查发现 24 个活动导叶中有 20 个导叶端面间隙超标，除 4、5、13、14 号导叶端面间隙与设计标准偏差不大外，其他导叶端面间隙普遍呈现下大上小的规律。同时发现 7、8、9、18、19、20、21 号导叶对应顶盖抗磨板表面出现较明显的刮痕。2 号机顶盖抗磨板刮损情况如图 2-85 所示。2 号机组导叶端面间隙检查数据见表 2-9。

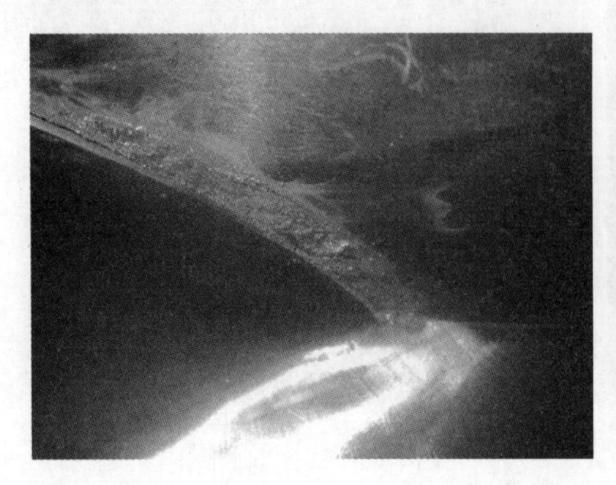

图 2-85　2 号机顶盖抗磨板刮损情况

表 2-9　　　　2 号机组导叶端面间隙检查数据

2号机组导叶端面间隙检查情况						
导叶号	进水侧上部	出水侧上部	进水侧下部	出水侧下部	进水侧总间隙	出水侧总间隙
1	0.12	0.13	1.06	1.16	1.18	1.29
2	0.10	0.13	1.34	1.27	1.44	1.40
3	0.11	0.06	1.25	1.25	1.36	1.31
4	0.51	0.42	0.66	0.66	1.17	1.08
5	0.52	0.51	0.56	0.67	1.08	1.18
6	0.11	0.12	0.98	0.96	1.09	1.08
7	0.00	0.12	0.95	0.92	0.96	1.04
8	0.00	0.05	1.03	1.01	1.03	1.06
9	0.03	0.09	1.06	1.07	1.09	1.16
10	0.16	0.32	0.82	0.83	0.96	1.15
11	0.16	0.31	0.90	0.86	1.06	1.17
12	0.12	0.26	1.02	1.01	1.14	1.27
13	0.60	0.72	0.56	0.51	1.16	1.33
14	0.56	0.71	0.71	0.71	1.27	1.42
15	0.11	0.16	1.22	1.07	1.33	1.23
16	0.18	0.26	1.05	1.05	1.24	1.32
17	0.08	0.16	1.16	1.07	1.24	1.23
18	0.00	0.11	1.16	0.97	1.16	1.08
19	0.00	0.16	1.01	0.81	1.01	0.97
20	0.00	0.16	0.92	0.82	0.92	0.98
21	0.00	0.25	0.82	0.72	0.82	1.00
22	0.11	0.24	0.92	0.86	1.03	1.10
23	0.05	0.22	0.92	0.92	0.97	1.14
24	0.00	0.11	1.16	1.16	1.16	1.27

根据专家咨询会建议，将顶盖顶起，吊起导叶，检查发现导叶下轴颈安装的密封圈（ϕ14）较设计值（ϕ12）大，密封圈就位在密封槽后，由于尺寸大，两侧和底部空间受限，

所以密封圈向上鼓起，导致导叶在密封圈作用下，一直向上顶起导叶，引起导叶端面间隙上小下大，造成活动导叶运动时顶盖抗磨板磨损。

现场对2号机组活动导叶所有密封圈更换后，重新分配导叶端面间隙，该问题得到圆满解决。建议后续项目相关部位的密封应选择合适的材料和尺寸，并采购标准的产品，同时，做好现场到货验收管理和安装验收管理。

2. 桐子林1号机组导叶端面间隙问题

桐子林1号机导水机构动作试验过程中，发现个别活动导叶下端与底环外侧存在摩擦现象，经初步分析，主要是在转动部件吊入机坑后，顶盖的实际下沉量超出了导叶端面间隙分配时为顶盖预留的下沉量，导致导叶端面间隙值偏小，厂家对下沉量计算不足。建议后续项目厂家对下沉量进行详细计算，保证下沉量的准确性。

（九）尾水管不锈钢段裂纹

锦屏二级水轮机座环与尾水锥管之间采用基础环（不锈钢段）连接，基础环不锈钢段共分2瓣，在工地组焊。基础环不锈钢段材质为X3CrNiMo13-4，板厚30mm，高1053mm，组焊后最大直径ϕ4919mm。基础环不锈钢段装配如图2-86所示。

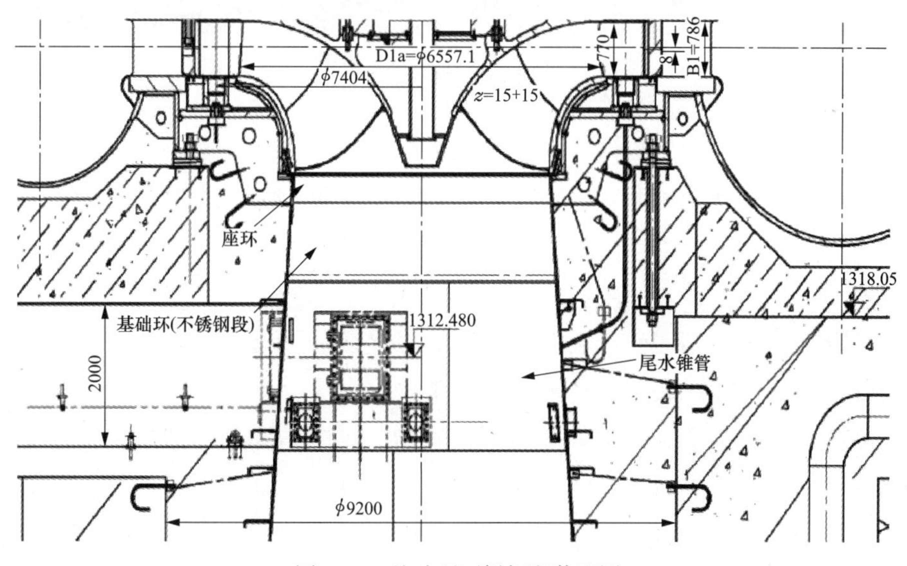

图2-86　基础环不锈钢段装配图

锦屏二级电站1～4号水轮机在经短期运行后基础环不锈钢段母材本体出现较多密集性纵向裂纹。机组基础环裂纹情况如图2-87所示。

经取样检测及分析得出裂纹原因为母材钢板的屈强比偏高，材料伸长率偏低，冲击韧性不合格。现场通过磨除及补焊修磨的方式进行处理。经过几轮的检修复查，修补处理后的基础环不锈钢段母材再未出现裂纹，该问题得到了彻底解决。基础环裂纹补焊后情况如图2-88所示。

图 2-87 机组基础环裂纹情况

图 2-88 基础环裂纹补焊后情况

建议后续项目对于主要结构件、铸锻件、厚钢板、金属结构成品件等在原材料进场和成品出厂前，进行相应的无损检测，对成品至少按材料及热处理加工批次进行抽检。

（十）顶盖泄压管漏水

锦屏一级和官地顶盖泄压管厂家供货为金属波纹软管，在实际运行过程中多次出现金属波纹软管破损漏水的情况，根据电站实际运行的反馈，机电物资管理部组织厂家、电厂相关人员进行分析讨论，分析认为：①该类金属波纹软管由于安装精度要求高，顶盖与机坑里衬的距离不完全一致，偏差超过了金属软管的伸缩极限，出现过度伸缩和扭转，现场很难保证安装质量；②顶盖泄压管所处工作环境振动、气蚀较大，易造成金属波纹软管的损坏。后协调更换为卡套式抱箍，更换后的顶盖泄压管再未出现漏水现象。漏水的金属软管如图 2-89 所示。改造后的卡套式抱箍如图 2-90 所示。

建议后续项目在招标文件中对顶盖泄压管做明确要求，使用卡套式抱箍或其他可靠的连接方式，不再使用金属软管，从根源上避免了类似问题的发生。

（十一）受油器问题

桐子林在进行 1 号机组盘车过程中，发现受油器操作油管摆度难以控制在合格范围内，

图 2-89 漏水的金属软管

图 2-90 改造后的卡套式抱箍

现场检查发现是受油器操作油管和大轴内壁刮擦所致，后通过优化支撑环结构及增加 4 组可调整径向固定装置，使受油器操作油管摆度控制在 0.15mm 标准范围内；同时，由于操作油管回复杆摆度较大，而桨叶开度传感器通过水平支架从回复杆引出信号，放大了摆度，造成桨叶传感器测量误差较大，后经讨论，在受油器盖上垂直布置传感器，尽量减小误差，建议后续项目同类型机组设计时充分考虑大轴内部设备和大轴的配合问题。可调整径向固定装置如图 2-91 所示。

图 2-91 可调整径向固定装置

（十二）挡风板

锦屏二级发电机上挡风板设计强度不够，机组运行时在风力作用下挡风板振动过大，导致挡风板把合螺栓多次断裂，存在螺栓脱落掉入转子的风险。发电机上挡风板螺栓断裂情况如图 2-92 所示。

图 2-92 发电机上挡风板螺栓断裂情况

为保证发电机定转子上方各紧固件可靠固定，防止挡风板螺栓在机组运行期间松脱或断裂，后将发电机上挡风板进行了重新设计，重新设计的挡风板加大了挡风板自身厚度并增加了斜向支撑。更换后的挡风板再未出现振动、螺栓断裂等情况，整体运行平稳。改造后的挡风板如图 2-93 所示。

图 2-93　改造后的挡风板

建议后续项目发电机挡风板在结构设计时充分考虑机组运行时风力作用对其受力的影响，保证挡风板有足够的结构强度。

（十三）转子极间撑块

锦屏一级发电机磁极间设置有极间撑块。5 号机组投运后需在机坑内拆除部分转子磁极后开展后续工作，在磁极拆除过程中，极间撑块与磁极阻尼环始终存在部分重叠，磁极无法在机坑内顺利拆除。现场经过反复错位及修磨极间撑块，最后成功吊出磁极。建议在后续项目招标设计阶段明确提出要求，规定转子极间撑块等磁极配件的尺寸及配合要求，确保发电机磁极在机坑内顺利吊出。极间支撑与阻尼环部分重叠如图 2-94 所示。

图 2-94　极间支撑与阻尼环部分重叠

（十四）推力轴承刮油刷

锦屏一级推力轴承采用喷油管和刮油刷组合为一体的结构，设计要求刮油刷与镜板之间的间隙为 0.3mm，但冷却油总管和喷油管之间为普通管路装配，并不是机加工部件之间的精密

装配，因此刮油刷安装后与镜板的间隙很难保证。推力轴承刮油刷和喷油管如图 2-95 所示。

图 2-95 推力轴承刮油刷和喷油管

建议后续项目尽量避免采用此种结构，如果必须采用，则首先在设计上应该考虑现场的安装问题，其次在制造上应保证精度，并在出厂前做预装检查。

（十五）机组齿盘测速装置测速精度不足

锦屏一/二级、官地发电机厂家提供的机组测速齿带（厚度仅 4mm）因加工精度低导致转速输出接点跳变，影响机组正常开停机流程的执行及机组状态的判断，造成机组开停机成功率低，同时正常运行时报出发电态消失、有功不可调等信息。蠕动齿盘存在同样的问题，蠕动装置测速跳变幅度大，多次出现额定转速误发蠕动报警信号，存在误投风闸的严重隐患。后现场更换为高精度线切割齿盘，运行效果良好。

建议在后续项目招标阶段明确要求厂家机组齿盘测速装置和蠕动检测装置采用高精度线切割齿盘，有效保证齿盘的精度和可靠性。

（十六）易脱落部件

锦屏一级 5 号机组过速试验后检查发现 3 处定子线棒因异物碰撞受损，原因为机组过速试验中转子上部的一套上盖板夹具（包含 4 个零件）掉落，与定子绕组端部发生碰撞。现场进行了临时修复，临时修复期内定子线棒在运行中无异常，2014 年 4 月在 5 号机组停机检修期间对受损线棒进行了更换。

官地电站也出现过转子上方零件脱落造成设备一定程度的损坏。后续桐子林电站充分吸取锦屏一级和官地经验，对转子上方易脱落部件进行了多次检查，并采取点焊、加弹簧垫片以及涂锁定胶等可靠的锁固方式。

建议在后续项目招标文件中对该部分作出明确要求，充分考虑发电机转子上方设备易脱落部件的锁固方式；同时，在不影响功能的前提下，尽量将设备布置在定子线棒外围，减少转子上方安装部件。另一方面在设备安装阶段需要求安装承包商按图施工并严格做好质量检查。

（十七）水轮机与发电机、主机与其他设备接口问题

根据流域水轮机和发电机设备采购特点，各电站水轮机和发电机供货均由两个厂家完成，既有锦屏一/二级、官地的混流式机组，又有桐子林水电站的轴流转桨式机组，水轮机和发电机设计接口较多。锦屏一/二级、官地以及桐子林水轮机和发电机安装过程中，现场多次出现水轮机和发电机接口存在问题的情况。

如：桐子林发电机主轴内径尺寸未设置公差带，加工过程尺寸偏差按国标控制，现场安装时水轮机操作油管因安装配合尺寸偏小而无法安装；同时发电机风罩与受油器管路相干涉，且无法根据管路位置配割风罩，只能将受油器管路出口降低进行避让。

为避免和减少类似问题的再次发生，建议在流域后续项目机组招标采购以及设计阶段就对设计接口充分明确，并强调需双方厂家在设计加工阶段进行重点关注。

（十八）部分辅助零部件质量较差

官地电站主接力器端盖密封、发电机推力外循环阀门密封不耐油。

主接力器端盖漏油如图 2-96 所示。发电机推力外循环管路阀门密封条不耐油，运行中因腐蚀破裂、脱落后进入推力瓦面。发电机推力外循环蝶阀胶衬腐蚀脱落如图 2-97 所示。

官地电站接力器端盖密封条不耐油，机组运行一段时间后 4 台机陆续出现接力器端盖密封面漏油。

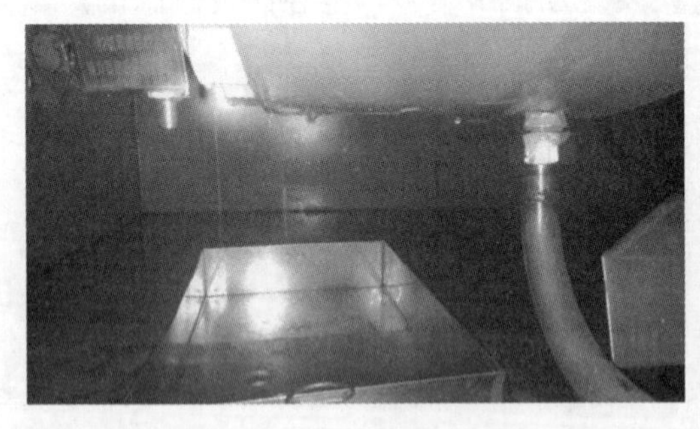

图 2-96　主接力器端盖漏油

图 2-97　发电机推力外循环蝶阀胶衬腐蚀脱落

建议后续项目关注各涉油设备、管路等配套密封材料，选用耐油密封条，同时对压力表、表前阀、测温电阻、风洞门、发电机顶罩等零部件进行专项要求，提高主设备零部件质量。

第三章　辅　机　设　备

依据行业惯例和公司机电专业划分，水电站辅机主要包括：①水力机械：技术供水系统，机组检修和厂房渗漏排水系统，压缩空气系统，透平油系统，辅助系统阀门、管路及附件，厂房桥机及辅助起重设备；②暖通设备：通风空调系统；③给排水：给水、污水处理设备，水垫塘和大坝渗漏排水设备，水垫塘检修排水设备，消防设备；④其他：电梯。

锦屏一级、二级、官地水电站辅机设备采购合同划分（共18个）：滤水器及其附属设备，长轴深井泵、潜水排污泵及其附属设备，潜水深井泵、潜水排污泵及其附属设备，减压阀、泵控阀及安全阀，全厂公用系统阀门，空压机、储气罐及其附属设备，透平油处理设备，主厂房桥机、GIS室桥机、电动葫芦及其附属设备，通风机及附件，彩钢风管设备，组合式空调设备，多联机空调设备，稀土保温柔性板，给水、污水处理系统设备，水垫塘和大坝渗漏排水设备，水垫塘检修排水设备，消防系统设备，电梯。

锦屏一级、二级、官地、桐子林水电站上述辅机采购合同总金额分别为5704万、5490万、4407万、2841万元。

一、辅机专业工作内容

根据公司多项目管理规范化框架性制度，结合部门岗位职责划分，辅机专业主要负责流域项目建设期辅助设备的设计审查、前期调研、设备选型、招标采购技术文件编制和审查工作，参与辅助设备招标、评标，牵头组织合同谈判以及设计联络会、合同变更、设备出厂验收、设备催交、现场安装协调及缺陷处理、合同支付等采购合同日常管理工作。辅机设备具有涉及专业多、供货厂家多且规模较小等特点。现将辅机设备采购招标、合同管理和现场安装存在的共性问题总结如下：

（一）招标

招标工作是辅机工作的重点。近几年辅机招标工作比较困难，主要表现为：专业跨度大，涉及水力机械、给排水、建筑、暖通等专业。

（1）在分标方案上，分标较细，有利于招到专业厂家供货，技术服务响应快捷，但由于投标人投标经验少容易流标，且合同金额偏小，导致合同执行期间厂家抗风险能力也较小；将相近设备打捆招标，合同金额相对大些，数量少的设备可交由承包人成套外购，可避免单独成标造成流标现象。

（2）为降低采购成本，除进口设备外一般国产设备招标仅允许厂家投标而不接受代理商投标，在减少了投标人数量的同时，也增大了流标的风险。

（3）受到行业特点影响明显。如电梯招标项目，相对于市区房产、商业楼宇、地铁等项目，水电站电梯数量少，技术要求高（竖井、大坝梯在防潮、防止土建井通变形及提升高度超过 220m 等方面有特别要求），现场不同部位电梯单台安装调试且受土建施工等不确定因素影响大，合同存续期长，电站远离城市交通不便，后期相关费用较高，导致电梯主流厂家参与投标积极性不高。

（4）厂家安装调试技术服务人员在现场服务期间住宿、餐饮及交通等必备的基本条件无法保障，给厂家服务人员带来不便甚至产生负面情绪，直接影响厂家现场服务工作的正常开展。

针对辅机招标存在的困难，为了实现合法合规成功招标，公司机电物资管理部采取的应对措施总结如下：①前瞻性开展招标调研、精心招标策划；②充分借鉴国内同行经验或教训；③学习研究国家招投标法律法规及公司相关制度规定；④合法合规设置投标人资格条件。提前认真做好潜在投标人业绩、相关特定资质、许可、认证等材料的收集工作，并与公司招标部门进行充分沟通，特殊情况咨询公司法务部门；⑤要求设计院做好技术条款的编制，包括招标范围、设备数量、设备接口及合同边界条件，关注变更商务处理原则。

（5）招标评标结束后，结合评标过程的问题认真做好合同预谈判的准备工作，包括投标人投标业绩复核、资质查验等。如锦屏一级、二级及官地电站机组检修、厂房渗漏排水系统长轴深井泵评标结束后，公司机电物资管理部立即着手对第一中标候选人（江苏 ZH 公司）的投标业绩真实性、供货设备运行情况及合同履行等情况进行复核，会同设计院实地调查发现该公司的严重失实情况及时向公司报告，为公司决标提供依据，及时、成功避免了在企业诚信、设备质量、技术服务等方面存在问题的厂家中标供货。

辅机招标采购进度安排基本满足现场设备安装需求，目前设备安全稳定可靠运行，部分进口设备品质较高，中压空压机、减压阀及泵控阀、潜水深井泵/长轴深井泵、蜗壳排水不锈钢球阀等辅机设备运行可靠，为电厂安全稳定运行奠定了坚实的基础，也为电厂检修维护工作创造了良好条件。

（二）设计管理

辅机设备招标、设计选型基本满足现场需求，但也存在以下值得总结的经验和教训。如锦屏一级、二级、官地透平油滤油机原招标采购的离心式滤油机不满足现场需求，桐子林招标采购即改为滤芯式压力滤油机和真空式滤油机，并在桐子林滤油机启动招标采购的同期锦屏、官地电厂实施技改，四站合并招标采购透平油滤油机。又如锦屏二级蜗壳检修排水原设计方案为偏心半球阀、活塞式控制阀及刀闸阀作为检修排水阀，实际运行期间活塞式控制阀容易发生堵塞且现场维护困难，技改采用全球阀（同时取消原蜗壳检修排水偏心半球阀、活

塞式控制阀及刀闸阀）后满足电厂生产需要。活塞式控制阀淤泥杂物清理如图 3-1 所示。

图 3-1　活塞式控制阀淤泥杂物清理

（三）合同执行

辅机合同执行具有合同个数多、单个合同金额小、多数厂家规模小、服务人员少、抗风险能力较低，对合同变更、现场服务、缺陷处理等可能产生费用方面较为敏感等特点。

总结四站辅机合同执行经验，需要重点关注催促工厂交货和现场消缺方面，以确保现场安装进度和设备稳定运行的需求。少数合同（如离心泵、空调、普通阀门、电梯）执行过程中，像上海凯泉、广东申菱规模较大的公司管理模式特点，即集团总部负责设计、制造、发货和技术服务，分公司具体负责合同执行，而分公司相关人员向集团总部工作协调往往受限于人脉、资源，导致合同履行时尤其在出厂验收、催发交货、技术服务方面存在协调困难、推进迟缓等问题，建议进一步加强沟通、主动跟进，必要时促请分公司负责人出面协调。

（1）积极组织设计联络会议，保证设计联络会的效果。梳理总结流域机电工作经验，成功召开设计联络会议是重要的经验之一，过去几年所采取的主要措施有：设计联络会前催厂家图纸资料转交设计院初审，并广泛收集会议议题；必要时厂家邀请主要配套厂家技术人员参会；会议期间重点讨论审查厂家设计图纸、主要材料选择、设备接口和现场布置等工作；关注机电与土建的相关衔接及界面问题。

（2）注重设备出厂验收工作。在工厂试验方面，严格按照合同规定做好设备出厂验收及见证性能试验工作，如离心泵、深井泵、滤水器、阀门、空压机、风机、空调等，大流量的离心泵、长轴深井泵进行出厂试验并提交性能试验报告，抽检目睹见证性能试验，依据合同检查泵性能试验报告及泵性能曲线（H-Q、P-Q、η-Q）报告是否满足合同要求。另外，查阅工厂制造图纸、主要材质证明文件、主要外购件质量证明文件；实物核对主要外购件品牌、型号是否与合同要求一致；对验收遗留问题的处理、合同资料的提交、包装运输要求等提出要求。

结合锦屏二级技术供水泵安装期间发生过水泵进水、出水口方向与设计图纸不符的情况，建议后续项目出厂验收环节重点复核图纸与设备的一致性、设备接口及方位。

（3）做好合同变更处理收口工作。总结辅机采购合同执行过程中发生的变更及变更处理情况，在桐子林招标阶段特别对可能涉及合同变更的项目招标文件条款进行了相应优化、完善，具体措施如下：

1）对于全厂公用系统阀门标、通风空调系统通风机、附件、风管、稀土保温材料等数量极有可能发生增减的采购合同，招标文件明确规定为固定单价合同，并尽可能列出设备规格型号供投标人报价，且要求设计院在后期变更时优先采用合同中已有单价的设备，便于后期商务变更结算工作。

2）对于水厂、消防设备等存在厂家二次设计的采购合同，招标文件规定为总价合同，原则上不因二次设计方案的细化、优化引起实际供货设备数量的增减影响合同结算。

3）合同明确约定如在合同执行过程中出现少量合同清单中没有的新增规格型号的设备，按参照合同已有的相近规格型号设备折算价格为原则。风口、排火阀、排烟阀、调节阀遇有新增规格的单价，参照相近规格的合同设备的单价按断面面积比例进行计算；防火软接头、消音器如有新增规格的合同设备的单价，按表面积比例进行计算。

从桐子林采购合同执行来看，上述处理原则、措施进入合同条款尤为重要，一方面合同变更处理过程具有计价依据，同时合同变更处理便利且可操作性强。建议公司后续项目充分采纳并予以固化，避免合同变更处理工作推进困难。

(4) 高度关注合同支付及了结。严格依据合同支付条款，支付预付款、进度款、交货款、初步验收结算款和最终验收质保金，审查承包人提交的支付申请、支撑性材料（如到货验收单据、初验证书、终验证书）及增值税专用发票等（特别关注：应记录发票编号、金额以备查）。支付结算工作必须严谨、周密且万无一失，建议建立合同结算台账供个人备用。

(5) 合同执行过程中，初步验收、最终验收、归档资料移交、保函/保证金退还会签表（管理局）办理等，在承包人完成合同相关工作的前提下，为减免承包人去电站现场办理上述手续，提高时效并降低承包人差旅成本，建议公司后续项目合同有关手续交由现场牵头办理，承包人予以配合。

（四）安装协调

(1) 安装调试方面。为配合现场机电安装承包人（含外委作业队）完成辅机现场安装，依据采购合同积极协调厂家派员到现场开展安装、调试技术服务工作，督促机电安装承包人严格按照规程规范和厂家工艺要求施工，监督现场不当的作业行为。

结合辅机设备现场安装队伍基本由机电安装承包人外委的实际，部分外委作业队缺少过往安装业绩、经验，又缺乏必要的技术力量，导致部分辅机设备安装调试过程中出现了诸多问题，表面上看是设备质量问题，实际上相当一部分问题是由于现场安装不当引发造成的。基于此，建议进一步加强公司流域后续项目辅机安装队伍外委进场审批、过程监管力度，并将外委作业队的类似安装业绩经验、技术实力、责任感及协作配合作为进场审批的重要因素，必要时可建立外委队伍黑名单库。

(2) 缺陷处理方面。为了便于厂家更好了解现场安装、调试期间发生的设备缺陷，或合同质量保质期内发生的设备缺陷，利于厂家消缺方案的研究制定，建议由现场向厂家发电子邮件告知情况，并辅以图片。机电物资管理部合同执行人员及时与厂家协调方案制定、服务人员行程安排、材料/备品准备，并协调落实现场有关配合等。

鉴于公司流域电站尤其是中上游电站地处深山峡谷远离城市，社会公共资源贫乏，为了

坚持以人为本，充分调动服务人员积极性，建议后续项目机电设备采购合同尤其像辅机类合同金额较小的厂家服务人员在现场开展安装调试、缺陷处理工作期间，公司现场管理机构有义务为其提供必要的住宿、餐饮和交通条件。

现就技术供水系统、厂房排水系统、压缩空气系统和透平油系统及其附属设备相关情况分述如下。

二、技术供水系统及其附属设备

水电站技术供水系统主要给水轮机、发电机、水冷变压器和水冷空气压缩机（若有）等主、辅设备的冷却和润滑用水，技术供水主要对象是发电机空冷器、上导轴承、推力轴承、下导轴承，水轮机导轴承、主轴密封和大轴补气装置（若有）中的润滑冷却装置，主变冷却器。机组和主变压器技术供水系统均采用单元供水方式，每个供水单元分别设置两套设备（由两组减压阀或水泵和滤水器组成）互为备用，以确保技术供水系统的可靠性。

技术供水系统设备主要有离心泵或减压阀、滤水器、阀门及管件、自动化元件等。

（一）招标设计

（1）技术供水方式的选择。技术供水方式根据水电厂水头范围选定，按照 DL/T 5186—2004《水力发电厂机电设计规范》的规定：最小水头小于 15m 时，宜采用水泵供水方式；净水头范围为 15～70m 时，宜采用自流供水方式；净水头范围为 70～120m 时，宜采用自流减压或其他供水方式；净水头范围大于 120m 时，宜采用水泵供水或其他供水方式。取水口布置于蜗壳或机组的压力钢管。

据此，官地（水头 108～128m）采用减压供水，锦屏一级（水头 153～240m）、锦屏二级（水头 279～318m）采用水泵从尾水管处取水经水泵加压的供水方式。桐子林（水头 11.5～27.7m）采用自流增压的供水方式。

（2）减压阀招标设计选型阶段发挥业主的主导作用。2009 年 10 月招标设计前，机电物资管理部组织公司相关部门会同设计院对国内水电站减压阀使用运行情况进行调研，调研三峡水电厂获悉，三峡左、右岸机组技术供水原设计方案为一级减压阀减压供水，当上游水位大于 165m 时，由于机组供水减压阀开度小，产生较大的噪声和振动，经研究采用二级减压的方式进行优化，即在其中一管路上增设一个减压阀后运行良好。同月调研龙滩水电站机组技术供水为二级减压阀减压供水（机组最高水头 179m）设备运行正常。招标前了解到，某国产品牌减压阀在云南澜沧江一电站使用发出尖锐的噪声，并伴有较为严重的气蚀现象。

结合官地水电站机组最高水头 128m 的实际，公司机电物资管理部牵头，会同设计院、厂家就官地技术供水减压阀技术方案进行充分的分析研究确定：减压阀采用活塞式或隔膜式结构形式，活塞式可采用一级减压方式，隔膜式应采用二级减压方式；制造厂应具有水电站良好运行业绩的国际知名品牌厂家。

经公开招标采购，官地减压阀、泄压阀，以及官地、锦屏一级、二级水泵控制阀均为以色列 BERMAD 公司产品，目前设备已运行 6 年以上，各电厂一致反映设备结构简单，检修轻便，运行稳定可靠且噪声较小，日常维保工作量小，满足电厂稳定运行的要求。

（3）离心泵招标成功经验。由于离心泵制造厂有国外进口、合资及国内厂家，从招标结果分析，为规避国内规模较小、产品质量和售后服务没有保障但投标报价较低的众多中低端厂家的投标干扰，招标前需要进行市场及行业调研并收集潜在投标人相关资料，合法合规设定投标人资质条件是招标成功的关键。资质业绩要求：制造厂具有给水电站提供过相应流量、扬程双吸离心泵的供货业绩；投标人为制造厂。

从招标结果来看，国外厂家、合资厂家由于投标价格较高难以中标，而以上海凯泉为行业龙头为代表的国内厂家，商务报价、交货进度、技术服务方面均占有优势，合同履行期间通过设计联络会、工厂性能试验、出厂验收有更多机会了解上海凯泉，进一步认识到该公司设计能力行业领先，工厂规模大、制造能力强、年度产值大、抗风险能力强，且具有取得认证资质的水泵试验台。目前锦屏一级、二级、桐子林由上海凯泉供货的离心泵已全部投运，其中锦二机组技术供水泵运行超过 6 年，运行情况稳定。

此外，招标文件应明确主要技术要求：采用卧式双吸泵型式，对离心泵主要部件材质提出要求；明确配套电动机、轴承的品质要求；泵轴密封的结构类型；规定主要技术参数额定流量、额定扬程、泵额定点效率。

（4）为了解决桐子林水电站技术供水水质中含有一定数量的泥沙和悬浮生活污物，吸取锦屏、官地水电站技术供水滤水器在发电初期及汛期滤水器频繁堵塞影响机组安全稳定运行的教训，在桐子林水电站技术供水滤水器招标设计阶段，借鉴其他类似项目滤水器的成功经验，明确要求滤水器采用具有同时进行漂浮物和沉积物分别排污功能的双排污结构类型。目前该设备现场使用效果明显，技术供水系统安全、稳定运行。锦屏二级技术供水滤水器上腔中的杂物如图 3-2 所示。

图 3-2　锦屏二级技术供水滤水器上腔中的杂物

（5）从锦屏一级、二级、官地水电站技术供水设备几年运行情况看，大部分供水泵进口、出口等处的大口径偏心半球阀运行中出现关闭不严、漏水现象，导致阀门内漏造成滤水器无法清洗的安全隐患。分析问题产生的原因是：电站投产初期和汛期，水库水质较差，影响设备运行；阀门质量较差，阀芯关闭不严、密封性能差、运行存在内漏等问题。经锦东、官地电厂实施技改，新购置球阀替换原偏心半球阀，目前球阀运行可靠，稳定正常，无泄漏。为避免后续项目发生此类情况，相关建议如下：

1）为保障技术供水系统运行可靠及检修工作的正常实施，电厂认为技术供水泵进口、

出口处 DN400mm 及以上的偏心半球阀门不太合适，建议后续项目技术供水泵进口、出口处 DN400mm 及以上的阀门设计选型应采用全球阀，并选用质量可靠产品。

2）根据锦屏一级、二级、官地水电站设计、制造、安装回访总结会会议纪要，公司明确同意流域后续项目技术供水系统 DN400mm 及以上的阀门应采用全球阀。

3）从电厂近几年先后三次实施的技术供水系统阀门改造招标情况评价，大口径的电动球阀和电动双偏心蝶阀招标资质业绩及资格设置要求是合规合理可行的，招标结果也是成功的：制造厂具有曾为水电站提供过相应通径和工作压力球阀的供货业绩；制造厂应通过 SIL2 及以上认证（设置较高的资质门槛，防止低端产品进入）。蜗壳放空阀改造前方案如图 3-3 所示。

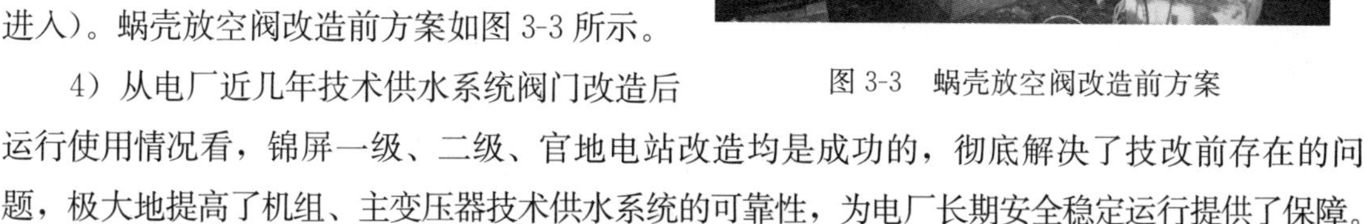

图 3-3　蜗壳放空阀改造前方案

4）从电厂近几年技术供水系统阀门改造后运行使用情况看，锦屏一级、二级、官地电站改造均是成功的，彻底解决了技改前存在的问题，极大地提高了机组、主变压器技术供水系统的可靠性，为电厂长期安全稳定运行提供了保障。

5）根据 2017 年 8 月公司流域电站辅机专题会议精神，会议要求流域后续电站辅机设备采购工作应从公司全局出发，统筹考虑基建期与电力生产期的衔接，保证采购设备质量，以满足电力生产长期安全稳定运行的需要；要求辅机设备招标选型过程中，应提高技术标准和要求，技术要求参照国内同行业最高标准，确保采购设备质量、品质和档次，避免后续电站设备投运不久即进行改造。

6）为落实公司辅机专题会精神，进一步与成都院、华东院沟通交流，强化业主主导作用，着力推进两河口、杨房沟等电站技术供水系统阀门设计选型、技施图和招标设计前期准备工作。

7）对于卡拉、孟底沟等流域后续总承包项目，应将技术供水系统相关重要阀门更高的技术要求写进 EPC 招标文件，确保承包人自购设备的质量、品质。

蜗壳排水阀改造后方案——不锈钢球阀如图 3-4 所示。

图 3-4　蜗壳排水阀改造后方案——不锈钢球阀

（二）设计制造

（1）减压阀控制管路设置 2 套反冲洗过滤装置，可自动或人工切换，并由电站监控系统提供 2 路 24VDC 电源。

（2）离心泵设联会及出厂性能试验目击见证应重点关注水泵叶轮性能曲线、功率曲线。离心泵结构设计上应采取防止泥沙磨损的有效措施，符合离心泵机械密封的技术要求。

（3）锦东电厂1号机组1号技术供水泵滤水器运行中发生过减速机轴驱动平键松动脱落，造成滤水器振动较大，特别是压差管路振动大。厂家给出的设计改进方案是在原减速机联轴器上增设一个定位销以防驱动键松动脱落，建议后续项目予以关注。

（4）离心泵及电机安装固定在同一钢制公共底座上，应对底座刚度提出要求，防止运行期间出现震动；注意电机底座钢板加工面以及整体泵组的平面度、垂直度、同轴度、水平度等形位公差要求，以确保泵组整体稳定运行平稳。

锦东电厂1号、2号机组技术供水泵在投运后不久，出现噪声、振动、轴承温度异常，电机侧靠背轮、联轴器螺栓损坏现象。经相关几方在设备缺陷处理中分析认为：①厂家设计、制造缺陷：电机底座基础螺栓定位缺少径向限位功能导致运行电机轴线发生偏移；②厂家现场调试服务人员调整水泵轴线的同心度和平行度不满足规范要求。为避免后续项目的再次发生，在桐子林离心泵招标和设计联络会上，业主要求厂家在离心泵电机底座设置轴向、径向顶丝以便于现场安装时电机与水泵轴线同心度的调整，建议后续项目予以关注并保留。电机侧联轴器、联轴螺栓损坏如图3-5所示。损坏的联轴器螺栓、弹性圈如图3-6所示。技术供水泵电机底座基础增设定位螺栓如图3-7所示。

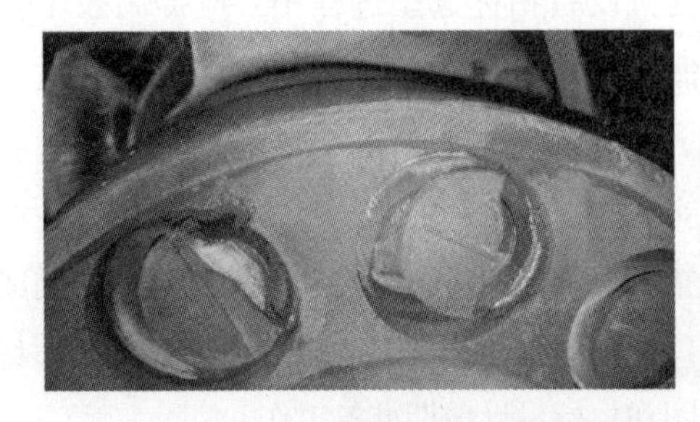

图3-5　电机侧联轴器、联轴螺栓损坏

图3-6　损坏的联轴器螺栓、弹性圈

图3-7　技术供水泵电机底座基础增设定位螺栓

（三）合同执行

（1）严格按照合同规定做好合同设备出厂验收及见证性能试验工作。额定流量大于$900m^3/h$的每台水泵均要求做出厂试验（13点以上的特性试验），并提交性能试验报告。水泵性能试验应在具有资质条件认证的试验台上完成实施见证离心泵出厂性能试验，依据合同检查泵性能试验报告及泵性能曲线（H-Q、P-Q、η-Q）报告是否满足合同要求。

（2）鉴于发生过锦屏二级首台技术供水泵安装期间水泵的进水、出水口方向与设计图纸不符，在现场实施换向处理的情况，建议后续项目出厂验收予以关注。二级技术供水泵现场换向处理如图3-8所示。

（3）回顾合同执行过程，建议对于像上海KQ公司管理模式的特点，即集团总部负责设计、制造、发货和技术服务，分公司具体负责执行合同，而分公司合同执行人员与集团总部工作协调过程中往往受限于人脉关系、厂内资源，导致合同履行时特别在出厂验收、催发交货、技术服务方面存在较为突出的协调沟通困难、工作推进迟缓等问题，建议后续项目进一步加强沟通、主动跟进，必要时促请分公司负责人亲自协调解决。

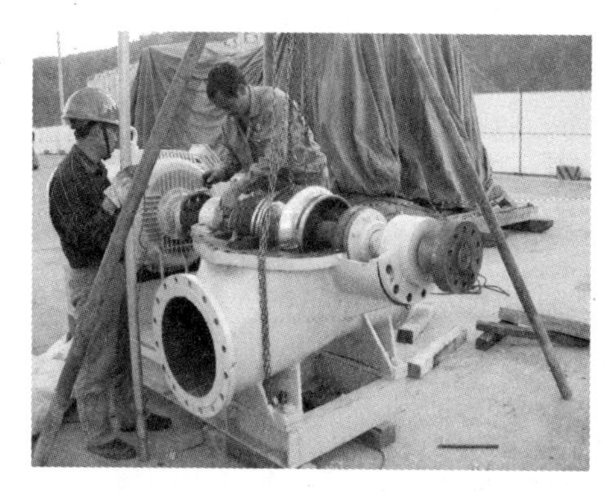

图3-8　锦屏二级技术供水泵现场换向处理

三、厂房排水系统及其附属设备

厂房排水系统包括机组检修排水系统和厂房渗漏排水系统。机组检修排水系统主要用于机组检修时尾水管、蜗壳、部分压力钢管积水的排除；厂房渗漏排水系统主要是排除厂房水工建筑物及水轮机机坑渗漏水、水泵润滑水、发电机消防排水及各种辅助设备、阀门渗漏水。

主要设备有：长轴深井泵/潜水深井泵、潜水排污泵、阀门、管路及自动化元件等。

（一）设计规范

根据DL/T 5186—2004《水力发电厂机电设计规范》第4.5.8条规定，“机组检修排水泵的设计流量，应按排除1台机组检修排水量及所需排水时间确定，排水时间宜取4～6h”。锦屏一级、官地、桐子林水电站机组检修排水系统采用间接排水方式，锦屏二级采用直接排水方式（可避免由于机组检修排水阀的误操作而可能造成的尾水倒灌水淹厂房事故的发生）。

根据NB/T 35035—2014《水力发电厂水力机械辅助设备系统设计技术规定》第3.2.18条规定：“渗漏排水工作泵的流量应按集水井的有效容积、渗漏水量和排水时间确定，排水时间宜取20～30min。”

据此，机组检修及厂房渗漏排水系统主要设备，锦屏一级、二级、官地选用长轴深井泵，桐子林选用潜水深井泵。

（二）招标设计与招标工作

（1）回顾锦屏一级、二级、官地水电站长轴深井泵招标采购过程，先后三次招标。锦屏一级、二级、官地水电站机组检修、厂房渗漏排水泵可研和招标设计选型均为长轴深井泵，而临近发售招标文件时调整为投标人可自行选择长轴深井泵（合资或国产）或潜水深井泵（原装进口）方案投标。从评标情况看，采用潜水深井泵方案的投标人的总报价基本是长轴深井泵方案投标价 3 倍左右，按照评标规则，潜水深井泵方案投标人基本胜出无望，最终由采用长轴深井泵方案的投标人中标。有鉴于此，由于招标文件规定可接受两种技术方案参与投标，而两种方案在设备性能、品质及市场价位方面差别较大，建议后续项目招标文件明确规定一种技术方案投标。

（2）从招标过程看，在深井泵评标结束后，公司机电物资管理部对第一中标候选人江苏 ZH 公司投标文件提供的业绩进行了初步了解，发现该公司供货的设备存在严重的质量问题。公司招标领导小组责成公司相关部门会同成勘院、华东院进行实地调研。2010 年 7 月经实地调查，ZH 公司投标文件提供的两个业绩的两家业主单位均反映该公司在企业诚信、技术保障、质量控制、售后服务、合同履行等方面均存在严重问题。

在招标评标结束后，公司机电物资管理部立即着手对第一中标候选人的投标业绩真实性、供货设备运行情况及合同履行等情况进行了解并复核，为公司决标提供依据，成功规避了在企业诚信、产品质量、技术服务等方面均存在严重问题的厂家中标供货，规避了后续合同执行面临的风险。

（3）从招标结果看，招标文件对配套电机提出采用 ABB/西门子等进口品牌的要求，投标人基本予以响应，这对提升深井泵整体品质、可靠性具有重要作用。此外，规定深井泵叶轮、导流壳、叶轮轴和支架轴承材质要求。

图 3-9　厂房渗漏排水泵——潜水深井泵

（4）为充分吸取锦屏、官地机组检修排水、厂房渗漏排水深井泵招标的经验教训，在桐子林水电站该项目启动前设计院明确招标设计选型为潜水深井泵。厂房渗漏排水泵——潜水深井泵如图 3-9 所示。

桐子林水电站渗漏排水和机组检修排水泵座距离集水井底板的距离达 7.80m，需要扬水管长度超过 40m，若采用长轴深井泵，其扬水管中需要设置传动轴和轴承，启泵前需要预润滑水，扬水管通常为 2～3m/节，较长的传动轴在运行过程中容易偏心变形，造成传动轴的轴承磨损，其安装和日常检修维护的工作量也较大，更换备件频次也较高，而潜水深井泵的

泵与电机均布置在集水井的最底部，仅引出扬水管至地面以上，扬水管中无传动部件，也不需要预润滑水，其安装和后续检修维护工作量远小于长轴深井泵。其次，潜水深井泵可作为水淹厂房事故的应急措施，一旦发生水淹厂房事故，潜水深井泵仍可作为厂房排水的有效措施。基于以上原因，设计院招标设计选型为潜水深井泵的方案。

（5）反思桐子林水电站全厂渗漏、检修排水泵（包括大坝渗漏排水，机组检修排水及厂房渗漏排水）招标设计选型均为潜水深井泵（进口品牌），且机组检修排水潜水深井泵额定流量为 1000m³/h，目前基本没有国内水电站大流量潜水深井泵的应用业绩，为规避该方案可能存在的技术风险，后期密切关注桐子林机组检修排水潜水深井泵的实际运行情况。同时，建议设计院结合相关专题调研情况进行研究，在厂家未能查明潜水电机结垢烧坏成因并提出有效解决方案之前，宜选用技术成熟、性能可靠、行业普遍使用的长轴深井泵方案。厂房检修排水泵——长轴深井泵如图 3-10 所示。

图 3-10　厂房检修排水泵——长轴深井泵

（三）设计制造

此阶段重点关注设计联络会的组织召开。设计联络会重点关注议题有：讨论确定深井水泵的固定方式；确定泵壳、传动轴扬水管内壁的防磨蚀处理方案；泵出口法兰标准及压力等级；确定深井水泵配套电机电缆接线盒结构形式及安装位置，应满足现场电缆接口和位置要求；复核深井水泵润滑水水量、水压、通水时间等相关参数；审查深井水泵及支架轴承、水泵工作部件、推力轴承、电机等主要部件图纸；讨论确定电机及推力轴承油槽 PT100 测温电阻设置方式。

（四）合同执行

关于长轴深井泵出厂验收建议重点关注事宜：检查审阅厂家文档资料：长轴深井泵图

纸、主要零件几何尺寸检测报告、主要部件材料质量证明文件、主要外购件质量证明文件、厂内性能试验报告（按单级叶轮进行）等；随机选择一台长轴深井泵送到具有相应资质认证的实验室进行整机性能试验。按合同规定的 13 个测点进行，试验内容包括流量、扬程、泵效率、噪声、振动等项目，并出具试验检验报告，重点复核相关参数指标是否满足合同要求。

四、压缩空气系统及其附属设备

水电站压缩空气系统主要向油压装置、机组制动、调相压水、设备检修清扫以及防冻吹气供给用气。压缩空气系统分为低压气系统和中压气系统。其中，低压气系统分为机组制动用气、检修密封用气系统和工业用气、吹扫用气系统，两个独立的系统均采用集中供气方式，空压机 1 主 1 备用；中压气系统分为调速器、进水阀油压装置用气及水轮机压缩空气强迫补气系统，一般采用一级供气方式集中供气，空压机 2 主 1 备用。

压缩空气系统主要设备有中压空气压缩机、低压空气压缩机、中、低压储气罐、空气干燥机、阀门管路、自动化元件等。

锦屏一级、官地、桐子林水电站中压气系统采用一级供气方式集中供气，锦屏二级原招标设计方案为二级供气方式集中供气。

（一）招标设计及招标工作

(1) 空压机招标设计选型阶段发挥业主的主导作用。招标设计之前，业主会同设计院对国内水电站中、低压空压机使用运行情况进行调研，在充分了解分析某些电站国产中压空压机存在额定排气压力不足、排气量偏小等问题的原因后，为了规避招标风险，业主招标规定：中压机应明确为活塞式，冷却方式为风冷，1 个空气压缩机主机（不接受由多个空气压缩机主机组合的结构形式）；低压机为螺杆式，冷却方式为风冷；制造厂需具有水电站供货业绩。

(2) 空压机招标成功经验。由于中、低压空压机制造厂有国外进口、合资及国内厂家，从招标结果看，招标文件将中压空气压缩机主机额定排气量不小于 3.3m^3/min，额定排气压力不低于 8.0MPa 作为中压机制造厂的资质条件是恰当、合适的。锦屏一级、二级、官地、桐子林水电站招标采购的气系统设备均稳定运行，其中中压机品牌为 SAUER、BAUER，低压机品牌为 GD、BOGE、Ingersoll Rand。从各电厂反馈情况，四站中压空压机均为原装进口，低压机为合资厂组装产品，设备运行稳定可靠，检修维护方便。空气压缩机如图 3-11 所示。

图 3-11　空气压缩机

（3）锦屏二级水电站中压气系统原设计的二级供气方式存在空压机额定压力不能满足中压储气罐额定压力8.0MPa要求，减压阀及其出口安全阀压力整定值偏低（该整定值满足合同要求），导致中压气系统不能按原设计方案正常投运。

1）问题原因。原设计方案为：中压空压机（额定排气压力8.0MPa）—中压储气罐（额定压力8.0MPa）—减压阀（出气压力6.3MPa）及其出口安全阀（设定全开动作压力6.5MPa）—吸附式空气干燥机—管路—调速器油压装置（整定压力6.3MPa）。

原设计方案存在的主要问题有：合同规定减压阀出口压力6.3MPa，由于经较长的管路后产生压降，导致气体到达调速器压油装置时压力无法满足压油装置整定压力6.3MPa的要求；减压阀、安全阀国外出厂前已按合同要求完成整定，电站现场难以再次调校；中压储气罐气体压力（实际为7.85MPa）不能达到合同要求8.0MPa。二级压力供气布置如图3-12所示。

2）解决措施。调整中压气系统供气方式，由二级压力供气改为一级压力供气方式，即中压空压机（额定排气压力7.0MPa）—中压储气罐（额定压力7.0MPa）—吸附式空气干燥机—管路—调速器油压装置（整定压力6.3MPa）。实施上述改造后，锦屏二级中压气系统运行稳定正常。一级压力供气布置如图3-13所示。

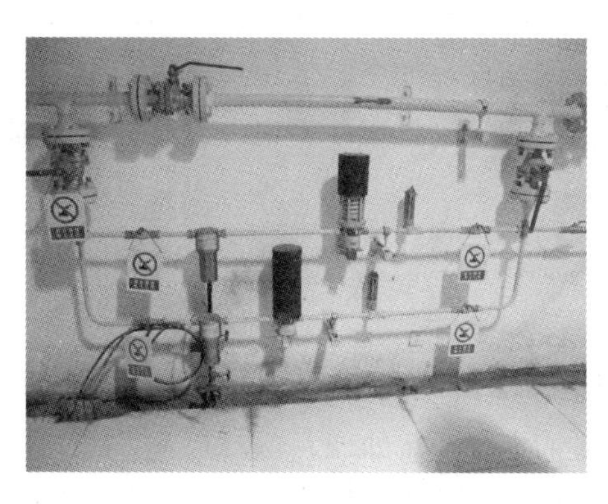

图3-12　二级压力供气布置

图3-13　一级压力供气布置

3）后续项目建议。为便于电厂的运行和检修维护，流域后续电站中压气系统应统一为一级压力供气设计方案，建议进一步加强与设计院（华东院）的沟通协调并形成共识。

（二）合同执行

（1）设计联络会建议重点关注的议题：①中、低压储气罐设计图及设计计算书，以及中、低压储气罐安全阀型号及选型计算书；中、低压空压机控制流程图；②审查中、低压储气罐设计和制造单位资质；中、低压储气罐罐体及封头材质选定Q345R。③重点审查空压机、储气罐的布置及接口，中、低压储气罐排污管、排气管接口，以及中、低压储气罐排气口高压软管及排污口软管长度，软管与管路连接方式。

特别强调上述接口问题，避免由于合同要求不明晰影响实际供货设备的现场安装。比如锦屏二级设备现场安装期间先后出现的问题有：S20 低压空压机排气接口与软管无法连接；活塞式空压机排气软管出口供货的是卡套式接头，未提供成对法兰；供货的过滤器、减压阀、干燥机等设备与管路系统接头不匹配；中压储气罐排污电磁阀设计管径为 DN25，实际到货的中压排污电磁阀接口为 DN15，且电磁阀接口为内螺纹，无管接头。

从采购合同的实际执行情况看，锦屏二级供货设备现场安装出现的各种接口问题予以全面梳理并在桐子林项目合同设计联络会上逐一落实明确，基本上消除了桐子林水电站采购合同供货设备接口问题。

（2）从锦屏、官地电厂反映的设备运行存在的主要问题看，①中、低压储气罐排污电磁阀易发卡堵塞或无法全部关闭导致漏气。经与设计院沟通，建议后续项目中、低压储气罐排污阀采用电动球阀。②中低压机存在润滑油劣化较快，一般 4 个月左右需要更换一次。初步分析可能与电厂初期运行环境有关（地下厂房整体通风空调系统尚未完全形成），建议空压机室增设除湿机。

（3）按照国家特种设备安全法规要求，涉及压力容器安装投运应向属地行政主管部门取证，为了防范锦屏、官地气系统设备现场安装办理登记许可手续出现的厂家材料缺失的情况，在桐子林项目合同谈判时强调明确，并载入合同谈判会议纪要，在合同出厂验收期间重点进行检查。需要厂家提供有关设备产品合格证明文件，如中、低压空压机，中、低压储气罐及其安全阀、排污阀、表阀，管道安全阀，提供储气罐材质证明报告、储气罐无损检测报告及压力容器检验报告。

五、透平油系统及其附属设备

透平油系统设置在地下厂房副厂房内，供给机组上导、推力、下导、水导轴承，调速器、圆筒阀及进水阀油压装置等设备用油，并对油进行净化处理。

主要设备有滤芯式压力滤油机、真空式滤油机、移动式齿轮油泵、储油罐、添油罐。

（一）招标设计与招标工作

（1）锦屏一级、二级、官地水电站透平油系统滤油机招标设计选型为离心式滤油机，其关键部件离心机为进口品牌。完成招标程序及合同签订工作后，合同设备按期交货。离心式滤油机安装调试工作完成后发现：透平油温度低于 60℃时，离心滤油机过滤效率低、容易跑油；加热至 60～70℃，离心式滤油机过滤能力方可达到设计容量要求；而温度过高一方面造成透平油的老化、变质等问题，另外电站运行设备对油温有一定要求（机组三导轴承、推力轴承油温度高报警值为 50℃），故无法利用离心式滤油机实现机组回油箱及机组轴承油槽在线滤油。

离心式滤油机易跑油造成污染如图 3-14 所示。

图 3-14　离心式滤油机易跑油造成污染

（2）在桐子林水电站透平油设备招标文件审查期间，我部相关人员积极发挥业主主导作用，会同公司相关电厂、部门及时将原设计选型的离心式滤油机更改为滤芯式压力滤油机和真空式滤油机，成功避免了锦屏、官地电厂滤油机由于设计选型不当导致相关问题的再次发生。

在桐子林滤油机启动招标采购的同期，锦屏、官地电厂上报滤油机技改计划申请新采购滤芯式压力滤油机和真空式滤油机，四站合并招标采购透平油滤油机。目前该设备运行正常，维护方便，满足电站现场需求。

（3）总结锦屏、官地滤油机招标采购教训，建议后续项目透平油滤油机设计选型应充分考虑油库滤油、机组回油箱及油槽在线滤油的功能，并采用产品成熟、性能可靠的滤芯式压力滤油机和真空式滤油机。

（4）总结桐子林滤油机招标经验，招标文件明确滤油机品牌是关键，规定采用 PALL、HYDAC、SANMI 或同等档次的国际知名品牌产品。

（5）为了保障设备长期可靠、稳定运行，招标文件重点对移动式齿轮油泵提出吸程不小于 5.0m 的技术参数要求，避免国内低端、小型齿轮泵厂家产品参与投标。

六、厂外渗漏排水设备

厂外排水设备主要为大坝渗漏排水设备、水垫塘渗漏排水设备。这两种排水设备主要为排除坝基及水垫塘底板以下的渗水而设置的。锦屏一级、官地、桐子林电站渗漏排水设备的泵型为潜水深井泵，德国威乐公司原装进口（桐子林无水垫塘）。设备的基本参数为：锦屏一级：$Q\geqslant450m^3/h$，$H=90m$（大坝），$Q\geqslant500m^3/h$，$H=110m$（水垫塘）；官地：$Q\geqslant200m^3/h$，$H=80m$（大坝），$Q\geqslant120m^3/h$，$H=72m$（水垫塘）；桐子林：$Q\geqslant150m^3/h$，$H\geqslant65m$（大坝）。

（一）招标制造

锦屏一级和官地厂外渗漏排水设备是同期进行招标的。通过评标，最终选择了德国威乐公司的品牌。此后在设备设计配合、工厂制作、产品交货等环节一直顺畅，对方单位履约意识较强，基本上是按合同规定的节点完成了相关工作。

（二）现场安装运行

1. 问题发生

官地电站潜水深井泵于 2011 年年中运抵现场，2012 年年初完成初步安装及调试工作，后投入运行。2012 年上半年，现场运行人员先后发现大坝及水垫塘潜水深井泵运行情况异常，过水不畅，经提泵检查，发现水泵内外表面有大量的结垢现象，最大垢厚约为 4mm。经水质化验（水样包括集水井水样及坝前水样，以作对比），垢物主要成分为 CaO 和 MgO；集水井水质永久硬度为 15.51mmol/L，坝前水样永久硬度为 2.94mmol/L，结论为集水井中的 $CaCO_3$ 含量过多。从 2012 年 4 月至 2012 年 10 月期间，现场采用人工除垢的方式对水泵进行清理，并继续使用。由于水泵长期处于过负荷及恶劣的条件下运行，最终导致合同设备中的八台潜水深井泵（包括两台备品）全部损坏，只得返厂维修。

锦屏一级电站大坝渗漏排水潜水深井泵于 2014 年 3 月投入运行，同年 10 月，陆续出现水泵电机损坏故障，经现场提泵分解检查，泵体、泵轴及叶轮及泵腔内均结有一层质地坚硬的钙化物，经检测分析，大坝坝基大理岩渗漏水中钙化物较多，造成设备结垢，电机等部件损坏，只得返厂维修。潜水深井泵结垢如图 3-15 所示。

图 3-15　潜水深井泵结垢

2. 解决方案

为寻求解决水泵结垢问题，我们查阅了大量的文献资料，结论是国内外并没有一种切实有效的方法加以避免。同时我们也向其他发电企业了解了电站运行情况，溪洛渡、藏木、大岗山电站的厂外深井泵均出现了与锦屏、官地电站一样的严重结垢现象，对此电站业主只能通过频繁的定期清垢被动地维持水泵运行。

按排水泵的型式分类，大流量的水泵主要有潜水深井泵、长轴深井泵、干式泵（如离心泵）等。而每种泵均有其优缺点。

潜水深井泵的电机与泵头直接连接，且均置于水下，维护工作量较小，无吸程的限制，压程可以达到数十米乃至百米，但对输送的介质要求比较苛刻，且电机发热易结垢的现象较难解决。

图 3-16 锦屏二级厂外渗漏排水泵——长轴深井泵

长轴深井泵的电机置于泵房内，泵头置于水下，之间通过较长的传动轴及扬水管连接，电机工作不受介质影响，水泵压程无严格限制，但维护工作量大，且若井深过高，即传动轴过长，则对长轴深井泵的稳定运行是不利的，原因为设备的制造及安装都需要有更高的精度，否则将有可能出现叶轮偏磨、上水不畅等现象，一般井深在 20～30m 时常选择长轴深井泵，但 60～70m 时一般不推荐使用。图 3-16 为锦屏二级厂外渗漏排水泵——长轴深井泵。

干式泵的电机及叶轮均置于泵房内，受环境影响小，维护工作量小，水泵压程可达很高，但吸程却是其受限选择的重要因素，井深在七八米以上则无法使用此泵型。

目前官地电站大坝渗漏排水泵已计划实施改造，拟采用凸轮泵替换潜水深井泵。在大坝渗漏集水井附近安置三台凸轮泵，单台水泵抽水能力为 $150m^3/h$，扬程 76m。排水系统中设置反冲洗功能，水泵出水经 DN250 管道输送至水垫塘 1224.00 高程排放。

锦屏一级水电站大坝渗漏排水泵已计划改造，拟采用长轴深井泵。目前改造方案正在准备当中。

3. 后续项目建议

（1）对于可以预见但不能克服的隐患我们只有采取适当的措施尽量回避。对于锦屏一级及官地电站出现的问题，若要进行设备改造，建议选择维护工作量小的设备，即选择干式泵（如双吸离心泵等）。但前提是首先要解决水泵安装位置的问题，保证能满足吸程的要求。

（2）据悉，在雅砻江后期的水电开发项目中，两河口、杨房沟电站厂外渗漏排水系统集水井井深均达到了 70m 左右，按可研设计方案，两设计院推荐的均为潜水深井泵。前车之鉴，为避免重蹈锦屏官地覆辙，经与两设计院研究协商，计划从土建布置入手，调整泵房高程，缩短水泵安装位置与集水井底间距离，以拓宽可选泵型的范围。

（3）为此，公司于 2017 年 1 月组织成都院、华东院赴黄河拉西瓦、李家峡、公孙峡水电站和金沙江溪洛渡、观音岩水电站进行专题调研。除个别电站大坝渗漏排水选用潜水深井泵外，上述电站内厂外排水泵均采用长轴深井泵方案，设备运行正常。

2017 年 11 月公司组织召开了流域后续电站两河口、杨房沟排水泵设计造型专题会。会议讨论认为，片轴深井泵、潜水深井泵各有优缺点，长轴深井泵技术成熟，性能可靠稳定，国内电站使用普遍，但后期维护工作量大；潜水深井泵对运行环境要求较高，适于清水介质，后期返厂维修成本高。会议明确，两河口、水电站厂内厂外排水泵均采用长轴深井泵类型。

七、通风空调系统及其附属设备

水电站通风空调系统是保障电站安全稳定运行及职工身心健康的基础。该系统主要解决主厂房各层通风以及办公区域的通风。其中主厂房常采用组合空调机组提供清洁风源，办公区域则采用多联机等空调设备控制室温及新风交换。因此该系统主要招标设备有组合式空调机组、多联机设备、风机、附件（风阀等）及通风管路。通风设备种类繁多，规格型号各异，土建结构的变化对通风设备的影响大。

（一）招标设计与招标工作

在招标设计阶段，设计院已根据可研报告相关内容，对电站整体通风空调设计进行了进一步研究优化，并编制完成设备招标文件。对于首次进行招标采购的锦屏一、二级和官地电站（三电站同时招标），通风设备共分成了五个标段，即组合空调采购标段、多联机采购标段、风机采购标段、通风附件采购标段以及风管采购标段。这种过细的标段划分虽然可以凸显生产厂商的优势产品，但对现场的安装及合同管理却带来一定的难度，如锦屏一级电站主厂房排风机室内，短短数米距离中就有三个厂家的设备：风机厂家、附件厂家、风管厂家。设计若要调整一个尺寸，就至少要告知两个厂家知悉，因此协调工作量加大，错误概率增加，且责任难以划分。

因此在桐子林电站通风设备招标采购时，我们吸取锦屏官地的分标经验，结合设备厂商的制造能力，调整了标段划分。桐子林共分为两个标段，即组合空调与多联机采购一个标段，风机、附件及风管一个标段，并在标书条款中对如下事宜进行了明确与补充。

1. 组合空调与多联机标段

（1）为增加竞争，扩大业主的可选范围，本标段允许只要满足在规定装机容量的水电站提供过规定风量的组合式空调机组的空调设备制造厂和代理商均可参加投标。

（2）对于设备重要零部件品牌做了选择性约定，如压缩机须选用美国 CURTIS、汉钟或其它同等档次的国际知名品牌产品等。

（3）明确边界条件，如组合空调、冷却塔可散件运抵现场，现场组装工作由承包人完成。

（4）多联机的安装工作纳入本标段，其中的冷媒、铜管、分歧管等所有材料包含在报价中，规定该项工作为交钥匙工程。

2. 风机、附件及风管标段

（1）为保证风机、附件及风管现场安装的顺利进行，同时结合设备生产厂商实际情况，将三种设备合为一个标段，并规定投标人为风机生产厂商，且允许投标人外购符合业绩要求的附件及风管。

（2）如前述，由于该标段设备在合同执行过程中，采购数量及设备规格型号变化的可能性较大，因此将该合同定义为单价合同，合同设备数量为估列，据实结算。同时明确规定变更后计价的方法，约定其一：风机、附件设备仅为产品数量变化的计价方式。其二：风机、附件设备规格型号调整的计价方式。其三：风管为按面积计算的计价方式。如此对合同今后的执行预见性地提供了计价依据。

（3）由于设备数量的统计是由设计院完成统计的，因此为使变更后的合同总价控制在可控范围，明确要求设计院在招标阶段必须将设备数量与规格统计齐全，并需多次复核校对，同时对可预见将产生变更的设备一并纳入招标设备中。经此要求，桐子林电站变更价格控制在了10%以内。

通过锦屏、官地、桐子林招标情况可以看出，组合空调、多联机的厂商有申菱公司、美的公司、海尔公司等，其中申菱公司在水电行业拥有大量的业绩，独树一帜，资质满足招标条件，而其他几个厂商则水电业绩较少，在工矿企业及市政建设领域拥有大量的业绩。因此为进一步提高产品竞争性，选择优质的产品及优质的服务，今后电站招标项目中，在进一步深入了解市场的前提下，可尝试要求投标业绩不仅限于水电行业，允许其他大型空调生产企业入围竞争。

（二）合同执行

在锦屏、官地电站合同执行阶段，虽然通风空调系统分成了五个标段，各厂商各司其职，但回视整个合同执行过程，合同中仍存在疏漏、未定义明确地方以及协调不顺的事件。

1. 组合空调、多联机设备采购合同

锦屏官地电站组合空调和多联机设备采购标段的中标单位均为申菱公司，根据多联机采购合同及机电安装合同规定，多联机及其辅材的供货由承包人完成，设备的安装由机电安装承包人完成。由于多联机冷媒管有其特殊的要求，即采用铜焊，且必须保证管内的清洁，严防铜屑进入管内，为此我们在设备安装前特别组织厂家、设计院到现场进行安装技术交底，交代安装流程及注意事项。但即便如此，在冷媒管焊接安装过程中，仍部分如分歧管、铜管、保温材料等安装辅材被损坏、浪费，需重新补供，影响了现场安装进度。

2. 风机设备采购合同

锦屏一级、官地电站风机设备采购标段中标单位为山东中大风机公司，二级为上虞贝斯特风机公司。设备厂商从签订合同至设备供货均比较及时正常。但由于现场施工期厂房内永久通风设备未形成，施工单位自行安装的临时通风设备又不足以达到通风的要求，厂房环境较为恶劣。为保证厂区通风质量，业主采购的永久通风设备提前投入运行。受土建施工混凝土砂浆、山体渗水等恶劣环境的影响，部分风机的电机、轴承、叶片损坏，需新购更换。轴流风机如图3-17所示。

图3-17　轴流风机

3. 通风附件设备采购合同

锦屏、官地电站通风附件设备主要包括防火阀、排烟阀、消声器、格栅、软接头等设备，中标单位为江苏ZY公司。由于防火阀、排烟阀等设备是嵌于墙体之间，且在墙壁装修前即完成安装，因此在厂房装修时，混凝土砂浆落入未防护好的阀体转动机构中，造成叶片卡死。锦屏一级曾出现多数阀门动作不灵，后经厂家服务人员逐个清理维修方验收合格。

4. 风管设备采购合同

锦屏官地电站采用的是较为传统的玻璃钢风管，分为有机玻璃钢风管和无机玻璃钢风管，北京DJ公司及宜昌LM公司为中标单位，其玻璃钢风管均为手工制造。这种材料的风管须控制的关键指标是强度及阻燃性能。为控制成品技术指标满足合同要求，我们要求在每批次设备交货前，承包人必须提交技术监督局出具的检测报告，同时为确保万无一失，我们又亲自取样，送成都技术监督部门检测，最终确保了所供设备满足合同要求。当然手工制作的玻璃钢风管存在外观粗陋不美观的固有缺陷，为保证电站整体观感质量，这种风管在后期的电站设计中已被彩钢风管所取代。彩钢风管如图3-18所示。

图3-18 彩钢风管

针对上述锦屏官地出现的问题，我们在桐子林电站招标时进行了调整及规避。如前述，组合空调与多联机合为一个标段，多联机安装纳入采购合同，安装所用全部材料辅件均由承包人提供。实践证明，这种招标模式是成功的，桐子林电站约两个月时间完成了整个系统的安装，目前设备运行正常，且在合同执行过程中未发生一起需业主协调的事宜。这种招标采购模式可延续至后续电站。风机、附件及风管合为一个标段，承包人为风机生产厂商，附件及风管由承包人外协提供。借鉴锦屏官地的经验，一方面，在合同中约定了主要部件的品牌，同时提高了电机等电气部件的防护等级；另一方面，对现场安装提出要求，因在土建及机电安装标中，均有明确规定，施工期的通风设施由土建承包人或机电安装承包人负责完成，且需达到国家规定的空气质量标准，因此要求业主采购的永久通风设备禁止用于施工期，且安装到位的设备必须做好相应的防护工作。基于此，桐子林电站的风机等设备完好率较高，未发生损坏重供的现象。

（三）相关建议

目前锦屏、官地电站合同执行已结束，桐子林电站进入设备结算阶段，纵观四个电站合同执行情况，通风空调系统对如下事宜还需进一步加强重视。

（1）设计院在进行主厂房通风设计时，风量计算应留有足够的余量，避免因土建结构变化导致的部分区域风压不足的现象。

（2）电厂主要电气设备室，如计算机房、通信机房、蓄电池室、二次盘柜室（包括GIS室二次盘柜室和中控室二次盘柜室），由于电气设备自身发热量大，且对温度的影响敏感，因此在该部位区域设置多联空调室内机时，在有效控制室内温度的同时，还需保证有双电源

对空调设备供电。

(3) 根据《电子信息系统机房设计规范》(GB 50174—2017)要求，电站计算机房通信设备室，二次盘柜室等有温湿度要求的机房应配置精密空调的设计方案，不再采用仅能实施温度调节的多联机空调设计方案。

(4) 电站地下厂房内办公区域（如会议室、中控室、值班室、办公室）和设备室的多联机空调系统应分开设置，以实现办公区域和设备室制冷制热功能可单独调节。

(5) 为满足电厂 NOSA 标准，风机防护罩的选型应充分听取电厂的意见。

(6) 彩钢风管法兰面及风阀电缆孔，在设备出厂时一般不预开孔，这也符合现场安装实际的情况，因此在机电安装标中应明确告知安装承包人安装工作包括设备开孔工作。

八、电梯设备

电梯作为高层建筑中垂直运行的交通工具已与人们的日常生活密不可分。为便于员工通行，锦屏一级及官地电站在二副办公楼、两条竖井及大坝设置了电梯，其中竖井及大坝电梯为高层高速电梯。锦屏一级电站大坝电梯起升高度 242m，运行速度 4m/s；官地电站大坝电梯起升高度 137m，运行速度 3m/s。

作为通用设备，电梯行业已非常成熟，但在设备安装环节，水电站又有别于其他市政建设，表现为水电站地处偏远、与土建交叉作业频繁、受其干扰严重、安装周期长、维保不便，因而很多知名电梯生产厂商不愿参与水电站项目，特别是设备采购数量少的项目。基于此，为确保工程项目能招到满意的电梯设备，并顺利完成电梯的安装、验收、投运，必须尽早启动招标程序，同时在合同执行过程中需充分关注外部因素对电梯安装工作的影响。

（一）招标设计与招标工作

由于电梯属特种设备，其安装须由有资质的专业队伍完成，因此为保证该项目能顺利执行，我们考虑该标段的招标涵盖设备采购、安装、验收、取证、维保、年检等整个范围，投标资质限定为生产厂商。锦屏、官地、桐子林电站均按此模式进行招标。另外，在电站设计中，电梯设备招标所需的边界条件（安装部位、高程、井道尺寸、速度等参数）易较早确定，因此该设备能较早地启动招标程序，一般会比其他辅机设备早一至两年，这无形中为我们在设备招标阶段处理一些不可预测的风险提供了充足的时间。

桐子林电站配置了一台电梯，起升高度约 42m，速度 1.6m/s，属常规电梯，任何一家电梯生产企业均可生产，该标计划要求设备投运时间为 2015 年年初。该项目于 2012 年 8 月启动招标程序，当年 10 月初标书首次发售，但仅有东芝一家单位购买，不足开标条件；当年 10 月下旬进行了第二次标书发售，仅东芝、迅达两家企业购买标书，仍达不到开标条件。在招标文件发售之前，我部先后与蒂森公司、东芝公司、迅达公司、通力公司取得联系，欢迎各方参加该项目，但很多厂商认为水电站地处偏远，安装周期较长，利润微薄，不及市政项目，为此对本标兴趣不大。由于两次发售招标文件均未达到开标要求，经报公司，采用了询价采购的方式。经商务、技术比选，初步选择了奥的斯电梯。接下来就是漫长的合同条款双方逐条确认的过程，经无数次沟通，最终于 2014 年 1 月完成了设备采购及安装合同的签字，前后历时约一年半。

通过桐子林电站电梯设备招标过程可以看出，水电站一般配置电梯的数量不多，如锦屏一级配置了四部电梯，锦屏二级为一部，官地为四部，从设备数量上吸引不到众多电梯生产企业参与，同时鉴于该行业的特殊性，使各电梯厂商在市政市场一年可以完成十几到几十部电梯的销售或安装，资金流动快。但在水电站，不仅地处山区，交通不便，且几年才能完成一个项目，因而对电梯生产企业来说，更多选择是在市政，而不会在水电站。基于此，水电站电梯设备招标是有一定难度和风险的。

因此尽早完成招标文件的编制，尽早启动招标程序，为招标工作留出充裕的时间是非常必要的。同时若有可能将同一建设项目中不同阶段的电梯设备集中招标或将不同建设项目中同一阶段的电梯设备集中招标，对解决招标数量少，吸引力不够的现象是有好处的。其次，根据电梯行业习惯，生产厂商一般不配置电梯安装队伍，设备的安装是委托其他专业的安装公司进行的，所以在招标时将供货与安装纳入一个标段，由生产厂商牵头完成，可以在安装过程避免扯皮现象，并得到及时的技术支持，以减少招标人的风险。

（二）合同执行

从锦屏、官地电梯安装整个过程看，应该说井道的土建施工质量对电梯是否能顺利安装起到了决定性的作用。

官地电站竖井电梯起升高度为 122m，在电梯安装承包人进行工作面复查时，发现诸多土建问题，主要为：

（1）井道圈梁高度不够。电梯轨道是通过轨道支架固定在井道圈梁上的，电梯运行过程中产生的所有力都将通过轨道支架传递至圈梁上。按设计图纸要求，圈梁高度为 300～350mm 之间，而实际测量的圈梁高度仅为 250mm 左右，因此原到货的导轨支架无法有效地固定在圈梁上（也不能通过技监局验收）。最后现场经综合考虑，按照当前圈梁的高度重新设计生产导轨支架，同时增加支架固定点数量。

（2）每层门楣过梁漏浇筑。过梁用以支撑门洞上部砌体所传来的各种荷载，同时用以安装门机系统。遗漏过梁，门洞的牢固性可想而知。

（3）其他如机房预留孔洞位置错误、楼层处遗漏外呼孔洞等。

官地电站大坝电梯起升高度 137m，在井道测量过程中，发现如下问题：

（1）经检查，井道壁局部不垂直，为“蛇形”。后经填框、凿除、调整设备间隙等手段予以处理。

（2）井道漏水。大坝电梯于 2015 年 4 月具备验收的条件，后因电梯井道出现渗漏水现象、以及堵漏施工等交叉作业，使电梯后续验收工作不能进行。直至当年年底，井道漏水情况已基本消除，后对井道内电气设备检查，发现部分厅门电气触点、导轮、外呼等设备已进水腐蚀损坏，最后通过合同变更完成了损坏部件的更换。电梯作为特种设备，除了在招标时能尽量采购到一款知名品牌外，更为重要的是在后期安装过程中，能有一个符合安装条件的外部环境。否则再好的设备，再强的安装队伍均是徒劳。

目前，经业主、安装承包人、土建施工承包人共同努力下，在电梯合同执行过程中出现的缺陷均已一一化解。目前设备已投入正常运行。

第四章　电 气 一 次 设 备

一、电气一次专业工作内容

电气一次设备是指直接用于生产、输送、分配电能的电气设备，包括发电机、电力变压器、断路器、隔离开关、母线、电力电缆和输电线路等，是构成电力系统的主体。机电物资管理部负责的水电站电气一次设备，主要包括电气一次主接线系统和厂用系统（厂内厂用电和厂外厂用电系统），根据设备的功能类别，一般包括：主变压器、离相封闭母线（IPB）、发电机出口断路器（GCB）、GIS及出线场设备、GIL设备、高压电缆设备、厂用变压器、高压开关柜、低压开关柜、柴油发电机、以及电站的电缆、桥架、照明等设备。

根据公司多项目管理规范框架性制度中机电物资管理的工作界面，以及部门的职责分工，机电物资管理部电气一次专业主要负责上述电气设备的前期调研、招标采购、合同签订、设计制造、验收供货、安装协调以及质保期内缺陷处理等全过程管理工作，负责上述电气一次合同日常管理工作（包括执行、变更及支付等），负责电气一次设备监造合同和性能试验合同的管理工作等。

二、电气一次主接线系统

电气一次主接线的选择直接决定后续设备的选型及整个电厂的运行方式。雅砻江中下游五个水电站已陆续投产，目前已投运的水电站其电气主接线总体满足可靠、灵活、经济的要求，其中好的经验值得流域后续开发中继续保持和推广，另一方面结合已投运水电站的规划、设计、建设过程中遇到的具体问题，持续对部分细节进行总结和完善。针对雅砻江流域水电开发自身的特点，尤其是过程中发现的问题和积累的经验，总结如下：

（1）以公司为主导，提前介入规划及设计。随着电力系统的发展，电气一次主接线的类型越来越多样化，根据以往的设计经验，主接线的选取主要依据电网的需要，最终满足系统的要求，并且电气主接线一经审批，后续很难更改。以公司为主导，结合雅砻江流域各水电站自身的位置特点及雅砻江公司各电厂的运行习惯，提前参与设计的模式，一方面能够更清楚地了解和领会设计及电网的要求，另一方面可以把自身流域水电站的需求和特点融入电气主接线的设计和规划中。例如杨房沟水电站的电气主接线设计，公司提前与设计单位充分沟通参与设计，并针对杨房沟水电站特点提出公司的需求，最终杨房沟水电站的主接线形式由

最初规划设计的两机一变的联合单元接线修改为一机一变的单元接线形式。

（2）优先采用一机一变的单元接线形式。联合单元接线（图 4-1）作为成熟的接线方式与单元接线（图 4-2）相比各有优缺，但结合流域自身的特点及现场运行人员的反馈情况，建议后续电站优先采用一机一变的单元接线形式，原因如下：单元接线更加灵活，目前流域已投运的水电站绝大部分为单元接线，流域运行人员更习惯单元接线；后续电站远离负荷中心，流域电厂陆续采用无人值班、少人值守运行方式，需要更加灵活可靠的电气主接线形式和厂用电接线形式；随着行业的发展和竞争，主变压器及 GIS 设备的单价越来越低，联合单元接线的经济性优势越来越不明显。

（3）整体布局为风光水互补发展预留相应接入系统。随着国际社会对新能源的认可及风电、光伏为代表的新能源的发展，雅砻江公司利用在建或已建的水电站，提出“风光水”互补的清洁能源基地建设模式。由于电气主接线设备一旦建成，后续难以进行扩容与修改，建议在后续流域水电站的电气主接线选型中，提前谋划，充分考虑风电、光伏所需要的接入系统（间隔、位置、容量及外送通道等）。后期相邻电站应总体考虑，提前预留，从设计规划阶段做好准备。

（4）与电网系统保持良好沟通，提前确认设备选型。电气主接线的审定时间与具体设备招标采购时间的间隔较长，且随着电网系统和雅砻江公司的发展，相应的主接线的边界条件也在发生变化。例如：在官地、锦屏一级、二级水电站主接线设计中，三个电站 500kV 线路保护原设计方案根据四川省电力调度中心要求，采用了“T 区保护＋线路纵联电力差动保护”的设计方式，后由于调度方式改变，国调明确要求对锦屏一级、二级、官地水电站 GIS 线路保护 CT 进行整改，要求将保护范围扩大至线路全长，并满足线路保护双重化配置及电流差动保护要求，导致官地水电站 GIS 施工工期十分紧张，锦屏一级、二级水电站在设备采购后对相应的 CT 进行了变更；类似情况也在桐子林水电站出现，桐子林水电站 GIS 的参数依据当年审定的接入系统进行选择，由于电网的发展，周边环境的实际变化，在桐子林水电站 GIS 设备已招标完成且完成第一次设计联络会的情况下，电网要求对桐子林主母线及出线设备容量进行调整，额定电流由原来的 2500A 变更为 4000A，对桐子林水电站 GIS 后续的交货产生了一定的影响，增加了变更的成本。因此，建议在后续的电站建设中，应充分与电网相关单位保持沟通，了解相关单位的需要，提前应对，避免对电站后续的建设造成影响；另一方面，与最终系统接入方，就主接线最终图纸进行书面确认，包括母线、断路器容量的确认，出线引线的线序、相序的确认等。

（5）主接线中关于主要设备的选型，特别是 GIL 和高压电缆的选择，应做充分的论证。由于地势原因，雅砻江流域的大部分水电站为地下厂房结构，采用 GIL 或高压电缆类型，既受制于容量的选择，又取决于 GIS 的布置方式（地面或地下）。高压电缆和 GIL 设备各有优缺点：高压电缆技术成熟、安装简单，缺点是容量较小；GIL 设备容量大，安装完成后续运行维护简单，缺点是安装过程复杂，尤其是高落差 GIL，技术难度大，在锦屏一级、溪洛渡等国内外的高落差GIL设备安装、运行中，均出现过不同程度的问题。因此，建议后续类似设备，应进行充分的论证，条件允许情况建议优先选择高压电缆设备。

（6）招标要点设计过程中，需要注重的问题。在电气一次主接线设计过程中，应充分考虑消除谐振，官地水电站设计过程中，PT谐振发生工况分析不齐全，导致断路器操作过程中发生PT铁磁谐振。锦屏一级、二级水电站由于在设计过程中就考虑了PT位置设置与谐振的关系，并充分考虑了发生PT铁磁谐振的各类工况，截至目前未发生过谐振问题，后续招标设计中需继续提前考虑；桐子林水电站主接线中，由于变压器与GIS设备采用的是架空短引线，在主接线审定时，未考虑在GIS与主变压器间设置隔离开关，给后期的检修维护带来不便，建议后续在类似设计中应考虑增加一套隔离开关设备；同时在招标设计阶段，应进行相关专题计算，包括：VFTO、直流偏磁、接地电阻、谐振分析计算等。

三、厂用系统

目前，雅砻江流域已投运水电站，大多采用两级电压供电（桐子林水电站依据电网需求，一回外来电源使用的是35kV电压等级，在站内降压至10kV接入厂用系统），总体可靠，根据厂用系统后期各厂用设备的招标采购、各电站的运行反馈，仍有许多需要完善和加强的地方，除去厂用系统的常规设计，结合雅砻江公司自身的特点，后续值得总结和注意事项如下：

（1）优先采用两级电压供电（10kV、400V），同时建议后续采用每台机组带一段母线的方式。雅砻江流域各水电站厂用电系统具有供电范围广、用电负荷大、供电距离远及单台电动机容量大的特点，通过已投运电站的厂用系统运行情况，结合目前厂用电相关设备的制造水平，两级电压供电（10kV、400V）能很好地满足电站厂用电的需求，后续电站继续采用两级电压供电（10kV、400V），既安全稳定，又能保证流域设备统一；锦屏二级水电站受制于机组台数过多及主接线方式，使用两台机组带一段母线的方式，桐子林水电站受制于空间布置，采用的两台机组共用一段厂用母线的方式，考虑水电站后续运行的无人值守，同样需要厂用系统更加的稳定、操作灵活，建议后续采用每台机组带一段母线的厂用接线方式。例如桐子林水电站：厂用电共设置三个独立电源，其中两回电源分别引自1号机、3号机发电机出口，厂用电可从发电机出口端获得，还可从系统经主变压器倒送；另一回引自35kV滩方东西线作为外来备用电源，在大坝右岸配电室旁设置一台10kV级1200kW柴油发电机组作为大坝的保安备用电源，因35kV外来电源在保护配合上没有自动切换（因国网攀枝花市公司在审核外来电源方案设计时，特别强调不能与电站本身的电源进行联络和自动切换，要求设置为手动切换），存在厂用电运行和调度方式不灵活的现象，特别在一回厂用电源检修时，存在厂用电全部失电的隐患。

（2）充分考虑后期厂内外用电需求，厂用系统应考虑预留足够容量和扩展性。在锦屏一级、官地水电站设计施工阶段，随着后期设计的不断深入、细化，原设计的厂用电容量（特

别是厂用高压变压器）均不能满足实际的需求，在具体设备合同执行过程中，均进行了不同程度的变更，用于调整容量满足新的设计需求。桐子林水电站吸取经验，在设计阶段均留有足够的余量，一方面便于工程后期的设计细化，另一方面减少了相应的合同变更事项；同时，随着电力系统的改革，后续流域各自的生活用电等厂区用电，均可能会利用厂用电进行消纳，因此，建议后续的生活用电等厂区用电负荷均应考虑在水电站的厂用电系统中。

（3）做好永临结合，选取合适的外来电源及保安电源。由于水电站远离负荷中心，在设备安装、调试阶段，均需要外接电源，在设备全部投运后，水电站也需要外来电源作为保安电源，根据流域已投运电站的情况，部分外来电源施工期结束后，既作为水电站的外来应急电源，又作为水电站厂用电供给站内用电的通道，因此需要在设计阶段做好规划、设计；同时，由于水电站地理位置偏远，为应对突发情况，根据流域各水电站的经验，均应设置柴油发电机组作为应急保安电源，为减少设备，优化布置，建议柴油发电机组的输出电压等级均为 10kV。

（4）做好全厂规划，注重细节设计，减少后期改造。水电站厂用电较火电厂、变电站等，负荷分布较广，厂用系统比较复杂，例如在锦屏二级由于布置限制和位置原因，部分负荷只能采用单电源供电或在 10kV 侧进行切换，导致后期运行中不灵活，因此，后续应对电站所有负荷的重要性进行分级，对于重要负荷应采用双电源供电方式，优先考虑在 400V 电源侧进行切换；官地、锦屏全厂事故照明盘柜两路进线未设计进线电源开关，致使双电源切换装置检修时 400V 主盘短时停电，造成停电范围扩大，后续工程设计中应在主盘和双电源切换装置之间设置隔离用的电源开关；锦屏、官地水电站设计阶段均未设置他励电源，导致在安装后期临时增设，建议后续电站厂用系统设计时应考虑设置他励电源。

（5）厂用系统中电缆、桥架、照明应做专项设计。根据锦屏、官地水电站的经验，在投运后期的达标投产、NOSA 建设中进行了大量的整改工作，特别是电缆桥架的整改和完善，但是由于后期整改难度较大，效果较差，因此建议在后续电站的前期设计中，从源头进行总体规划，对电缆、桥架、照明等系统进行专项设计规划，例如采用 3D 设计提前规划路径等方式，使其布置合理、整齐、有序，满足达标投产和 NOSA 建设要求。桐子林水电站经过专项设计后如图 4-1 所示。

图 4-1　桐子林水电站经过专项设计后（电缆桥架布设、电缆敷设规范整齐）

(6) 电气盘柜宜采用“下进下出”的布置方式。从目前流域已投运电站的情况，以及国内其他做得好的水电站来看，电气盘柜进出线采用“下进下出”的方式，外观有序，引线桥架整齐，另一方面，该种方式便于后期的防火封堵处理。从电站的投运情况来看，桐子林水电站大都采用“下进下出”的布置方式，整体形象布局较好，建议后期尽量采用类似的布置方式。盘柜电缆采用“下进下出”布置效果如图 4-2 所示。

图 4-2　盘柜电缆均采用“下进下出”布置效果

(7) 对电站所有负荷的重要性进行分级，对于重要负荷应采用双电源供电方式，由于采用单电源供电或在 10kV 侧进行切换，会导致部分 400V 电源在后期运行中无法进行停电检修和电源切换，其运行方式不是十分灵活，因此厂用电系统设计中应优先考虑在 400V 电源侧进行电源切换。

(8) 提前将厂用系统系统设计与土建布置设计相结合。厂用系统电气设备的布置大都取决于土建的尺寸及布置，提前与土建设计相结合，并提出要求，使电气设备布置更加整洁合理，同时也为后期运行维护预留足够的空间。

(9) 注重电站接地网设计，确保电站长期运行安全，保护电站机电设备，必要时做专项研究。例如锦屏二级水电站，由于锦屏二级水电站是长引水式、地下厂房大型水电站，各主要建筑物分散布置在地下和地面，分布面广且各建筑物所处地理位置的落差很大，尤其是没有敷设大面积水下地网的水库，给接地设计造成了很大的困难，同时锦屏二级水电站装机数量多、单机容量大，短路入地电流可达 20kA 以上（按现有简单方法估算值），要满足电力设备接地技术规程所规定几乎是不可能的。为了保证设备和人身的安全，必须限制地网电位升高及对厂内二次设备的反击电压在设备的绝缘安全范围之内，同时将跨步电位差和接触电位差控制在允许的范围。锦屏二级水电站专门委托华东院和武汉大学进行了《锦屏二级高电阻率、大入地电流、长引水式水电站接地研究》。提出了锦屏二级水电站的均压方案，并介绍了锦屏二级水电站的降阻措施；最后提出了锦屏二级水电站综合隔离保护措施和锦屏二级水电站地网接地电阻测量初步方案，确保电站安全运行。

(10) 其他。做好各厂用电设备的接地设计，满足电网反措要求，减少后期完善工作。所有厂用设备（高压柜、干式变压器、低压柜）外壳均应设置明显的接地点；厂用设备闭锁、备自投的逻辑控制关系等，应提前明确，避免设备安装后，在现场进行修改；增加设备的安全等级，对所有设备提出明确的五防要求。

四、SF_6 气体绝缘金属封闭开关设备（GIS）及出线场设备

雅砻江公司目前已投运电站的开关站，均采用的气体绝缘金属封闭开关设备（GIS），除了桐子林采用 220kV 等级，锦屏一级、二级、官地、二滩水电站均采用的是 500kV 电压等级。相比于传统敞开式开关，GIS 的优点在于结构紧凑、占地面积小、可靠性高、配置灵活、安装方便、安全性强、环境适应能力强、维护工作量小等，缺点为前期投入成本较高，设备技术含量较高。从目前流域各电站 GIS 设备投运情况来看，设备总体运行状况较好，但是在某些细节方面，仍需要提升和改进。GIS 设备如图 4-3～图 4-5 所示。

图 4-3　GIS 设备效果

图 4-4　GIS 设备

图 4-5　出线场设备

（一）招标前期

提前与制造厂家进行技术交流，初步确定土建相关尺寸及布置。由于每个 GIS 制造厂家，其设计制造的产品结构、布置均不一样，类型和布局的差异将直接影响开关站所需要的面积，以及土建的开挖量及布置等，但土建设计工作远超前于机电设备的招标采购，特别是地下开关站，为保证土建尺寸的准确，同时提高招标过程时的公平性及竞争性，根据土建施工进度，提前与具备 GIS 制造能力的厂家进行技术交流、调研或征询，通过综合比较，初步确定开关站的布局及尺寸，例如在锦屏、官地水电站 GIS 招标之前就对相关 GIS 制造厂家进

行了调研；根据两河口水电站土建方面的要求，提前与各大制造厂进行技术征询，确定开关站的初步尺寸等。

（二）招标相关

1. 关于分标方案

在设计单位传统的分标模式中，依据设备种类的不同，出线场设备（CVT、避雷器等）与GIS、GIL或500kV高压电缆设备是分开进行招标的，例如在锦屏、官地项目中，均为分开进行招标，由于分开招标后，合同较多、标额较小，给后期合同执行造成了一定的困难，特别是官地的CVT和避雷器设备采购合同，由于标额较小，厂家的重视程度不够，合同执行时间额外的增加了两年。为减少合同数量，便于合同执行，建议后续将出线场设备（CVT、避雷器等）作为附件随GIS、GIL或电缆等设备合并招标。

2. 关于GIS设备招标设计

（1）充分借鉴锦屏、官地招标文件中资格条件设置，适当提高资格要求。锦屏、官地GIS设备全部投运后，设备总体运行良好，且锦屏、官地GIS设备制造厂均为行业内的知名品牌，说明当时锦屏、官地GIS设备在招标过程中资格条件的设置是合适的，但另一方面随着技术的发展，GIS设备制造行业的竞争越来越激烈，为保障设备的长期安全运行，选取性能更为可靠的设备，建议后续招标中在锦屏、官地的基础上适当提高要求。

（2）在GIS招标过程中，选择合适的评标办法。在一般的机电设备招标采购过程中，评标基准价为经评审合格的投标人中的次低评标价，但由于GIS设备的性质的不同，为非原材料占主要价格构成的设备，技术含量较高，同时国内外各厂家技术水平不同，价格、质量均参差不齐，为保障设备质量，在锦屏、官地、桐子林GIS设备招标过程中，采用的评标基准价为通过资格和响应性审查的投标人平均评标价×0.90，招标结果相对较好，建议后续设备应参考锦屏、官地、桐子林，同时根据行业的情况制定合适的评标办法。

（3）重点关注主要元器件及外购设备的品牌选择。在目前已投运的锦屏、官地、桐子林水电站的GIS设备中，GIS本体出现故障较少，但很多厂家外购的设备，在调试、运行中经常暴露出缺陷，对设备正常运行产生了一定的影响，由于目前的招标过程中，外购件一般由制造厂家在投标文件中推荐，并依据此供货，不便于质量控制，为提升主要外购设备的质量，建议在后续招标中，对主要元器件的品牌、业绩提出明确的要求，例如微水在线、泄漏在线设备等应提供三个品牌且有类似工况下的业绩要求，对于GIS的密度继电器的品牌应采用不低于wika、旭计器档次的产品，充气小车品牌应不低于采用DILO档次的产品，并采用全自动SF_6液态回收装备，GIS本次使用的CT、PT、出线场避雷器、CVT应有相应的业绩要求，高压出线套管应优先采用进口设备（ABB、HSP等）；操作机构、绝缘拉杆等核心部件也应有明确的规定和相应的技术指标，同时也是GIS设备招标采购阶段需要控制的关键部分。

(4) 招标设计中应为 GIS 局放在线监测设备预留安装位置。目前，GIS 设备局部放电在线监测设备越来越得到广泛的应用，在国网的变电站设备中已逐渐成为标配设备，因此局放在线装置的安装应该是发展的趋势，但同时又基于局放装置的质量、性能、价格的参差不齐、差别较大，随 GIS 设备一起招标不宜控制；另一方面在 GIS 设备的出厂、安装试验中均会进行局部放电试验，在投运初期无明显的需求，因此建议在后续项目的招标设计中为 GIS 局放在线监测设备预留安装位置，例如桐子林水电站的 GIS 设备在招标中，明确要求预留内置局部放电探头的位置，便于后续扩展需求。

(5) 合理选择备件及专用工具。在锦屏、官地水电站的 GIS 的设备采购合同中，其备品备件和专用工具，基本上满足了现场的安装需求，但应充分吸收已投运电站的经验，避免采购一些非必要的备件；鉴于后续电站出线设备，均位于高山峡谷中，为避免落石损坏以及安装过程中的损坏（在锦屏一级、二级均发生过出线套管损坏现象），确保设备的按时投运，同时又由于出线套管制造周期较长，在后续电站招标过程中应采用瓷套管，同时备用一相。

（三）关于 GIS 设备设计与制造

(1) 做好充分计算、论证，避免后续 GIS 设备运行中发生谐振。近年来，国内多个大型水电站均 GIS 设备均出现过铁磁谐振现象，对设备的正常运行造成了一定的影响，而锦屏一级、二级水电站，从投运至现在尚未出现类似谐振现象，均源自在设计阶段就做好计算和论证，特别是关于 PT 位置的设置与谐振的关系等，应在设计阶段有专门的计算报告。

(2) 关于气体密度 SF_6 密度继电器的若干注意事项。官地水电站 GIS 设备由于是制造厂家直接引用的国外技术，在设计时未结合国内的相关制度考虑后续表计的校验，造成后续对表计进行校验时易引发 SF_6 气体泄漏，为后续的检修工作带来了一定的困难，后续的桐子林水电站吸取经验，设计时便采用不拆卸校验方式；为后续的检修维护方面，气体密度继电器应引至便于观察的位置。例如官地水电站：500kV GIS 设备 SF_6 密度继电器安装结构不合理，500kV GIS 设备 SF_6 气体密度继电器采用铜接头与设备本体相接，设备本体带逆止阀，校验时须将 SF_6 密度继电器从设备上拆除，易引发 SF_6 气体泄漏。根据相关规范要求，密度继电器需定期校验。建议后续项目增加 SF_6 气体密度继电器校验接头，或设计成自闭式活接头。并在投运前按交接验收标准完成 SF_6 气体密度继电器校验。SF_6 密度继电器如图 4-6 所示。

(3) 断路器操作机构动力电机应为双电源供电方式。锦屏水电站 GIS 开关油泵电机采用单电源供电方式，电源取自 400V 公用系统，长时间断电可能油压下降而闭锁开关操作，GIS 开关相关电源监视信号已接入监控系统，调度部门随时进行监视，导致 400V 公用系统无法检修和维护，建议后续采用双电源供电方式。

(4) GIS SF_6 环境监测显示、操作控制柜应设置在室外。锦屏水电站 GIS 设计阶段，将

GIS SF_6 环境监测控制柜装设在 GIS 室内，无手动启动 SF_6 抽风机设施，不符合安规要求，后根据实际情况，便于操作，经改造将控制柜移至室外。

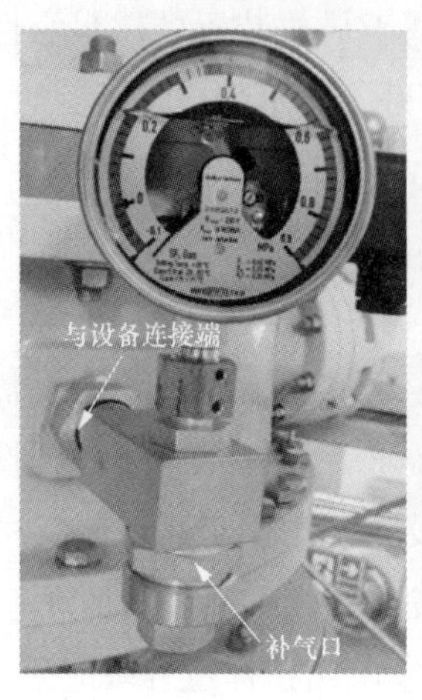

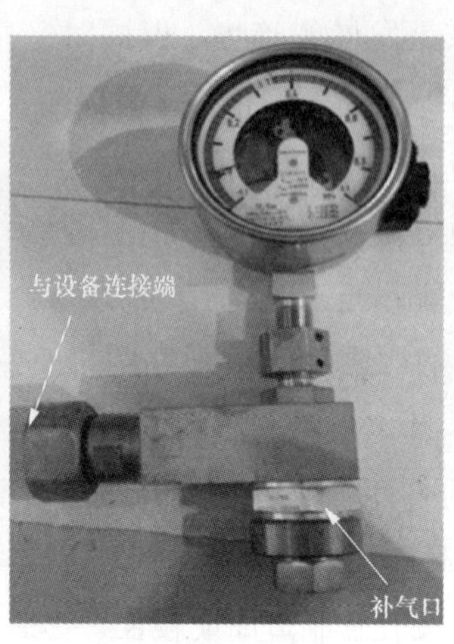

图 4-6　SF_6 密度继电器

（5）结合 GIS 设备的布置方式，设计专用的检修、巡视平台。根据流域电站的投运情况，结合现在 GIS 设备的布置方式（大都采用分层式、积木式的安装），为便于后期的设备安装、检修、巡视，应设置专用的检修平台，同时应考虑与土建部位的配合问题。

（6）应提前明确 GIS 设备的操作、闭锁逻辑关系及操作流程。在中下游的 GIS 设备投运过程中，GIS 设备的控制回路在现场均发生过大大小小的改变，GIS 设备控制回路本已在厂内完成了调试测试，但由于现场运行方式的需要以及系统或电网的要求，相应的逻辑控制关系及接线都回在现场进行调整，即增加了额外的工作量，同时厂家已供的图纸资料又需进行修改，建议后续在设备设计制造中对 GIS 设备的操作、闭锁逻辑关系及操作流程进行明确，减少后期的变更和现场的工作量。

（7）在设计中对锦屏一级、二级水电站超高压 GIS 用电磁式电压互感器铁磁谐振的分析。由于电压互感器励磁特性的非线性和断路器断口间均压电容的存在，伴随着断路器开断，回路中出现两种电压波形，开关设备断口电容和母线电容形成分压波形和电压互感器的振荡衰减波形，这两种波形相叠加，使低频电压的幅值增高且持续存在。针对锦屏一级和锦屏二级两种电压互感器设置方式利用 EMPT 进行解析，发现若电压互感器设置在 T 形区内，在一定相位下，容易发生铁磁谐振，并通过现场实例，证明 EMPT 解析的可靠性。通过锦屏一级和锦屏二级主接线可知，锦屏一级和锦屏二级有主母线 VT、主变压器侧 VT 和线路侧 VT，需要对不同部位的 VT 均做到解析，解析方案的确认需要考虑到 VT 所在回路的各种操作工况，锦屏一级和锦屏二级分别提出了六种解析方案。针对锦屏水电站接线形式存在铁磁谐振的情况，有三条措施消除谐振：①调整 VT 安装位置；②VT 二次侧接入可饱和电抗器；③通过开关操作消除谐振。发生铁磁谐振的回路形式如图 4-7 所示。发生铁磁谐振的 VT 布置结构如图 4-8 所示。

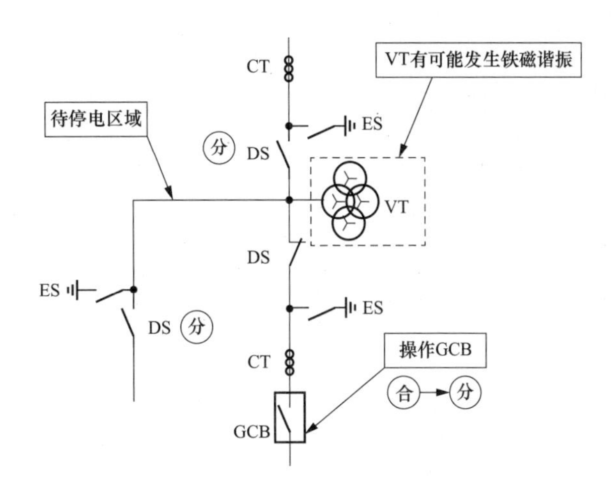

图 4-7　发生铁磁谐振的回路形式

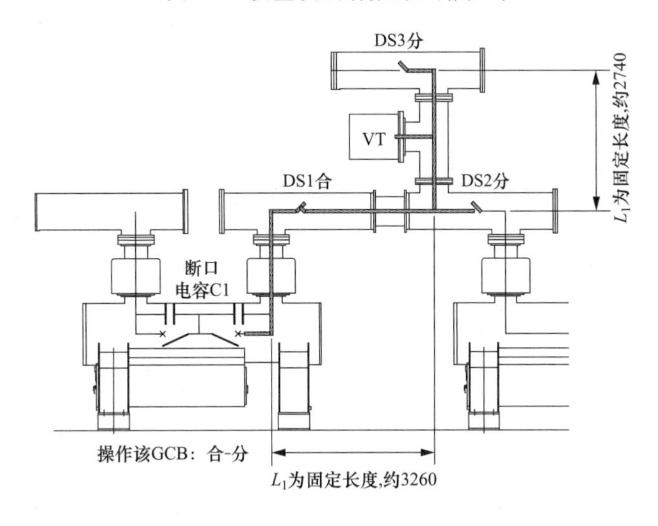

图 4-8　发生铁磁谐振的 VT 布置结构

（8）GIS 设备瞬态过电压（VFTO）研究。对锦屏锦屏、官地 GIS 设备均进行了专项研究。VFTO 是由 GIS 内开关类设备操作（隔离开关、断路器、负载开关和接地开关）或 GIS 内部放电引起的特快速瞬态过电压，断路器、负载开关和接地开关在 GIS 中虽然也产生暂态电压，但因为它们的运动速度非常快，很少发生重燃。隔离开关动作速度较低（通常低速隔离开关的运动速度为 3～10cm/s），在关合、开断小电容电流的操作过程中，会发生数十次甚至百次的重燃而产生 VFTO，GIS 系统产生的 VFTO 主要是由隔离开关的操作（分、合）引起的。VFTO 不仅可能在 GIS 主回路引起对地故障而且还可能造成相邻设备如变压器等绝缘的破坏。在众多遭受 VFTO 作用的电器设备中，变压器是 VFTO 的最大受害者。通过对相关设备（GIS、主变压器）和数据进行 VFTO 计算和在 VFTO 作用下的抗过电压能力的分析经验，虽然 VFTO 在变压器线圈的线饼内部造成不均匀的电压分布，但考虑 VFTO 伏-秒特性作用及锦屏变压器侵入的 VFTO 的振幅并不高，其绝缘安全裕度较大。因此锦屏主变压器的绝缘结构在 VFTO 作用下完全可以满足安全运行要求。同时根据 VFTO 计算结果，锦屏其他 500kV 电气一次设备的绝缘裕度也满足安全运行要求。锦屏一级 GIS 计算模型如图 4-9 所示。主变压器计算模型如图 4-10 所示。

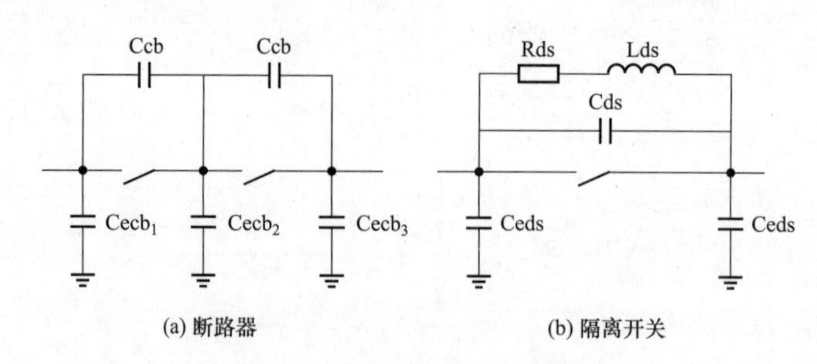

图 4-9　锦屏一级 GIS 计算模型

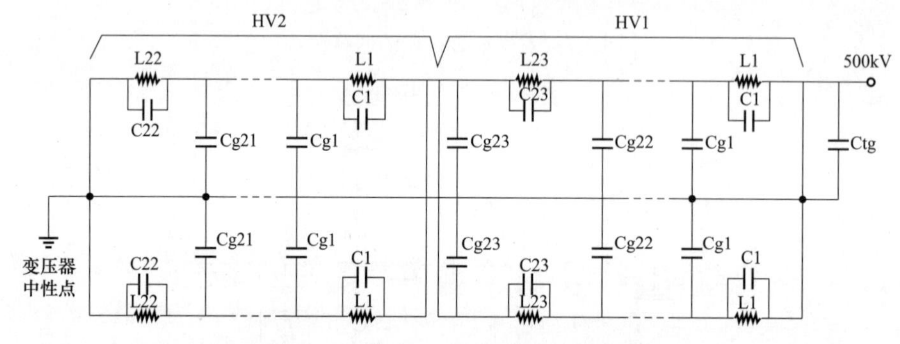

图 4-10　锦屏一级主变压器计算模型

（9）其他在设计过程中出现过的问题及注意事项：为避免官地水电站 CVT 的精度校验出现的问题，后期选取的出线场电容式电压互感器，在满足标准规范的要求下，其准确等级应设置为 0.2 级；为满足后期达标投产的要求，保证现场的整齐、美观，GIS 附属的电缆布置应采用槽盒，附属管道、地线布置应整齐、有序；官地水电站 GIS 设备，由于未充分考虑漏磁和感应电的影响，在靠近主变压器侧出现过法兰发热现象，后经设置外壳短接线消除缺陷；断路器的固定方式，应采取预埋件对其基础进行固定，例如官地 GIS 基础采用膨胀螺栓，现场出现过松动现象，桐子林水电站 GIS 设备在改进后效果良好。

（10）将电网或系统的涉及设备的安全要求在设计阶段进行进一步明确。例如反事故措施要求，及国家能源局关于印发《防止电力生产事故的二十五项重点要求》的通知中，对 GIS 设备的具体规定和要求等。

（四）GIS 设备的安装调试

（1）严格按照厂家提出的现场要求进行施工。GIS 设备在安装过程中，对于环境的湿度、颗粒度等都有明确的要求，由于现场的施工环境未达到要求，导致安装的质量不合格，例如锦屏的 GIL 设备，官地 GIS 设备，桐子林的 GIS 设备在安装试验中，均出现过耐压试验不通过的现象，后检查均发现气室内有杂质，因此，后续厂家需对现场的安装环境提出明确的要求（应明确：安装现场的湿度、颗粒度、温度等要求），且现场的施工应严格据此开

展工作。

（2）安装过程应充分利用厂家的技术力量。GIS设备的安装除对安装环境有要求外，对安装人员的要求也较高，目前GIS设备的安装模式为，厂家人员派人指导、安装单位主导安装（设备采购合同中厂家现场指导人数为2人），但在锦屏、官地、桐子林的实际安装过程中，特别是锦屏一级、官地后期GIS的安装过程中，为保障安装质量，提高安装进度，厂家人员除现场指导外还都安排大量人员直接至现场进行安装工作，鉴于GIS设备本身的特点（不同厂家的结构不一致），建议后续项目中，明确为厂家人员安装为主施工单位配合的模式，或者直接在合同中明确有厂家人员负责全部设备的安装工作模式。

（3）关于设备运输。锦屏一级GIS一台断路器外壳，在安装过程中发现在运输过程中被撞坑槽，后经厂家现场修复；桐子林水电站一台隔离开关设备，在运行过程中，隔离开关操作电动机不工作，经返程拆卸检查及制造厂家分析，由于运输过程中冲击，导致电动机电源插座破损，电机电源接触不好，建议在条件允许的情况下，设备运输过程中参考主变压器设备运输，充分考虑运输过程中可能产生的振动，颠簸及冲击，确定运输过程中耐受冲撞的能力，安装实时三维空间冲撞记录仪。

（4）关于现场试验。为更全面检验设备的性能，在有条件的情况下，尽量完成现场操作冲击试验；为避免或减少耐压试验的盲区，应一批次完成全部的GIS设备耐压试验（含局放）；设备制造厂应提供全部的试验用封堵装置（主变压器侧及出线侧），公司购买一套（主变压器侧及出线侧）作为专用工器具；机电安装承包人配合完成GIS设备安装、试验、试运行的所有现场工作（包括设备厂内运输、临时防护、临时支撑等）。

（5）避雷器投运前需做耐压试验，避免官地水电站出现过的避雷器设备运行中放电接地现象。官地500kV避雷器交接验收时未做局部放电试验，投运后避雷器内部出现异音和泄露放电，开关站充电过程，系统通过官月Ⅰ线向500kV 1号M倒送电，再通过开关向500kV2号M送电，合上开关后500kV2号M差动保护动作。通过零起升压发现500kV GIS2号M B相避雷器内部有异音和泄漏放电。返厂解体检查发现避雷器均压罩下环悬垂铝质丝状物，后续应严格按交接试验标准进行试验。

避雷器均压罩及铝质丝状物如图4-11所示。

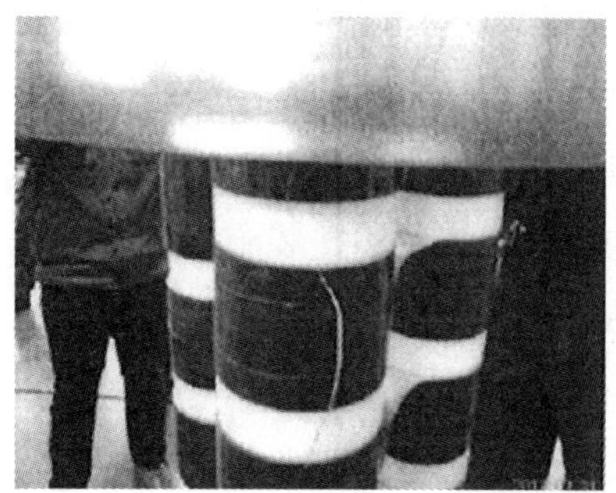

图4-11　避雷器均压罩及铝质丝状物

五、SF_6 气体绝缘管道母线（GIL）及其附属设备

气体绝缘金属封闭输电线路（GIL）设备优点十分明显，具有输送容量大、布置灵活、与环境相互影响小以及不受灰尘、湿度和覆冰等外界环境因素影响等优点，适用于恶劣气象环境或廊道选择受限制的电力输送场合，另外后期维护检修工作较少。公司目前使用 GIL 设备的主要为锦屏一级水电站、锦屏二级水电站，从目前的投运及合同执行情况来看，以及对比国内类似水电站的 GIL 设备，除锦屏一级设备安装及合同执行出现需完善的地方外，设备运行状况同比较好。由于 GIL 设备与 GIS 设备很多技术方面具有通用性，因此 GIS 设备在招标、设计、制造、安装、运行调试中的经验、总结均在 GIL 设备中适用。GIL 设备如图 4-12～图 4-14 所示。

图 4-12　GIL 设备 1

图 4-13　GIL 设备 2

图 4-14　GIL 设备 3

（一）招标设计

(1) 关于 GIL 设备安装方式。GIL 设备较 GIS 设备而言，重点控制部分是现场的安装阶段。根据锦屏一级、二级水电站的安装经验及安装效果来看，锦屏二级水电站 GIL 为水平布置，安装难度较小，采用的是传统的安装模式，即厂家指导、安装单位现场施工的方式，锦屏一级水电站 GIL 为竖井布置，GIL 管道长度较长，安装施工难度较大，安装技术含量高，采用的制造厂家负责现场安装施工的方式，从安装效果及投运结果来看，锦屏一级水电站、二级水电站，安装质量均得到控制，设备运行情况均较好。溪洛渡水电站 GIL 与锦屏一级水电站结构相似，难度类似，但溪洛渡采用的是锦屏二级 GIL 的安装模式，即厂家指导、安装单位现场施工，据了解，在溪洛渡水电站投运后，已发生多起 GIL 闪络，击穿现象，说明安装施工单位在现场安装质量控制方面，特别是技术难度较高的 GIL 安装方式前存在风险，对可能

造成的后果应对不足。但同时锦屏一级水电站GIL设备安装，虽然结果质量控制较好，但由于水电站的特殊环境，制造厂家安装时对现场的环境、情况了解不充分，导致安装过程中进度控制出现多次合同纠纷，合同执行难度较大。因此，综合锦屏一级、二级水电站的安装、运行情况，以及结合不同GIL设备的技术特点，建议后续电站：对于水平洞GIL设备，建议由厂家指导，现场安装单位进行安装；对于竖井段GIL设备（超过50m），建议由厂家进行安装。

（2）关于设备的结构选择。锦屏一级GIL设备在安装过程中，其外壳全部采用现场焊接方式，外壳及导体均采用现场测量，然后下料切割再进行现场连接的方式，由于没有进行预组装，全部设备均现场测量后切割修正，导致在安装过程中意外不断，且安装进度控制较差，同时现场切割焊接，可能会产生杂质影响GIL设备的安装环境；锦屏二级GIL设备由于也未在厂内进行预组装，导致出线拐角斜坡处配合不好，现场安装困难。因此，建议后续GIL设备应在厂内完成组装工作，并完成相应的耐压及气密性试验，现场不得进行二次加工，外壳连接方式使用螺接，导体采用插接结构。

（3）重点关注主要元器件及外购设备的品牌选择。同GIS设备类似，密度继电器是GIL的关键部件之一，参照GIS设备，密度继电器应指定两个品牌（wika，旭计器等），同时密度继电器的选择和设计，应参考GIS设备中关于密度继电器的若干注意事项；由于GIL设备单个气室较大，单个气室的气体处理时间需要8个小时甚至更长的时间，为减少设备安装及后期维护中气体处理的时间，对SF_6气体处理的小车选取也尤为重要，根据流域水电的经验及目前国内外行业的情况，建议后续充气小车采用DILO产品（全自动SF_6回收装备），大功率抽真空设备应选用DILO设备。

（二）设计制造中

（1）各气室应设置专用气体处理接口，其直径不小于$\phi 40$。由于GIL设备，单个气室体积大，气室处理时间长，为加快气体处理时间，减少外界干扰，控制安装质量和进度，参考锦屏GIL设备安装过程中的经验，每个气室单位设置与充气小车匹配的气体处理接口，且其直径不小于$\phi 40$。

（2）垂直最大气隔长度一般不应超过120m。通过对锦屏一级水电站竖井内115m高差气室压力仿真计算可以得出结论：垂直布置的GIL气室的垂直方向的压差往往成为气室划分的制约因素，高度每增加100m压力降低约0.43bar。因此定性的分析，垂直最大气隔长度一般不应超过120m。

（3）为便于后期维护，GIL与GIS接口、GIL与出线套管应单独设置小气室（CT应位于小气室内）。在处理锦屏一级GIL安装相关问题时发现，由于GIL与GIS连接处，GIL和GIS的连接母线段均较长，两边的气室均较大，将GIS与GIS的连接段气室与其两侧气室联通的话，均会造成在处理连接段问题时，需要较长的气体处理时间；同样GIL设备与出线套管相连接的气室也应尽量小，缩短故障及检修过程时的处理时间。

(4) 在GIS与GIL连接处，应设置安装伸缩节，建议由GIL制造厂提供，由GIL制造厂负责GIS与GIL的连接部分的设计、协调、指导工作。锦屏二级GIS与GIL连接处设置了伸缩节，在安装对接过程中非常顺利。建议后期采用锦屏二级的方式。例如：锦屏一级GIS与GIL接口安装偏差，在GIS和GIL开始安装以前，承包商对安装测量基准进行了多次复测，确认无误后才分别开始测量放点，但是在最后的接口处还是出现了约60mm的偏差，后由平高东芝依据现场导体偏差尺寸重新生产导体，并对平高东芝在接口处的波纹管进行了压缩处理。建议在后续项目，加强测量控制工作。

(5) 建议GIL安装内置式的局放在线设备。在锦屏一级GIL设备安装、试验过程中，由于现场环境的客观限制，导致安装完毕后，试验过程中发生了闪络和放电现象，同时由于现场客观环境以及GIL管道过长，在试验过程总需多次放电，烧蚀内部气体中的杂物，由于锦屏一级水电站装设了内置式的局放监测设备，可以在试验升压过程中，实时显示局部放电量，显示GIL设备的内部状态，并通过内置式探头精准快速定位，如果有故障点，可以快速发现故障所在的位置。正是由于锦屏一级GIL设备安装了内置式的局放装置，锦屏一级GIL设备的安装进度才能按时完成，并满足电站的投产发电目标，因此，建议后续电站如果有GIL设备应考虑设置内置式局放在线设备。

六、500kV高压电缆及其附属设备

公司在第二阶段战略开发中，官地水电站使用了500kV交联聚乙烯绝缘电力电缆，与传统充油电缆相比，具有介质损耗小，防火性能好，安装敷设方便，维护工作量少，并且随着国内高压电缆制造技术的发展，后续电站将逐渐趋向使用交联聚乙烯绝缘电力电缆。官地水电站500kV高压电缆，使用的是进口产品，制造厂家为耐克森。从目前的投运情况看，除投运初期电缆终端有少量渗油外，目前电缆总体运行状况较好。500kV电缆设备如图4-15所示。

图4-15 500kV电缆设备

(一)招标设计

(1) 提前与各制造厂进行技术交流。随着流域水电向中上游的发展，高压电缆技术的发展，以及国内高压电缆制造企业制造能力的提升，提前进行技术交流和沟通十一方面可以了解国内外目前电缆行业的制造情况，各制造厂家的制造水平和电缆终端的制造水平，另一方面通过初步交流，可以为前期土建布置提供更为准确的参考尺寸，还可以结合具体水电站的情况，了解电缆长度对运输尺寸的要求和限制。

（2）关于资格条件设置。官地水电站通过招标，最终的效果较好，建议电站电缆招标时继续参考官地水电站的资质要求，但随着国内越来越多的企业具备电缆的制造能力，同时随着后续电站可能在电缆的垂直落差、电缆总长度等方面有更高的要求，为保障产品可靠性，建议在官地水电站500kV电缆招标资格要求的基础上，适当提高要求，对于竖井安装电缆的电站，增加制造厂家竖井电缆的业绩。另外，由于电缆头和电缆本体可能由不同制造厂提供，为保障设备内部配合可靠性，预鉴定试验要求对投标中的电缆头和电缆本体作为一组进行，同时提供安装指导的业绩，明确安装指导和安装的界面。

（3）关于分标方式。由于高压电缆头的安装，技术难度大，专业性较强，官地水电站采用的安装模式是：电缆头安装由制造厂家完成，从投运效果来看，设备运行情况较好，建议后续继续参考官地水电站的安装方式，500kV电缆头由制造厂人员进行现场安装，施工单位现场配合；500kV电缆本体的安装由安装承包商来主要负责，制造厂提供专用工具和指导；设备制造厂提供支架。

（4）主要外购件及附件的选择。官地水电站电缆终端采用的硅油终端，在投运初期，随着设备的运行，以及现场的安装环境，导致部分电缆终端存在渗油现象，后经厂家处理，情况有所好转，为避免类似情况，建议在同等条件下，后续电站考虑采用干式电缆终端头；另外，根据官地、二滩水电站投运情况，建议后续电站继续设置电缆漏电电流监测系统和光纤测温装置，同时避免合同纠纷，建议将光纤测温直接纳入采购项目，同时对其提出相应的业绩要求。

（二）设计制造、运输

（1）电缆支架与电缆外护套的配合。官地水电站500kV电缆，在安装调试试验过程中，在500kV线路开关操作过程中，在卡具位置产生感应放电现象，虽然该放电对电缆外护套、电缆的主导体均无危害；该感应电压对设备不造成危害，后经现场多次处理，放电现象得到抑制，为避免类似现象，建议后续电站中：电缆支架与电缆外护套之间，应采取措施避免冲击试验过程中发生放电现象，建议支架与电缆外护套之间完全接触，支架接地良好，同时如果采用类似电缆卡具设计，应在设计阶段对电缆卡具做专项计算，避免类似现象的发生。

（2）对于进口设备，对运输时间应提前进行把控。官地水电站500kV电缆运输过程中出现过损坏，由于设备运输单位问题，导致设备在运输工程中一相电缆多处破损，不能正常使用，但同时由于官地电缆交货为一批次交货，因此单根电缆的损坏并未直接影响安装的进度，同时由于交货时间余度较大，经紧急协调，确保电缆设备一次全部安装、试验完毕，未影响相应的工期。因此，对于进口设备，由于运输时间较长，风险较大，应重点关注运输问题，对设备运输做专题方案和相应的预案，同时合理安排交货时间，确保总体可控。

（三）安装、调试

（1）安装环境的要求应明确。500kV电缆的安装，特别是电缆终端的安装对现场的安装环境有很高的要求，安装环境的好坏直接决定安装的质量及设备长期的安全稳定运行，因此，在安装过程中，厂家需对现场的安装环境提出明确的要求（应明确：安装现场的湿度、颗粒度、温度等要求），同时鉴于水电站特殊的环境，建议后续由厂家提供防护帐篷等临时安装空间，以确保安装的质量保证。

（2）安装试验。由于电缆位置的特殊性，以及电缆与 GIS 等设备试验电压的不一致，同时为避免各设备可能产生的缺陷分界面不清，在后续电站 500kV 电缆现场交流试验时，根据官地水电站试验情况，对于试验顺序建议如下：先进行 GIS 耐压，然后进行电缆和 GIB 耐压；现场耐压试验，其试验电压等级应根据实际情况进行选择，应满足相应的规程规范的要求。

七、主变压器、高压电抗器及其附属设备

公司目前已投运的水电站中，受制于交通运输条件，二滩、锦屏一级、二级、官地水电站均采用的是单相变压器，桐子林水电站采用的是三相变压器，两种型式变压器特点鲜明，各有优缺，运行情况总体稳定良好，从目前后续流域开发的情况来看，后续电站除采用单相变压器外，综合运输限制和经济技术比较，还会采用其他型式的变压器。例如两河口水电站采用现场组装三相变压器。并且随着后续电站远离电源中心，为满足电网的需求，高压电抗器越来越多的会被采用，目前只有锦屏二级有两台高压电抗器。虽然变压器类型各异，但与电抗器类似，其功能原理相近、结构类似，相关经验总结互为通用。主变压器设备如图 4-16 所示，高压电抗器如图 4-17 所示。

图 4-16　主变压器设备

图 4-17　高压电抗器

（一）招标前期

提前与制造厂家进行技术交流，选择合适的变压器类型。两河口水电站在可研阶段，受制于当时变压器的制造水平及运输条件的不确定性，推荐了两种方案，后经与各主要制造厂家技术交流及征询，两河口水电站采用了现场组装三相变压器的型式，卡拉水电站在可研优化阶段，也通过技术征询，对三相组装及单相变压器进行了技术经济对比。随着后续流域的

发展，以及水电开发大环境的需求，技术经济的选取尤为重要，因此，在后续水电站的前期阶段，及时与各主要设备厂沟通交流，结合各水电站本身的特点，选取合适的变压器类型，但从现阶段来讲，建议优先采用单相变压器，同时应设置备用相，若采用组装，应选用三相变压器。

（二）招标、设计制造

重点关注关键部件（原材料和外购附件）的选择，在招标阶段对其进行明确。从目前锦屏、官地水电站主变压器投运情况来看，制造厂家提供主要部件及将各部件进行设计组织外，很多原材料及附件均为外购件，为提升主要外购设备的质量，建议在后续招标中，对主要元器件的品牌、业绩提出明确的要求，在合同签订时进行确定，综合锦屏、官地、桐子林水电站相关经验，主变压器及电抗器主要原材料及外购件包括如下：铁芯（硅钢片）、绕组（铜材）、绝缘件、无励磁分接开关、高压套管、低压套管、中性点套管、储油系统及胶囊、绝缘油、瓦斯继电器、压力释放装置、速动油压继电器、油位指示器、油温控制器、测温电阻、绕组温度控制器、各种型号的阀门、油中气体在线监测装置、冷却系统等。

根据变压器在系统中的位置，考虑其直流偏磁能力。锦屏一级、二级、官地水电站通过锦苏直流线路送出，虽然对于直流送电线路和换流站来讲，单极大地回路运行方式较少，只在设备故障和换流站建设初期阶段采用，但当采用单极大地回路运行时，对换流站大地极附近及直流线路方向上运行的变压器会产生直流偏磁影响。因此在锦屏一级、二级、官地水电站主变压器招标设计阶段，就将主变压器直流偏磁耐受能力作为主要参数要求，同时开创性的要求，在条件允许的情况下，应在主变压器出厂试验中对主变压器直流偏磁能力进行试验。通过对锦屏、官地水电站首批主变压器进行的直流偏磁试验，检验了锦屏、官地主变压器设计阶段对直流偏磁耐受能力，同时为水电站主变压器运行阶段提供了运行依据。根据目前的研究，建议对后续相关主变压器其直流偏磁能力，能够承受直流电流 4～6A 左右。变压器的直流偏磁现象如图 4-18 所示。

关于主变压器和电抗器的阀门。锦屏一级、二级、官地、桐子林水电站在设备投运过程中出现过多起，不同程度的由于阀门的原因产生的渗油现象，锦屏二级水电站冷却器蝶阀，在检修调试中发现其由于密封不好，存在关不严的现象，后经更换阀门处理得到解决，锦屏二级、官地水电站的事故排油阀设计过程中采用的是蝶阀，由于其处于变压器底部，运行过程中压力大，且蝶阀直径大密封不好，导致事故排油阀在运行过程中存在渗油现象，

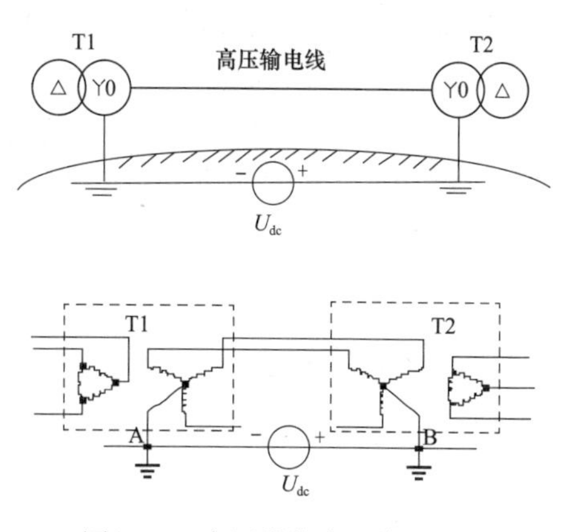

图 4-18　变压器的直流偏磁现象

桐子林水电站部分蝶阀才用进口设备，目前运行过程中由于阀芯密封不严，部分阀门存在渗油现象。综合上述渗油现象及其原因，建议后续阀门的选取和设计应更加科学、严谨，所有阀门为工业用阀门，油回路中特别是事故排油阀应尽量采用球阀，少用蝶阀，各种型号的阀门应采用进口产品。

关于主变压器设备设计过程中需注意的几个问题。

（1）锦屏一级水电站在更换备用相过程中发现，由于设计时未考虑，备用相无法带高压套管进行更换，导致增加额外的套管拆除安装及油处理时间，建议后续电站，在现场条件具备的情况下，应考虑备用相在站内带套管整体运输。

（2）锦屏二级水电站主变压器在设备投运后，由于主变压器低压侧漏磁较大，且冷却器位于低压侧，冷却器靠近低压侧的支架上在运行过程中产生发热现象，建议后续设计中应充分考虑漏磁的影响，避免设备发热，在低压侧尽量不要设置支架类设备。

（3）为保障主变压器设计质量，结合目前锦屏、官地、桐子林水电站投运后所需的资料，根据国网相关反措要求，主变压器应提供抗短路能力报告，220kV 以上变压器需进行抗震计算，550kV 以上电压等级，配合提供 VFTO 主变侧模型数据，利用 VFTO 数据验证主变侧绝缘，并形成验证报告。

（4）备用相变压器室设计不合理。例如锦屏一级主变备用相变压器室布置在进厂交通洞侧面，备用相轴线和进厂交通洞变压器运输轨道轴线存在 60°夹角，备用相需要整体旋转 300°才能就位，为此不得不专门采购价格不菲的转盘，且大大增加了备用相拖运难度，另外备用变压器室设计高度不够，油枕无法就位，建议在后续项目设计中避免这种不合理的设计。锦屏一级备用相式变压器如图 4-19 所示。

图 4-19　锦屏一级备用相式变压器

厂家提供的专用工器具及设备。在锦屏水电站设计制造回访中，根据现场安装反应，目前制造厂提供主变压器安装所用的顶起装置是独立式的，安装过程中配合协调比较复杂，建议后续项目选用同步液压千斤顶，并在招标采购中规定千斤顶承载能力；从锦屏、官地水电站安装过程来看，制造厂家提供的运输小车，由于频繁使用，且其载重较大，运输小车经常

损坏，导致在设备安装完毕后均不同程度存在受损现象，建议后续在合同中对运输小车的完好性进行规定，或者要求使用完毕后厂家提供一套完好的设备；由于水电站主变压器均位于洞室内，在现场进行高压试验时，满足不了绝缘距离的要求，在锦屏一级、二级水电站，为满足现场试验，制造厂家专门设计并提供了主变试验用充气罩，建议在后续项目中主变试验用充气罩作为专用工具，在合同中进行明确；关于安装用油罐，根据目前安装经验，建议在安装用油罐由厂家提供，安装完毕后由厂家回收。

关于事故排油阀。根据目前相关标准规范的要求，主变压器均应设置事故排油阀及相应的管道，官地水电站事故排油阀的外引管道由现场施工单位提供，由于制造过程中内部未做特殊处理，安装过程中内部遗留很多杂质，导致在运行初期不能将事故排油阀及管道进行投运，由于事故排油阀及管道虽然引至变压器室外，但通过绝缘油，其内部仍然连接一体，为保障绝缘油正常运行过程中的质量，建议后续事故排油阀及配套管道，应由制造厂提供，由现场施工单位进行安装。

制造厂家需加强相关的制造质量管控。①锦屏一级水电站 4 号主变器 A 相在投运后，发现变压器底板有渗油现象，检查发现为变压器底板箱体箱底存在钢板材质缺陷、下节油箱压弯处出现开裂，顶板焊线存在内漏，后经现场焊接处理，设备投运正常；②官地水电站一相主变压器，在投运后发现，由于其变压器箱体边缘存在沙眼，箱体边缘有轻微渗油现象，后经现场处理，消除渗油缺陷；③锦屏二级 1 号主变压器在投运初期，检查发现铁芯与夹件多点接地，经过现场检测初步判断为铁芯和夹件绝缘贯通，铁芯和夹件绝缘电阻为零，后经更换备用相及现场处理，查明原因为：由于铁芯下铁轭为了均匀端部电场覆盖一层地屏，地屏有一根接地引线从铁芯和夹件之间穿出再接至夹件上，以确保地屏可靠接地，由于引线过长导致有一端与铁芯接触，造成一些绝缘磨损，在冲击合闸时瞬间产生高电压将引线绝缘薄弱处击穿，造成了接地线与铁芯通路，而引线此时又与夹件可靠连接，最终导致铁芯与夹件通路，形成多点接地；上述事件均表明，制造厂在设备制造期间，质量控制需进一步加强，同时建议在后续项目的相关出厂试验中，应提高试验标准，例如密封试验应提高压强等。

（1）关注重大件的运输，随着后续流域电站的开发，结合电站所处的地理环境，交通运输成为主变压器的一项重要课题，主变压器的运输质量、尺寸，主变压器的运输周期均应成为关注的重点。

（2）关于备用绝缘油，目前已投运电站，均存在备用油到货后，没有绝缘油库存放的现象，由于公司新投运电站所有的绝缘油均为同一型号，同时为保障各电站故障时能够快速处理，建议备用绝缘油的数量，应结合各电站的实际情况，充分论证考虑，如需绝缘油，应提前规划建设备用绝缘油库。

（三）出厂验收、工厂试验

所有变压器冷却器要在厂内进行预组装。官地水电站某相变压器，在现场进行冷却器安装过程中，发现尺寸不匹配，现场到货的冷却器无法进行安装，影响了安装进度和安装质量，后经更换处理进行解决，冷却器是变压器的重要部件，但由于其为外购件，其尺寸并不能完全匹配，为保障现场安装质量，建议冷却器应与其配套使用的主变压器一一配套，在出厂前厂内进行预组装，并且配套进行相关的出厂试验。

出厂试验应严格按照试验大纲进行，严格核对每项数值，已投运电站出厂验收中关于试验发现的部分问题如下，后续应对类似项目加强关注。应关注直流电阻不平衡测试，锦屏一级某台变压器在出厂试验验收过程中，检查发现其测试数据中显示了直流电阻值，但并未进行直流电阻不平衡计算，验收过程中根据测量值计算，发现偏差较大，后经检查、复测，设备直流电阻合格，偏差较大其数据未进行转换处理；

鉴于锦屏二级出现过铁芯多点接地故障，建议后续项目中主变压器设备铁芯、夹件分别对地绝缘电阻测试，铁芯、夹件之间绝缘电阻测试，并记录在主变压器出厂试验报告中；关于噪声水平（招标过程中的规定），由于变压器出厂试验所处环境与主变压器运行环境差别较大，且各水电站所处环境及机电设备的布置不一致，噪声水平在现场无法统一并满足出厂试验值，建议后续项目，对于主变压器噪声水平在合同文件中只规定出厂值。

（四）安装调试

现场试验结果与出厂试验结果、合同规定结果进行对比复核。为保障设备质量，主变压器设备采购合同中对于变压器局部放电的要求，均略高于现行的相关国家标准及规范，锦屏二级和桐子林某台主变压器在进行局部放电试验完毕后，在出具的反应局部放电量的试验报告中，由于试验人员按照行业管理标准，未与出厂值和合同要求数值进行比较，报告中局部放电量较出厂和合同值偏差较大，虽然满足规范要求，但未满足合同值。

根据工程进展，做好变压器各项试验的衔接。锦屏一级某台变压器，在进行操作冲击试验后，进行绝缘油试验，发现绝缘油内有少量乙炔产生，由于上一次绝缘油试验为半年之前，并不能直接判断绝缘油中乙炔的产生是受冲击试验的影响，对乙炔产生的原因判断增加了不确定性，后经滤油处理，运行正常。由于主变压器的到货时间与投运时间间隔时间较久，为保证试验结果的有效性、实时性，建议后续应做好变压器各项试验的衔接，特别是在冲击试验前，需对绝缘油进行试验。

关于主变压器附件的现场存放。锦屏一级水电站的某台低压套管，在进行现场试验时，介损试验不通过，检查发现有受潮现象，由于设备已到货很久，且设备到货后未及时进行开箱检查，因此对于套管是因为运输受潮，还是因为储存受潮无法进行判断；同样，在锦屏水电站发现多起设备到货后未及时检查，安装过程中发现设备破损等明显缺陷的事件。因此，建议后续项目主变压器绝缘件（含高低压套管等）为防止受潮，雨淋，禁止放在室外；附属部件（包括套管、冷却器），到货后应尽快开展完好性检查，避免后期出现问题，责任不清。

由于现场安装装配引起的渗油现象。由于主变压器除本体外的附件，均需在现场进行装

配，特别是涉及油回路的部分，如果密封未处理好，在后期运行过程中，很容易造成渗油的现象，因此在现场装配时，应严格把控质量，根据安装手册及工艺要求进行作业，确保设备安装可靠。官地水电站某台变压器在投运后，其主变升高座出现渗油，后经检查发现，渗油原因为现场安装过程中，密封圈未配合好导致。

八、发电机断路器（GCB）设备及其附属设备

由于流域水电站在系统中的地位，均需参与系统调峰运行，这就要求机组运行方式灵活。为适应机组的开、停机操作，减少高压断路器的操作次数，增加电厂运行调度的灵活性，确保厂用电供电的连续性、可靠性和灵活性，满足发电机—变压器单元实现快速短路保护以及在发电机电压侧进行同期操作的要求，在发电机出口需装设发电机断路器。目前，公司已投运电站均采用了发电机出口断路器设备（GCB），包括二滩在内的全部水电站均采用的是成套进口设备，从运行情况来看，设备运行可靠，性能良好。发电机出口断路器 GCB 如图 4-20 所示。

图 4-20　发电机出口断路器 GCB

（一）招标设计

（1）资格条件设置。从锦屏一级、二级、官地及桐子林 GCB 设备招标过程，以及国内外 GCB 设备制造能力来看，目前国内外具备大电流 GCB 制造能力的制造厂家有限，主要包括 ABB、阿尔斯通等公司，国内目前只有少量企业具备制造能力，且其型号和运行业绩有限，由于 GCB 设备是保护发电机的最核心和最关键设备，因此在后续设备招标时应优先采用运行可靠、设计成熟的产品，具有相同容量水电站机组的多年稳定运行经验。

（2）GCB 的类型选择。锦屏、官地水电站 GCB 设备采用的是自然冷却方式，结构简单，二滩水电站 GCB 设备采用的是强迫风循环水冷却的方式，冷却系统较为复杂，后期维护检修工作较大，随着 GCB 制造技术的发展，同时水电站 GCB 设备均位于地下洞室，室内温度环境较好，且从锦屏、官地相关设备的投运情况来看，建议后续 GCB 设备，在满足功能要求的前提下，其冷却方式尽量采用自然冷却，减少附属设备。

（二）其他需注意的地方

目前使用的 GCB 均为进口设备，相应的图纸、资料也均为英文版本，为后续维护方便，在合同中应要求制造厂家提供资料需提供中英文说明书及图纸。锦屏一级、二级 GCB 设备，均发生过因设备放置太久，安装前未对电容器进行试验，在后期调试、检修过程中检查发现 GCB 附属电容器出现过问题，建议后续安装前应对电容做专门试验，确保其功能正常，参数正确。

九、离相封闭母线（IPB）及其附属设备

公司已投运水电站均使用了离相封闭母线设备，离相封闭母线的特点是载流大，散热好，结构简单，技术难度相对较低，由于IPB设备主要材料为铜、铝，其制造成本受制于原材料铝材、铜材的价格变化，因此其制造进度、交货进度受市场影响较大，同样导致IPB设备的辅助设备质量控制难度也较大。

图4-21 离相封闭母线（IPB）及其附属设备

离相封闭母线（IPB）及其附属设备如图2-21所示。

（一）招标设计

关于IPB在线测温装置。目前，锦屏一级、二级、官地、桐子林水电站均在IPB设备的连接部位，设置了在线测温装置，从运行情况来看，效果较差，一方面由于测温设备均为IPB设备制造厂外购，质量参差不齐，另一方面测温原件靠近主变复杂的电磁环境，以及GCB开关设备分合闸时冲击电压的影响，目前从运行情况来看，效果不明显，因此，建议后续项目采购优质的IPB测温装置并优化布置设计，或者考虑取消该套装置。

关于IPB设备配套PT柜。锦屏二级水电站在机组试运行及投运后均发生过发电机出口PT及主变低压侧PT保险脱落情况，脱落原因是保险支撑绝缘子底部槽钢有裂纹，在进行PT小车操作时，小车触头受到撞击，使得熔断器从电压互感器侧卡口滑出，在运行阶段发现此种情况需要停机进行处理，影响较大。建议在设备设计阶段考虑采用技术手段消除出现此种故障的可能，PT熔断器应设计固定牢靠，同时，为便于观察，建议后续PT柜应设置观察孔，观察孔应观察到所有的导体连接点。

其他设计应注意问题。

（1）目前除锦屏二级水电站，锦屏一级、官地、桐子林水电站均安装了IPB设备的消谐装置，从投运情况来看，设备运行情况较好，基本无谐振现象，为避免可能存在的风险，消除谐振隐患，建议后续IPB设备均加装消谐装置。

（2）锦屏二级水电站在安装期间，由于合同中规定的焊丝不够，为满足现场安装需求，发生了合同变更，增加了数量，为避免类似情况发生，确保合同顺利执行，建议后续设备招标设计中，对封闭母线设备的消耗品（焊丝、油漆）的供货界面及数量进行明确，全部由制造厂家提供，避免合同纠纷。

（3）IPB大部分辅助设备，均为制造厂家外购，在已投运的电站中，发现部分外购件质量参差不齐，建议在后续招标过程中对IPB设备的主要外购元器件提出明确的要求。

（4）IPB短路试验装置由制造厂家提供，在设计阶段应考虑方便后期试验，短路试验装置应具备升降功能，同时短路试验装置可以拆卸，具备做任意两相短路试验的功能。

（5）IPB尽量采用吊装。

（6）所有采用铜辫子连接的螺接结构采用板螺母。

（7）官地水电站IPB内CT采用均压弹簧式与导体接触，运行过程中出现异音，停机检查后发现该处均压弹簧放电烧损，部分均压弹簧未与IPB导体接触或嵌入导体内。后续在检修过程中将IPB内CT的所有均压弹簧均更换为均压线，目前运行过程良好。建议后续IPB内CT均采用均压线方式。

（二）生产运输

绝缘子问题。锦屏一级6号机组在2013年10月10日16时发生瞬间单相接地故障，造成机组非计划停机。10月29日停机后进行检查及交流耐压试验，电压达到42.4kV发生击穿现象，没有达到规程要求的51kV电压，检查发现在主变压器低压侧PT柜B相上方第一组支柱绝缘子中的一只绝缘子已碎成多片；4号机组在封闭母线安装过程中，在进行交流耐压时发现有5只支柱绝缘子没有通过，现场进行更换。为避免类似事件发生，建议后续所有绝缘子均应经过耐压试验，且有相应试验报告，同时安装前应检查所有绝缘子的完好性。

设备运输锦屏一级封闭母线运至漫水湾转运站后，经检查，每一批设备都存在导体和外壳错位的情况，原因为导体和外壳之间加固件不合理，在运输途中车辆颠簸导致加固件和导体之间焊缝断开；由于加固失败，导体质量完全由支柱绝缘子承担，再加上车辆颠簸，更加重绝缘子冲击受力，最终导致部分支柱绝缘子产生裂纹和碎裂。建议后续加强设备运输管理，特别是易损件、易碎件，运输前做专项方案，确保设备运输过程中无损坏现象。

IPB设备的交货问题锦屏一级、二级、官地、桐子林水电站IPB母线设备采购合同，在合同执行过程中，均存在不同程度的交货进度缓慢的问题。公司IPB设备采购均为公开招标，且上述电厂的供货厂家均为国内行业内知名的制造厂家，分析原因：一是IPB制造厂家竞争激烈，部分厂家通过低价在同一时期内拿下多项订单，导致生产制造时，产能不足，引起交货冲突，导致交货进度滞后；另一个原因是IPB设备成本受制于原材料铜材、铝材，由于铜、铝价格随市场的波动较大，制造厂家为控制成本，导致制造进度、交货进度滞后。为避免类似问题，建议后续招标过程中应招标时间应选择合理的时机，适当缩短供货周期，充分了解掌握各制造厂家的产能，同时，在合同执行期间，密切跟踪设计制造进度，把控交货进度。

（三）安装调试

（1）电流互感器安装问题。锦屏一级6号机离相封闭母线B相CT（6号GCB靠发电机侧）的等电位线未固定牢靠，投运后因设备振动，出现松动脱落，使等电位线与离相封闭母线外壳绝缘距离不够（约 2cm），导致运行中母线对地放电，使定子一点接地保护动作，原因为：离相封闭母线 CT 等电位线的安装方式，对设备长期运行处于的现场环境考虑不足，安装工艺控制不到位。（2）桐子林水电站 2 号机组在机组调试阶段，由于引线松脱，导致 CT 开路，设备烧损，原因为：CT 二次端子接线为单芯硬导线，安装时尖嘴钳剥伤了铜导线，弯圈后加剧损伤，运行中因振动出现虚接放电最后完全断开，CT 在开路情况下二次感应电压很高，导致二次绕组绝缘击穿，并使铁心磁路过饱和而热 CT 烧坏。建议后续加强安装管控，控制好安装质量，各引线应固定牢固，投运前应详细检查，避免电流互感器开路。

（2）PT 柜安装注意事项。发电机出口 PT 一次绕组中性点连接电缆头接触故障，锦东电厂 1、2 号机先后发生单相接地跳机事故，检查发现原因均为发电机出口 PT 一次绕组中性点连接电缆头与 20kV 带电导体直接接触，导致机组出口 PT 一次绕组中性点连接电缆头发生闪络，从而引发接地故障。采取措施是对机变 20kV 系统所有 PT 柜内带电导体与地之间距离过小部位进行整改，使其电气安全距离保持 180mm 以上，对一次绕组中性点连接电缆采取固定措施。建议安装过程中监理与施工单位加强安装质量把控，对带电部位与接地距离严格按照《电气装置安装工程电缆线路施工及验收规范》执行与验收；IPB 柜内电缆由厂家完成配线，柜体、设备之间的电缆由安装单位完成，厂家进行指导，责任应明确，应由厂家负责。

十、厂用干式变压器设备

雅砻江公司已投运水电站厂用变压器设备均采用的是干式变压器，和传统油变压器一样，均为电力系统中较常见的设备，大量应用与工业及日常生活中，其生产制造技术已经相当成熟可靠，和油变压器相比，占地空间小，附属设备少，结构简单，后续运行维护简单，由于水电站厂用变压器均在室内，在容量能满足要求的情况下，基本上均选用干式变压器。从目前各电站的运行情况来看，设备性能可靠，运行状况良好。厂用干式变压器如图 4-22 所示。

图 4-22　厂用干式变压器

（一）招标采购

虽然厂用干式变压器已在电力系统中广泛的应用，但是在水电站中对厂用变压器也有特殊的要求，良好的品牌及制造厂对于设备的质量保证、交货保障、后期运维都至关重要，由于水电站厂用负荷较多，水电站中干式变压器的特点是单台容量比常规电网系统中干式变压

器大，其与外部设备连接接口也相对复杂，因此，为保障质量的可靠，在设备招标过程中，应注重水电站供货经验及单台大容量干式变的制造能力，并结合相应的水电站的特点提出具体的业绩要求。

（二）设计制造

虽然干式变压器为成熟产品、常规设计，但应结合现场实际情况充分考虑，特别是下面几个方面：

（1）设计阶段应考虑的问题。应考虑干式变压器的外部连接（包括电缆及插接母线）布置，避免后期安装出现问题，锦屏水电站厂用高压变压器在安装过程中就出现电缆安装布置的相关问题，后期经现场处理解决；桐子林水电站插接母线由于未采用吊架支撑，在设计阶段就要求其本体具备相关的承重能力。

（2）关于变压器的五防要求。根据能源局及电网的相关要求，干式变压器必须具备五防的能力，特别是干式变压器柜门电磁锁的要求，由于水电站干式变压器有多种电压等级，为满足相关五防要求，同时避免附属设备过多，建议 10kV 以上电压等级干式变压器不安装柜门（为方便检修，安装可拆卸的变压器面板），400V 电压等级的干式变压器的可加装电磁闭锁柜门，电磁锁电源引至变压器本体。

（3）其他设计制造中需注意的地方。

1）厂用高压变压器设备的分接头螺栓应采用双头螺杆，由于水电站在汛期及枯水期送出负荷变化较大，其电压波动较大，为保障厂用设备的电压稳定，根据二滩水电站的经验及锦屏水电站目前的情况，厂用高压变压器每年都要通过调整分解头来调整变比，用以稳定厂用系统电压，鉴于二滩发生多起因分接头螺栓损坏引起的事件，因此对于后期的厂用高压变压器，其分接头螺栓应采用双头螺杆，以便于损坏更换处理。

2）为保障设备可靠接地，明显接地，变压器外壳应设置明显的接地点。锦屏水电站在设计过程中为干式变压器内部直接接地，外部无接地点，后经现场改造加装接地设备。

3）注重细节部位设计，例如变压器可拆卸面板，其螺栓应具备多次拆卸能力，并方便拆卸等。

（三）安装运行

锦屏电厂 3 号高厂变 C 相直流电阻不合格事项，2015 年 4 月，3 号机组 C 修中，试验检查发现锦西水电站 3 号厂用高压变压器 23BC 相低压侧绕组直流电阻不合格。原因分析：返厂解体变压器线圈，发现低压线圈铜引线有一根断裂，测量单根线圈直流电阻为 548.6mΩ，将两根连接后测量直流电阻为 275.1mΩ，确认低压线圈内部无异常，直流电阻不合格的原因为线圈引线断裂。后续建议：后续电站安装过程中，应严格按照交接试验规程进行试验，并对试验数据与出厂试验数据进行对比分析，监理单位应跟踪试验情况。

十一、高压开关柜及低压开关柜设备

厂用电系统高压开关柜数量多，为了提高供电可靠性，缩短断路器检修时间，满足消防要求，流域厂用配电装置一般采用户内金属铠装移开式开关柜。雅砻江公司已投运水电站的厂用系统均为两个电压等级，相应的开关柜设备采用高压开关柜和低压开关柜，高压开关基本采用 10kV 电压等级，低压开关柜采用 400V 电压等级，根据国内目前各开关柜制造厂的情况，以及各制造厂侧重的电压等级不同，在锦屏一级、锦屏二级、官地、桐子林水电站开关柜设备的招标过程中，将高压开关柜设备与低压开关柜设备分成两个进行招标（国内其他电站也有将两个电压等级设备放在一起进行招标），虽然大部分开关柜制造厂均具备同时生产两种电压等级开关柜的能力，但从招标结果及目前已投运电站的设备情况来看，分开招标有利于充分提高设备的竞争性，同时发挥各制造厂家的优势，并且从目前运行情况来看，高低压开关柜设备总体运行稳定，除了部分附属部件外，其核心部件高低压断路器设备性能比较稳定、可靠。由于高压柜、低压柜结构相似，相关总结可以互为参考。开关柜如图 4-23～图 4-25 所示。

图 4-23　高压开关柜

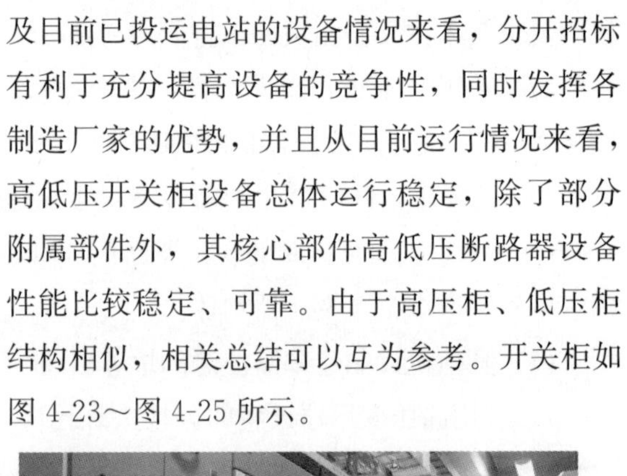

图 4-24　高压开关柜

图 4-25　低压开关柜设备

（1）核心元器件断路器采用推荐品牌，招标前应明确相关的型号。无论是高压开关柜，还是低压开关柜，其核心部件均为断路器设备，由于目前国内外断路器制造厂家较多，质量参差不齐，为保障设备的质量，参考锦屏一级、二级、官地、桐子林招标过程中的经验，建议后续招标过程中，继续对核心元器件断路器采用推荐品牌，例如对于高压柜设备，应明确要求断路器（包括操动机构、底盘车，手车动、静触头，二次接插组件等）应选用相当于施耐德、ABB、西门子、伊顿等国际知名的产品，对于低压柜设备，应明确要求主要元器件（包括框架断路器、塑壳断路器、微型断路器、接触器、插接组件等）应选用性能相当于西

门子、ABB、伊顿 Moeller、施耐德等产品，并结合水电站的供货制造情况，对制造厂的水电站供货业绩提出具体的要求。

（2）注重主要外购件特别是二次元件的选择、设计。目前已投运的开关柜设备，特别是高压开关柜设备，在锦屏一级、官地水电站、桐子林水电站的调试、运行中，均发现过备自投装置不同程度的问题。究其原因，一是因为水电站各厂用系统构成差异较大，其备自投逻辑关系也不一样，很多缺陷需在调试过程中进行暴露和解决，第二是目前国内备自投厂家，质量参差不起，如未在招标过程中对品牌、业绩进行限制，制造厂家提供的均为低价产品。因此建议后续招标过程中，一是对二次元件设备（备自投、多功能表、电流表、电压表等）做成具体的要求，特别是业绩要求，放在二次设备中进行招标。二是在设备设计过程中，对其功能、逻辑关系进行明确。

（3）型式选择应便于操作、尺寸适当。对于高压开关柜，目前流域已投运水电站大都采用户内金属铠装中置移开式开关柜，该种开关柜便于操作、维护方便。由于水电站大都采用地下厂房，其配电室空间布置均比较紧凑，为合理布局，确保后续运行维护方便，在招标前应充分结合土建尺寸，对开关柜的具体尺寸做成明确要求，对于尺寸较小的厂房，应提前考虑，采用充气柜等型式的设备，例如锦屏二级水电站，受制于布置面积，采用了 SF_6 充气式高压开关柜设备。

（4）选取合适的开关柜容量，充分预留备用开关。对于高压开关柜和低压开关柜，在设计过程中均应设置适当的裕度，确保后续的需求，减少后续的变更，特别是后续将厂外、生活用电纳入厂用电系统后，厂用电负荷将趋于增加，在锦屏一级、二级水电站的合同执行过程中均发生过大量增加低压开关柜的变更，对合同执行及制作交货进度均带来难度，因此建议在后续的设计过程中，一是要适当选择开关柜的容量，二是要预留足量的备用开关。

（5）注重细节设计，确保后续安装、运行维护方便。①锦屏一级水电站低压开关柜特别是检修动力箱设备在设计过程中，未充分考虑断路器设备与电缆的连接，导致断路器的选择和电缆的选择匹配出现问题，电缆与断路器的端子直接连接十分困难，后续经现场增加断路器引接短铜片，使电缆断路器进行了间接的连接；②桐子林水电站高压开关柜未充分考虑用户习惯，制造厂家根据其自己的标准化设置，将开关柜二次控制室放置在开关柜的下半部，现场运行检修过程中，操作不便利，但因设备已成型，无法进行更改，建议后续应结合用户习惯进行充分的考虑；③注重检修动力箱各开关大小及位置的配置，桐子林水电站检修动力箱在设计时，充分听取现场习惯，结合各部位检修负荷使用情况，确定各检修动力箱的开关大小，与实际负荷进行匹配。④注重 400V 开关柜二次端子设计。例如官地水电站厂用 400V 负荷开关二次端子易损坏，无省力装置，操作不便，厂用 400V 负荷开关二次端子为插接结构，采用塑料分体，在抽屉开关进、出时铜支撑片易变形，塑料卡易断裂，建议改为一体式结构。厂用 400V 负荷开关盘柜内二次端子插座与抽屉开关二次端子插头如图 4-26 所示。

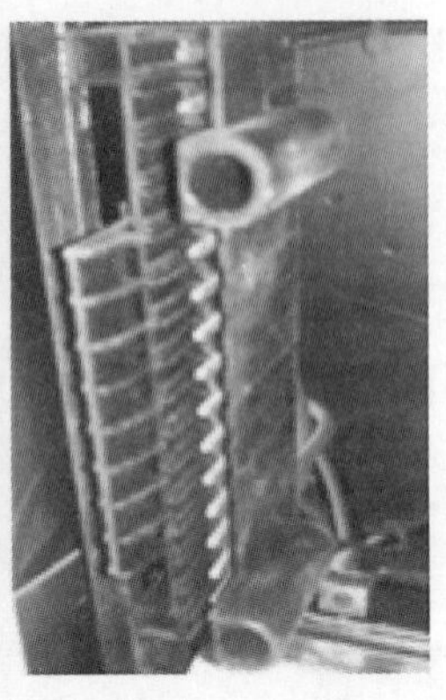

图 4-26　厂用 400V 负荷开关盘柜内二次端子插座与抽屉开关二次端子插头

（6）其他：①做好各厂用电设备的五防设计，满足电网反措要求，减少后期完善工作。例如：锦屏一级发生过带地刀合闸刀的事件，考虑闸刀内电气、机械闭锁的布置，隔离开关柜设备内不设置地刀。②考虑用户习惯，对于备品备件、专用工具提出明确的要求，例如：应配置数量足够的高压开关检修小车，以便于后续检修过程中的高压试验；同时为减少安装调试过程中的遗失问题，开关柜操作把手应配足量；为便于后期运行人员的操作，与带电设备保持安全距离，在专用工具中增加高压开关柜专用接地小车设备。

十二、柴油发电机组设备

在设计阶段，流域各电站一般考虑系统以及地区电源失去联系时，为维持厂房渗漏排水系统、大坝泄洪系统、消防等重要负荷的正常工作，公司各电站均设置柴油发电机组作为电站事故保安备用电源，且已投运的各电站均结合自身的特点配备了不同数量、不同容量的柴油发电机组。柴油发电机组如图 4-27 所示。

图 4-27　柴油发电机组

（一）设计阶段

（1）应急电源选择。应急电源一般采用柴油发电机组，机组黑启动电源应根据电站本身在系统中的位置进行配置，防汛备用电源的选择应根据水电站的需求来设置，一般水电站的大坝或闸坝泄洪设备均需配置一台柴油机设备以满足闸门的开启泄洪功能（雅砻江流域已投运水电站的大坝或闸坝均配置了柴油发电机组），对于地下厂房，还需考虑防止电站全厂停电并失去全部系统电源水淹厂房，锦屏二级水电站针对此，专门设置了两组柴油发电机供电厂内、外渗漏排水系统。柴油发电机组的容量，应根据电站的实际负荷进行选取，以满足相应的要求。

(2) 电压等级选择。保安柴油发电机组优先考虑10kV电压等级。随着设备制造水平的提升，大容量高电压等级的柴油发电机组技术也较成熟稳定，选用10kV电压等级可以更方便地接入厂用电系统，减少附属设备，运行操作也较灵活。

（二）招标采购

虽然工业领域柴油发电机组基本类似，但鉴于水电站自身的特点，以及对合同要求的特点，在资格条件设置时，一般仍然考虑设置具备相应的水电站的业绩要求，至于资格条件中容量的要求，则根据各电站的具体情况来设定。关于技术要求，则需根据各电站的特点和要求来进行限制，特别是与一次及二次系统的联系，需要进行相应的明确。从招标采购效果来看，目前流域各电站的设备基本运行稳定，运行状况良好。

（三）其他注意事项

(1) 关于电站的要求，需在合同中进行明确。特别是电站系统的相关要求：柴油发电机组控制系统应能接受电站计算机监控系统下发的“启机”和“停机”无源空接点命令。并且可将机组运行中的状态及故障信号通过硬接点方式上送电站计算机监控系统。柴油发电机出口断路器应预留远方跳、合闸硬接线接口及闭锁接点，便于监控系统及保护系统对其进行远方控制。

(2) 由于柴油发电机组的投运是在全厂紧急情况下，且没有任何外来或者自供电的情况下启动，因此，作为应急保安电源的柴油发电机组具备无外界供电情况下自启动能力。

(3) 注重代理商执行合同的合同管理。从目前市场情况来看，柴油机制造厂家为减少成本，控制投资，一般不直接参与招投标，而是采用中间代理商来完成相应的招标、合同签订、合同执行等工作，设备制造厂负责设备供货和技术支持，因此，在合同执行过程中应抓好合同主体，同时与制造厂保持良好的沟通渠道，减少合同中变更，快速处理相关问题，确保合同执行的顺利。

(4) 关于柴油机组的交货和安装调试。与其他机电设备相比较，安装单位包括土建单位对该设备的重视程度较少，一般在主要机电设备都安装完毕后，才进行相应的安装调试，但同时设备的安装又取决于土建和安装的进度，在锦屏、桐子林水电站均出现过，设备交货后很长的一段时间未完成安装调试工作，其中锦屏二级一台柴油机由于到货放置时间过长，其启动电瓶由于长期未进行充放电，在安装完毕后发生容量降低现象，对合同执行工作带来很大的影响，因此，一方面要合理设置交货时间，另一方面要积极协调现场，提前准备。

十三、照明、桥架、电力电缆等设备

为保障质量，控制投资，不同于有些单位，将照明、桥架、电力电缆等设备纳入机电安装标，雅砻江公司各流域电站的上述设备均由公司自己单独招标采购，从最终执行的效果来看，设备运行可靠，投资可控。电缆桥架、照明系统如图 4-28、图 4-29 所示。

图 4-28　电缆桥架

图 4-29　桥架、照明系统

（一）招标采购

由于照明、桥架、电缆设备在招标设计时，其具体数量、位置和详细布置均未确定，上述设备的招标数量只能进行初步设计估算，因此相应的合同应为单价合同，具体金额应以实际到货数量来确定，同时由于上述设备随着安装的需求不断地调整，其到货时间和到货批次也将与实际需求进行调整，在招标时应充分的告知投标单位相关情况，并在招标文件中予以说明，避免后续合同执行过程中商务变更。同时为保障合同顺利执行，上述设备在招标设计过程中，无论是其规定的型号种类，还是各型号对应的数量，均应型号齐全，数量留有余量。

资格条件设置。由于水电站自身的特点，以及公司对该三项设备的招标特点（单价、多批次交货），对合同要求的特点，在资格条件设置时，一般仍然考虑设置具备相应的水电站的业绩要求，至于资格条件中容量的要求，则根据各电站的具体情况来设定。

（二）注意事项

（1）将电缆、桥架和照明系统纳入厂用系统设计，并对应进行专项设计，建议进行三维设计，从机电设备布置源头进行总体规划，减少后期整改和完善工作，使其布置合理、整齐、有序，满足达标投产及运行要求。

（2）应加强到货验收管控。一方面，由于电缆、桥架和照明设备为单价合同，合同结算数量以实际为准，在到货验收时应仔细、全面，到货数量型号、每批次的订单、发货清单三者保持一致，在锦屏、官地、桐子林水电站均出现过因为验收问题而影响最终结算的事项；同时，对于单价合同同批次数量较多的设备，特别是电缆设备，部分厂家容易投机取巧，导致到货数量缺斤少两，因此在到货验收时应注意抽查，并做好记录，同时在合同文件或招标过程中明确抽查的办法和严格的惩罚措施。

（3）对于照明设备：①各分电箱进线回路三极微型断路器或塑壳断路器应选用性能相当于西门子、ABB、施耐德等国际知名品牌的产品，各出线回路选用微型断路器，微型断路器应选用性能相当于西门子、ABB、施耐德等国际知名品牌的产品。②为减少后期厂用电损耗，节能减排，对于计算机房、控制室等部位尽量采用 LED 灯。相比与锦屏、官地照明设备，桐子林水电站增加了 LED 灯（主要用于办公室、控制室等处照明），从效果来看，部分区域更加美观。③对于疏散指示灯。疏散标志灯及应急灯的主要元器件应采用符合国家有关标准的定型产品（如 GB17945），其分包商应达到国家消防资质。

（4）电缆桥架应注重异型桥架和二次设计，多采用电缆柜或电缆槽盒结构。由于锦屏一级、二级、官地水电站的电缆桥架设备在安装完毕后，为满足达标投产的相关规定，仍然投入了大量的人力、物力对相关部位进行优化，特别是对异型桥架。在桐子林水电站电缆桥架招标过程中就采用了厂家配合安装承包商进行二次设计的办法，设计院分批次提供全厂桥架布置图，设备制造厂到现场进行二次设计测量指导配合工作，安装承包商完成桥架二次设计图纸，并提供异形桥架（非标件）订货清单，对最终实施效果负责。监理负责订货清单的审核并提交设计，作为最终订货及结算依据。从效果来看，桐子林桥架整体布局美观，一次性满足了达标投产的要求。电缆柜或电缆槽盒结构如图 4-30 所示。

图 4-30　电缆柜或电缆槽盒结构

（5）动力电缆设计时应与端子箱或设备相匹配。例如：锦屏一级就存在动力电缆线径太大，设备接线盒无法容纳。设计院考虑电缆长度引起的电压降，选择的动力电缆的截面积较大，设备接线盒无法满足接线的需要，现场不得不对接线盒做局部切割，设备接线盒不美观，操作也不安全。检修动力箱进线开关容量为 250A 或 160A，进线电缆大部分为 $3\times150mm^2+1\times70mm^2$，动力箱进线开关接线孔与进线电缆接线鼻子不配套，厂家根据现场电缆重新配置过渡连接铜排，才解决了电缆和开关的接线问题。建议后续项目，合理设计现地控制柜到设备的动力电缆截面积，在电动机、动力箱的设备采购合同中明确动力电缆的规格，便于厂家做配套设计。主变压器调排风机动力电缆与端子箱不匹配如图 4-31 所示。

图 4-31　主变压器洞排风机动力电缆与
端子箱不匹配（端子箱拆除一部分）

（6）电力电缆应加强电缆头的安装把控。锦屏一级发生过电缆头击穿现象，高压厂用变压器低压侧 10kV 电缆头单相放电引起电缆头绝缘严重烧损，造成电缆头相间短路、高压厂用变压器差动保护动作，导致机组、主变压器跳闸，原因为：电缆头安装工艺不到位，电缆主绝缘外屏蔽层未按厂家工艺要求延伸至一定尺寸的应力锥段，造成电缆导体在箱体开孔位置处的电场严重畸变，安装时电缆头指部弯曲不满足要求，进一步加重了该处电场的畸变，导致该位置在送电后出现局部放电，达到一定程度后绝缘严重下降，以致产生放电击穿，最终导致相间短路故障，如图 4-32 所示。

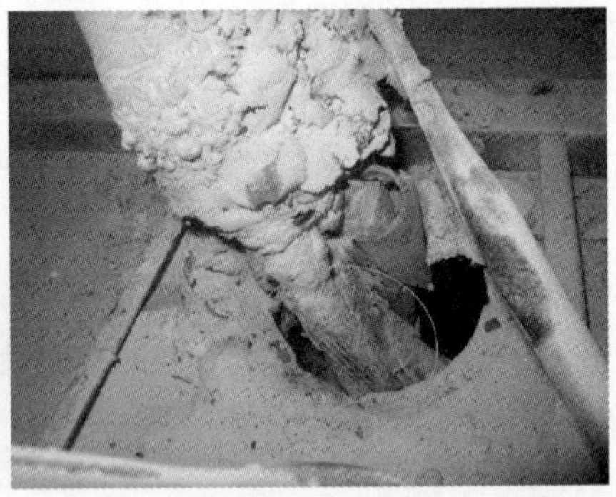

图 4-32　锦屏一级高压厂用变压器低压侧 10kV 电缆头故障

第五章　电气二次设备

一、电气二次专业工作内容

在电力系统中，通常根据电气设备的作用将其分为电气一次设备和电气二次设备。电气二次设备是指对电气一次设备的工作进行监测、控制、调节、保护以及为运行、维护人员提供运行工况或生产指挥信号所需的低压电气设备。机电物资管理部负责的水电站电气二次设备，主要包括计算机监控系统、励磁系统及其附属设备、继电保护系统设备、调速器系统及其附属设备、辅机监控及自动化元件、消防监控及其附属设备、机组状态在线监测系统及其附属设备、直流电源系统设备、工业电视及门禁系统设备、调度数据专网及自动化装置、为通信设备及涉网设备等。

根据公司多项目管理规范框架性制度中机电物资管理的工作界面，以及部门的职责分工，机电物资管理部电气二次专业主要负责上述电气设备的前期调研、招标采购、合同签订、设计制造、验收供货、安装协调以及质保期内缺陷处理等全过程的管理工作。现将电气二次设备合同管理和现场安装过程中存在的共性问题总结如下：

（1）积极关注行业技术发展动态和趋势，在确保设备稳定性和可靠性的前提下，保证设备投运时具备一定的先进性。水电站建设周期长，设备从招标到设备正式投运时间跨度大，而二次设备的更新和换代在不断进行，存在着设备尚未投运，而新一代的设备已经正式发布的情况。锦屏一级和二级的励磁系统设备在项目招标时中标厂家的投标方案均为 ABB UNITROL 5000 型，而同时期 ABB 公司正式发布 UNITROL 6000 型励磁装置，意味着励磁系统设备尚未投运即面临将停产的局面，将给后期设备的运行和维护以及备品备件的采购和管理带来诸多不便。因此在项目开始招标前，需要加强与潜在投标人的沟通和交流，积极了解行业发展动态和趋势，完善招标文件中关于设备型号升级的规定（如在招标文件中明确规定交货设备为最新型号，且合同总价保持不变），在确保设备稳定性和可靠性的前提下，保证设备投运时的具备一定的先进性，为二次设备的运行和维护奠定良好的基础。

（2）加强设计过程管理，严格审查设计院和承包人的设计方案，确保设计方案满足行业最新的规程规范和电厂长期安全稳定运行的要求。目前电力市场竞争异常激烈，对设备安全运行的要求越来越高，需要将设备的可靠性和稳定性放在更加重要的位置。在招标文件编制阶段要加强对设计院招标文件的审查，积极吸收和借鉴锦屏、官地合同执行过程中的经验教训，在招标文件中逐条细化、落实和完善。招标设计方案在满足国家相关规程规范的同时还应具有一定的深度和裕度，减少合同执行过程中的变更，为合同的顺利执行奠定良好的基础。

（3）优化自动化元件设备选型，选择质量可靠、性能优良的自动化元件。自动化元件是电厂自动化的基础，是各二次系统的“耳目”和“手脚”，它担负着自动监视、测量机组和辅助设备状态，按规定的程序执行自动操作和发出报警信号等任务。电厂自动化元件的运行环境非常特殊，主要表现在：运行环境恶劣；电磁干扰的强度非常大；运行时间长、不易维护。自动化元件在整个电站项目中的投资占比较小，但是对于电厂安全稳定生产和减小检修人员维护工作量意义重大。机电设备在安装调试完毕后，将逐步进入稳定运行的阶段，自动化元件的稳定和可靠将在一定程度上决定电厂安全稳定运行的水平。因此在招标阶段需要不断优化自动化元件设备的选型，选择质量可靠、性能优良的自动化元件。

（4）重视设计联络会，充分发挥设计联络会在合同执行中的作用。在设计联络会会议召开之前，提前将设计联络会会议资料分发至公司相关部门和单位，针对承包人提供的设计方案征求书面审查意见，并结合合同文件的规定和同类型设备在电厂的实际运行情况，汇总形成设计联络会议题，确保设计联络会的会议质量和效果。设计联络会议纪要作为合同文件的组成部分，要严格督促承包人逐条落实。

（5）结合设备的特点和现场实际运行状况，严格审查厂家图纸，确保控制原理的正确性和控制过程的完备性。在设备正式开始生产前，需要严格审查二次设备的原理图、配线图和程序框图等。首先应严格审查图纸设计原理的正确性，但原理正确并不等于控制过程是完备的，尤其是涉及计算机控制系统、继电保护系统的相关设备。图纸资料审查是质量控制中主动控制的重要环节，它不仅可以影响工程建设的质量和进度，更主要在于为设备投产后长期安全、稳定运行打下了良好的基础。

（6）加强与设计院、设备生产厂商之间的沟通和协调，确保设备之间接口的匹配。电气二次设备是一个有机的、统一的整体，但二次设备种类众多，设备之间对接的接口较为复杂，且各生产厂商接口不尽统一，为保证各二次系统设备连接工作的顺利进行，需要重点关注设备连接接口和通信协议的匹配和统一，需要加强与各设备生产厂商之间的沟通和协调。在设备工厂设计阶段，预留满足对侧设备要求的接口。例如组织各设备生产厂商专门召开二次系统设备接口协调会议，在会议中对于各设备的通信接口、通信协议和连接方式等进行充分的讨论，并在会议纪要中予以明确，盘柜内设备的布局应合理。

（7）二次盘柜和通信柜电缆宜采用“下进下出”的方式布置，合理布局盘柜内的设备。电缆采用“下进下出”的布置方式有以下好处：整体协调美观；有利于盘柜内设备的散热；方便后期防火材料封堵等。盘柜内的设备布置，既要充分考虑设备的散热问题，还要方便设备后期的检修和维护。盘柜要和油、气、水等管路分开布置，应避免油、气、水等管路布置在电气盘柜上方的不合理现象。

（8）进一步细化备品备件的种类和数量，便于备品备件的供货和管理。为保障设备的安全运行，招标文件中包括部分备品备件，但对于规定备品备件的种类和数量的规定往往不够

详细，导致合同双方在合同执行过程中对于备品备件种类和数量的解释存在较大的差异，不便于合同的执行和管理。招标文件关于备品备件数量的单位不宜以“台套”计，对备品备件的种类、数量和单位的规定要直观、清晰和明了，确保在合同执行过程中不会产生争议。同时考虑到节约备品备件的采购成本，建议后续项目可结合已投运设备的运行情况，在招标文件中合理地规定备品备件采购的种类和数量，保证电厂 3～5 年内安全稳定运行的需要。

（9）加强设备在转运过程中的管理，避免二次转运而导致的设备损坏。电气二次设备涉及的合同数目众多、设备种类繁杂，不具备在交货地点全部开箱验收的条件，部分设备只能等到安装时在现场开箱验收。设备到达现场前还需要转运，在运输过程中导致的损坏责任无法认定。锦屏一级 5 号机的励磁系统设备盘柜在现场开箱验收时发现灭磁电阻破损，分析认为是盘柜倾倒所致，虽针对此事专门召开分析会，但是原因无法查明，也无法追究相关单位的责任。鉴于此，建议后续项目采取切实可行的技术手段，进一步加强设备在转运过程中的管理，确保设备转运过程无误。同时建议后续项目具备条件的设备尽可能采用整体交货的方式，出厂时应整体组装、调试完毕，现场只需将其焊接在槽钢上即可。同时在招标文件中要求盘柜外部必须安装冲撞记录仪。励磁系统破损的灭磁电阻如图 5-1 所示。励磁系统受损励磁盘柜过滤窗如图 5-2 所示。

图 5-1　破损的灭磁电阻

图 5-2　受损励磁盘柜过滤窗

（10）加强现场成品的管理和防护工作，预防灰尘和潮气对设备的不良影响。二次设备对于运行环境的要求较高，灰尘和潮气对设备绝缘水平和散热性能等存在着潜在的危害。由于存放场地的限制，设备在安装之前通常会在现场临时存放，而临时存放的条件非常有限，为避免现场施工和厂房装修等诸多不利因素的影响，需要切实做好成品设备的防护工作。锦屏二级消防系统在试压过程中，消防水管泄压喷水，导致未采取遮挡防护措施的 3 号机励磁盘柜淋水受损严重。因此建议在存放、安装、调试过程中采取必要的防护措施，尽可能减少灰尘和潮气对设备造成的潜在危害。在设备投运的初期，设备运行的环境仍然比较恶劣，要加强二次设备的清洁和除尘工作。励磁系统功率过压保护回路面雨淋情况如图 5-3 所示。励磁系统 1 号功率柜雨淋情况如图 5-4 所示。

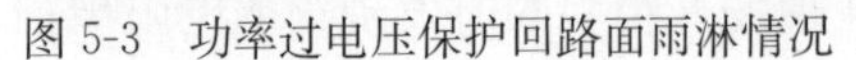
图 5-3　功率过电压保护回路面雨淋情况

图 5-4　1 号功率柜雨淋情况

（11）加强配线过程管理，确保二次回路的正确和完整。二次设备之间信号的传输主要是通过控制电缆、光纤、串口连接线、网线等来完成，而控制电缆又占据绝大多数，因此电缆的配线工作显得尤为重要，配线工作包含对线、号头打印、电缆头制作、端子连接和紧固等方面，任务十分繁琐，需要参建各方切实履行职责，保证配线质量，确保二次回路的正确和完整。在后期复查阶段应充分利用仪器、仪表，检查接线的正确性和可靠性，尤其应确保关键回路例如实时控制回路、保护跳闸回路、CT/PT 回路等接线正确、可靠。锦屏一级 5 号机在运行的过程中发变组保护装置失灵保护动作，保护出口跳闸。经现场检查发现，失灵保护动作信号不是来自 500kV T 区保护盘柜，5 号机保护装置 A 柜与 500kV T 区保护盘柜失灵保护连接电缆不是同一根电缆，5 号机保护装置 A 柜失灵保护电缆未接入 500kV T 区失灵保护盘柜，该电缆被直接放置在电缆桥架上，未做任何处理，现场在涂刷防火涂料时，A 柜失灵保护电缆浸入防火涂料后短路，启动 5 号机发变组保护装置 A 柜失灵保护动作。因配线不合格而导致电厂在运行时发生故障的实例不胜枚举，是电厂安全稳定运行的极大隐患，也极易导致事故的进一步扩大。因此建议在配线过程中，筹建电厂的技术人员全程应参与指导、监督和复查。未接线电缆标签如图 5-5 所示。未接线电缆头浸泡在防水涂料中如图 5-6 所示。

图 5-5　未接线电缆标签

图 5-6　未接线电缆头浸泡在防火涂料中

（12）加强现场设备的调试和试验管理，保证设备在最优工况下运行。设备在安装完毕后，将正式进入调试阶段，设备在调试时首先需要保证本系统功能能够准确实现，设备运行正常。因设备（特别是非标准化的设备）的特性、运行工况和技术参数不尽相同，需要在调试的过程中不断试验和探索，不断完善设备的控制流程，优化设备的技术参数。例如锦屏一级和官地电厂调速器均在有功开度调节模式下运行，有功调节主要存在以下问题：水头下降时机组负荷缓慢自然下降，2013 年 7 月 10 日，官地 1 号机组调速器运行在“远方、自动、开度模式”下，导叶开度稳定在 79.9%没有较大变化，有功功率出现下降，有功设定值与实发值最高差值 35MW，其余几台机组均出现类似情况，但是 1 号机最为显著；机组功率调节存在超调现象，2013 年 12 月 9 日，官地 3 号机在进行参数率定试验时，调速器运行在“远方、自动、开度模式”下，在功率设定值变化后，出现机组有功超调现象，最高超调 28MW。机组在试验和运行期间有功调节出现异常，PID 调节参数未能适应不同水头下的水轮机调节特性，有必要对机组 PID 调节参数、有功调节步长、功率死区等进一步优化，充分开展模拟试验论证。试验是检验设备安装和调试质量的一个重要环节，也是考核设备综合性能必不可少的关键环节，对于检验设备安装和调试质量至关重要。在试验条件允许的情况下，应充分进行模拟试验和传动试验等，保证设备在最优工况下运行。

（13）加强二次设备控制程序的管理，确保程序版本统一。二次设备安装调试时间长、跨度广、参与调试的单位和人员众多，在调试过程中如出现的新问题，控制程序还需要不断的优化和完善，容易造成同一个电厂同样的设备控制程序版本不统一、集控中心及流域电站计算机监控系统通用程序版本不一致等问题。例如桐子林组进行启动试验时，模拟保护动作停机，停机信号同时送 4LCU 和 4EMC。4LCU 对应控制流程未启动，4EMC 流程启动。承包人初步分析认为 4LCU、4EMC 中保护信号启动电气事故停机流程做延时处理（1LCU、1EMC、2LCU、2EMC、3LCU、3EMC 未添加延时），同时因为 CPU 扫描周期偏长（机组的扫描周期偏长），最终导致 LCU 停机流程未启动的现象。在电厂调试的过程中，需要加强控制程序台账的管理，程序的修改和完善应有相应的记录和说明，在机组检修期具备条件时应逐步统一完善，避免因为控制程序版本和参数不一致而导致不安全的事件发生。

（14）细化现场安装调试人员技术资格要求和规定。设备调试质量一定程度上关系设备的安全稳定。鉴于现场调试的重要性，建议后期在招标文件中对于现场安装调试技术人员的资质（工作年限建议 3 年及以上、工作业绩具备调试同等单机规模及以上机组的经验）要求做出明确的规定，一旦调试人员确定后，无特殊的理由不得随意更换，同时为保证安装调试工作的顺利开展，建议管理局对于调试人员在食宿及交通方面提供便利。

二、计算机监控系统及其附属设备

计算机监控系统是整个水电站的控制神经中枢，是实现“无人值班、少人值守”的核心和关键。计算机监控通过对电站设备信息进行采集和处理，实现电厂的实时监视、控制、调节和保护，大大提高了水电站的自动化水平和安全稳定运行水平。对于优化机组运行方式，保证机组安全稳定运行，提高电站的经济效益具有十分重要的意义。目前公司已投产的计算机监控系统基本满足电厂安全稳定运行的要求。计算机监控系统上位机如图 5-7 所示。计算机监控系统现地控制屏如图 5-8 所示。

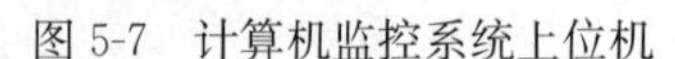

图 5-7　计算机监控系统上位机

图 5-8　计算机监控系统现地控制屏

锦屏、官地计算机监控系统设备全部投运后，设备总体运行良好、基本满足现场“无人值班、少人值守”的要求。为进一步提高计算机监控系统设备的安全性和稳定性，结合在运行过程中出现的问题，总结经验如下：

（一）关于分标方案

按照设计单位传统的分标模式，时钟同步系统设备单独招标，为减少合同数量、减少不同设备承包人之间的沟通和协调工作量，便于合同的执行和管理，建议后续项目将时钟同步系统设备纳入计算机监控系统标中一并采购。

UPS 电源系统可以与计算机监控系统一起采购，也可以与直流电源系统设备一起采购，鉴于 UPS 电源系统设备的重要性，为确保 UPS 电源系统设备的质量，建议 UPS 选用电力专用型的电源系统设备，并随计算机监控系统标中一起采购，同时可考虑在招标文件中推荐 UPS 品牌。

（二）关于计算机监控系统设备招标设计

（1）计算机监控系统招标资格条件设置。目前国内主流的计算机监控系统厂家主要有 4 家（安德里茨中国有限公司、南瑞集团公司、北京 ABB 贝利工程有限公司、北京中水科水电科技开发有限公司）。锦屏官地项目招标时资格条件为：投标人独立集成过同等规模或近似规模（水电站单机容量不低于 300MW 总装机不低于 1000MW）的水电站计算机监控系统，且投入商业运行两年及以上。鉴于近几年投产的特大型水电站较多，后续项目招标的资格条件设置不得低于锦屏和官地项目要求，应结合项目的实现。

（2）流域电站的日常运行以成都集控中心的远程监控为主，但是电厂层计算机监控系统也应具备完全独立控制功能，厂站层监控系统一般采用双光纤冗余以太网，站控级设置冗余的系统服务器和操作员工作站，语音报警工作站、通信网关机、工程师工作站等。在电站的机组、地下厂房公用设备群、开关站、进水口、泄洪闸等相对重要和集中的部位设置现地控制单元。现地控制单元的双 CPU、电源模板和网络接口卡等均采用冗余配置方式。

（3）大型水电站计算机监控系统网络形式的选择。大中型水电站计算机监控系统站控级与现地 LCU 通过双星型或双环网连接均具有较高的可靠性，但双环网结构在电站设备完全投运之前环形网络难以形成，且随着新机组不断投产，导致网络的频繁开环，双星型结构网络使用效率更高。近几年的特大型水电站均采用双星型网络结构，因此计算机监控系统建议采用双星型网络结构。

（4）优化服务器设备的架构和选型，方便现场检修和维护。为保证计算机监控系统的实时响应性，锦屏、官地和桐子林监控系统服务器均采用小型机（上位机实时数据服务器和历史数据服务器采用 HP 公司刀片机服务器），该类型服务器结构复杂，固件和软件需要定期升级，维护技术不对外开放，服务器软件硬件升级和日常的检修维护工作都必须由 HP 授权的专业技术人员完成，服务器维护的成本较高，服务响应速度也无法满足现场的要求，给电厂的工作造成了一定的困扰。随着技术的发展，基于 X86 架构服务器与小型机之间最大的鸿沟：性能与 RAS 特性（reliability，availability and serviceability，可靠性、可用性与可维护性）已经逾越，而 X86 架构服务器还具备维护更加方便的优点。目前公司相关部门也在开展淘汰小型机的研究，建议后续项目可参考国内同类型电站的使用情况，考虑采用稳定可靠，性能优良，维护方便的 X86 架构服务器。

（5）重点关注 PLC 等设备品牌和型号的选择。计算机监控现地控制单元可使用的 PLC 品牌较多，即使是同一品牌，产品系列也很多，不同 PLC 处理器的运算机理不一，单从控制器的技术参数如 CPU 主频、内存、运算速度上很难界定 PLC 产品档次，鉴于国外计算机监控系统成套厂商均会采用自已的 PLC 或智能 IO 进行投标，建议在招标文件中直接推荐 PLC 的产品系列。

（6）加强对不同厂家技术方案的研究和了解，确保投标人的技术方案最优。锦屏、官地水电站专业技术人员在承包人工厂联合开发时发现 LCU 中两 CPU 各配置一个网卡分别接入 A、B 网，与施耐德 PLC 推荐的典型设计方案不同，进一步深入研究发现在网络故障时需切换 CPU，切换时间较长可能造成 AGC 等实时任务中断。合同虽然规定双机热备用切换时应保证无扰动并保证实时任务不中断，但是没有要求单个 CPU 要配置两个网卡分别接入计算机监控双网（A/B 网）（不同的厂家采用的技术方案不同），承包人为节约成本，在投标方案中一个 CPU 只配置一个网卡。截止到锦屏、官地机组全部投产，虽然未出现因网卡故障导致的不安全事件，但是终究不是最优的设计方案。诸如此类的问题，需要加强对不同厂家技术方案的研究和了解，加强与潜在投标人的技术交流，在招标文件中进一步细化和明确相关

的技术要求，确保技术方案最优。

（7）采用性能优良和稳定可靠的机组多功能变送器。监控 LCU 之前设计有交流采样装置（交采表，备用）和有功、无功变送器（主用），交采表通过通信方式将测量的有功、无功、频率等信号传输至机组 LCU，由于交采表存在测量精度不高，响应速度等问题，导致监控系统在使用交采表的有功、无功作为实时控制信号时，无法及时准确识别并进行控制（目前已改为多功能变送器，品牌为德国 GMC 型号为 DME442，4 路模拟量输出，带 RS232 通信，交采表只作为测量使用）。原合同供货的有功和无功变送器亦存在测量精度不高的缺点。鉴于仅凭技术参数难以界定多功能变送器的性能，建议后续项目招标时根据现场的实际运行情况，在招标文件中推荐多功能变送器的品牌和型号，以满足现场实时控制的要求。

图 5-9　锦屏二级计算机监控系统主机柜内设备布置

（8）进一步强化招标文件的设计深度、优化设备的设计和布置。目前已经投运的锦屏、官地、桐子林水电站，计算机主服务器柜和网络交换机柜均存在柜内设备布置过多、运行温度过高，需要采取辅助手段降温的现象，不利于计算机监控系统的长期安全稳定运行。在项目招标时未明确主服务器柜、网络交换机柜的数量和盘柜内设备的布置，导致承包人为节约制造成本，在监控主服务器柜和主交换机柜布置的设备过多，加上设备发热量大，导致柜内温度过高。针对类似的情况，建议在后续招标文件中，加强与设计院的沟通和交流，预留足够的盘柜安装位置，进一步强化招标文件的设计深度，明确设备的设计和布置，后续可再根据承包人的技术特点，在设计联络会上进行优化。锦屏二级计算机监控主机框内设备布置如图 5-9 所示。

（9）按照集控中心控制模式调整技术方案的要求，采购集控中心侧监控的相关设备。目前公司已经开始调整集控中心的控制模式，将电厂操作员工作站延伸至成都集控中心，涉及集控侧和电站侧的相关设备需要随之做出优化和调整。为保证新建电站顺利接入流域集控中心，电站计算机监控系统的招标采购宜包括集控中心侧的相关设备。

（10）严格执行电气二次设备安防相关规定和要求。鉴于目前对于二次设备的安防要求越来越严格，在招标文件中需要进一步完善相关软件和硬件要求，明确计算机监控系统软件必须包括安全加固软件、防病毒软件、入侵检测系统软件、漏洞扫描系统软件等。在合同签订后国家出台的最新的规程规范，承包人在执行合同时应遵照执行。

（三）关于计算机监控系统设备设计与制造

结合电厂运行实际情况，准确把握计算机监控系统的发展方向，将监控系统的设计做到最优。锦屏、官地电站计算机监控系统设备采购时，主控和辅控系统均是采用施耐德公司的

PLC 产品，主辅之间的通信也就采用施耐德公司推荐的 MB+串口通信方式。桐子林电站进行监控系统设备采购时，水电行业已经兴起以网络通信代替传统硬接线和串口通信的潮流。桐子林电站主控系统采用南瑞 MB80 系列 PLC，辅控系统采用施耐德 Premium 系列 PLC，机组 PLC 与辅控（顶盖排水控制系统、技术供水控制系统、油压控制系统、主变压器冷却器控制系统、高压油顶起系统、推力系统）PLC 以及水机、测温、进水口闸门、开关站和公用系统 LCU 之间全部采用网络通信，公用系统 PLC 与厂房渗漏排水控制系统、机组检修排水控制系统、中压空压机控制系统、低压空压机控制系统、空调控制系统 PLC 之间也是采用网络通信。网络通信加大了数据传输量、提高了传输速率，同时减少了硬接线，节约了投资。桐子林水电站先后多次发生机组开停机流程调用不成功的情况，也多次发生过 PLC 无故进行主备用 CPU 切换，且部分 CPU 切换后出现网络连接不成功的情况，经过多方查证原因归结为机组 LCU 的网络互取量太多，导致运行过程中部分连接在数据传输完毕后或连接不成功时未能及时释放网络资源，后续网络通信请求不能及时应答，更深层次的原因是在选择网络通信方式时，主辅控两侧 PLC 的品牌和型号不同，架构差别大，在互相通信时容易出现通信中断或不正常的情况。在后续项目的招标过程中，对于网络连接方式有三点值得注意：第一，在满足国家法律法规和公司相关规定的情况下，主辅控两侧的 PLC 尽可能采用同一品牌、且在同类型电厂有良好应用业绩的产品。第二，若通信两端不是同一品牌产品，需在合同执行过程中特别注意双方的通信事宜，让供货双方提前沟通通信方面的细节，防止现场生产运行时出现通信方面的问题；第三，根据电厂实际情况，确定辅助系统以及公用系统中哪些信号需要接入机组及公用 PLC，在满足电厂运行要求的同时不增加监控系统负担。

在计算机监控系统合同执行过程中应高度重视计算机监控系统的联合开发工作，使得最终设计具备实用性和便捷性。从硬件环境搭建完成并上电开始到产品完成所有厂内调试之前，应组织管理局和电厂相关技术人员按合同要求分批次前往承包人所在地进行联合开发。联合开发的目的是在设备出厂前双方根据合同和现场运行要求对软件开发、机组的控制流程等诸多方面进行讨论，减少现场调试的工作量，同时便于电厂人员全面学习和掌握计算机监控系统应用软件的编制方法和运行维护。联合开发的内容主要包括学习系统结构、设备工作原理、数据库结构和应用软件的运维方法，并在工厂内对画面布置、顺控流程、数据库配置和报表等进行初步的确定。联合开发期间，电厂技术人员可以对于监控系统设计提出书面的合理化建议，由机电物资管理部负责与承包人协商。

加强硬件设备研究和选型，确保设备的稳定性和可靠性。计算机监控系统设备投运至今，由于硬件设备导致的不安全事件主要包括：

（1）2012 年 7 月 6 日，官地计算机监控 UPS 系统在锦苏直流孤岛试验期时，两次发生故障，导致监控系统上位机停电及与调度的通信中断。2012 年 7 月 12 日，恢复 1 号 UPS 和 2 号 UPS 主机并机运行半个小时后，UPS 系统故障停电。随后，人工切旁路电源检查 1 号 UPS 过程中，再次发生 UPS 系统故障停电。

（2）紧急停机屏至进水口落闸门通信的光端机出现过误开出现象，目前暂采用硬接线实现落门功能。

（3）LCU盘柜防雷器绝缘易降低导致直流接地报警，LCU交直流双电源装置易导致直流环路故障。后续项目采购招标时应完善相关的规定，尽可能减少因为硬件设备的故障而导致计算机监控系统不安全事件。

加强软件的升级和完善，确保控制逻辑的稳定性和可靠性。计算机监控系统投运至今，由于软件控制逻辑不完善和性能不稳定导致的不安全事件主要包括：

（1）官地至集控通信异常导致2号、3号机有功负荷异常波动。由于监控程序控制安全策略存在漏洞，仅根据节点主从状态，在入口闭锁，未在出口设置闭锁。

（2）监控历史数据查询功能不能满足现场需要，长时段的历史曲线查询采样间隔过长，且每次可查询测点数过少。

（3）各LCU之间不能直接通信，需要通过上位机进行转发，转发的延时也比较长，降低了系统的可靠性。

（4）桐子林计算机监控系统程序版本不一致，定值整定有误等。尽管计算机监控技术发展迅速，但是计算机监控系统仍然存在一些漏洞，在现场安装、调试、试运行时对于发现的问题，要及时研究，完善控制流程和逻辑，确保计算机监控系统的稳定性和可靠性。

（四）关于计算机监控系统设备的安装和调试

优化监控与调速器功率联调模式。当调速器采用开度控制模式通过监控系统实现有功闭环调节时，若水头变化，调速系统不能随水头变化自动调整导叶开度，导致机组负荷偏离给定值。建议在现场安装调试过程中应结合机组不同运行工况，不断优化机组运行参数。

结合机组实际运行工况，优化机组开停机流程。由于部分自动化元件工作不稳定，导致自动开停机过程中相关信号接点不能及时传达，影响自动开停机成功率。建议在现场调试过程中，根据实际的运行情况，取消部分与开停机流程关系不密切或无关的条件，如“发电机中性点接地刀闸合闸”“调速系统油压装置控制柜综合故障”等，进而提高机组开停机成功率。

协调调试经验丰富的技术人员参加现场安装调试。监控设备涉及面多，覆盖范围广，而调试时间主要集中在发电前2～3个月，现场调试面临着时间紧、任务重的局面，因此应协调承包人安排足够的调试人员前往现场进行调试工作，现场调试人员要具备相应的机组调试业绩，现场调试经验丰富、技术过硬，协调能力强，调试人员一旦确定后，后续机组调试时不得随意更换，直至机组全部投产。

（五）关于计算机监控系统设备的运行和消缺

机组投产运行后应加强设备巡视和故障排查，及时解决运行中的缺陷。计算机监控系统厂内调试环境与现场运行环境有一定的区别，不可能在厂内调试阶段完全解决运行时出现的问题，再加上机组首次启动前工期紧、任务重，现场调试时难免存在疏忽。机组运行一段时间后，各种运行工况的出现，在现场复杂情况的影响下，系统可能会出现之前未发现的问题，面对此类问题，应高度重视并积极推进，从产品、设计、现场运行等多方面查找问题，若现场不能及时解决的，应协调承包商进行全方位的排查与分析，找到问题的根本原因和解决办法。桐子林水电站投运后出现3号机组开机流程调用不成功一次，重启PLC之后恢复正常。承包商给出原因是偶发情况，由于并未造成严重后果，电厂也并未进一步追究根本原因。后续同一个月内又出现2号机组停机流程调用不成功一次，重启PLC之后恢复正常。由于出现频率较高，且承包商现场服务人员无法解释和处理该问题，承包商在厂内搭建模拟环境及测试后发现，根本原因是桐子林水电站网络互取量太大，且涉及不同品牌PLC之间的通信，在连接失败后无法及时释放资源，导致需要调用流程时无资源可用。在查明原因后，通过及时释放闲置的连接来解决此问题。

计算机监控系统软件升级与完善。上位机系统建立在服务器操作系统之上，而上位机系统的开发不但会面临不同的底层操作系统，还会面临同一操作系统的不同版本，所以很容易导致上位机系统与操作系统不匹配而带来的兼容性问题。针对此类问题需要电厂专业技术人员及时捕捉故障现象，及时协调厂家人员进行消缺处理，现场不具备处理条件的，应及时反映给厂家后方人员，针对类似问题进行仔细的分析。

三、调速器及其附属设备

调速器是机组安全稳定运行的关键设备之一，其作用类似于“人体的心脏”，对于可靠性、稳定性及实时性要求极高。调速器的基本任务是维持进入水轮机的水能与发电机输出的电能之间的平衡，或者是维持水轮发电机输出电能频率的恒定。调速器的主要作用是在电网中参与一次调频，机组开停机操作和频率及负荷的调整，紧急停机保证机组安全运行等。调速器回油箱压力罐、油压装置控制盘柜如图5-10～图5-12所示。

图5-10 调速器回油箱

图5-11 调速器压力罐

图 5-12 调速器及油压装置控制盘柜

（一）关于分标方案

目前国内主流的调速器厂家没有标准化的产品，整个调速器行业处于恶性竞争的状态，调速器厂家为节省成本，供货的部分设备质量不高，对调速器招标文件编制提出更高的要求。

为方便后期合同执行，要进一步理清调速器与主机系统设备的供货界面，在招标文件和合同文件中未明确的事项，都容易导致合同在执行的过程中产生争议。例如设计院在设计调速器的机械液压回路时要明确管路的走向和长度，并在招标文件中予以明确，否则即便是在合同文件中要求承包人要保证设备的成套性，承包人基于成本的考虑，供货质量无法满足安全稳定运行的要求。因此建议如主配压阀与事故配压阀和分段关闭阀的距离较远，建议之间的液压管路由主机厂或者业主供货，事故配压阀和分段关闭阀由调速器承包人供货。

调速器及其附属设备的自动化元件可以由专业的自动化元件厂家供货，也可以由调速器厂家供货。在保证自动化元件品质的前提下，可以考虑由调速器厂家供应调速器测量和控制需要使用的自动化元件，可以一定程度上减少现场安装协调的工作量。

（二）关于调速器及其附属设备招标设计

仔细研究，广泛听取专家意见，选择稳定可靠的主配压阀。GE20000 型主配压阀在电厂运行过程中多次发生活塞衬套固定螺栓断裂导致主配无法正常运行的事故，同时 GE20000 型主配压阀还存在内泄量大，阀套易变形，易卡阻，稳定性差等缺陷，不利于调速器系统安全稳定运行。鉴于目前国产主配压阀在大型电站上运行业绩越来越多，建议根据国产主配压阀的实际运用情况，对主配压阀的选型开展调研和技术交流。

调速器系统导叶位移传感器、功率变送器、频率信号等自动化元器件按“三选二”的原则配置，并设计专门的导叶位置传感器固定支架，对位移传感器滑块增设限位并加装防护罩。导叶位移传感器、功率变送器、调速探头等自动化元器件长期运行在恶劣的环境下，任

一自动化元件故障后将可能会导致调速器失控，影响机组安全稳定运行。锦屏一级调速器 4 号机调速器 A 套开度传感器开度定位滑块与支架的固定螺栓脱落，导致传感器定位滑块只能跟随导叶开度向关闭方向动作，无法向开启方向跟随，调速器负荷发生大幅波动。为尽可能减小自动化元件故障导致的调速器故障，增加调速器系统设备的可靠性和稳定性，后续的项目在招标设计时要求导叶位置传感器、功率变送器、测速探头等自动化元器件按“三选二”的原则配置（调速器导叶位移传感器配置三只；调速系统使用的 CT、PT 宜单独配置，同时调速系统两套 CT、PT 宜分别采用不同的 CT、PT 二次线圈；机组齿盘测速配置 2 组测速探头，每组测速探头应包括 2 只探头）。电厂应将传感器按照重要等级进行分类管理，在检修维护过程中应重点检查涉及机组实时控制和调节安全的传感器。

适度提高调速器机械液压系统的设计压力，确保机械液压系统的安全稳定。锦屏二级调速器承包人供货的调速器主供油阀、事故配压阀供油阀和压力油罐供油阀阀门的公称压力均为 6.4MPa，而根据调速器制造厂家设计要求和现场实际工况，压油泵出口安全阀整定值为 6.5～6.7MPa，压力油罐安全阀的整定值为 7.0MPa，上述三个阀门的公称压力均小于阀门实际最大工作压力，同时不满足管道系统各部件公称压力不得低于安全阀整定压力的规范要求，承包人供货的阀门压力等级裕度不足，存在安全隐患。调速器行业规程和规范对于机械液压系统的工作压力未给出明确的规定，建议后期调速器机械液压系统在项目招标设计时明确将机械液压管路和阀门及相关的附件工作压力提高一个等级，确保机械液压回路安全。

测速齿盘和蠕动齿盘要分开单独布置，齿盘要分别满足调速器测速和蠕动监测精度的要求。机组的测速齿盘和蠕动齿盘一般由主机厂供货，主机厂为尽可能节省制造成本，倾向于将测速齿盘和蠕动齿盘合并为一个齿盘，导致齿盘无法同时满足齿盘测速和蠕动的测量精度要求，调速器测速模块无法正常工作，无法满足调速器的控制要求。建议在主机招标文件中明确要求测速齿盘和蠕动齿盘采用高精度线切割齿盘，不得采用钢带打孔的形式，且二者不得共用。测速齿盘的齿数、齿槽尺寸和安装位置需要与调速器承包人在设计联络会上协调确定。

参照调速器行业最新的规程规范要求，调速器采用“失电动作”的控制逻辑。为尽可能保证电网的稳定，减少电站非计划停机的次数，锦屏和官地的调速器设计有断电自复中功能，可以保证调速器控制系统失电的情况下，调速器仍保持当前负荷运行。在俄罗斯萨洋水电站发生严重的事故后，国家更加重视水电厂的安全，国家能源局在《防止电力生产事故的二十五项重点要求》中明确要求：机组的保护和控制设备（包含调速器）采用“失电动作”的设计原则，当回路电压消失时，使相关保护和控制装置能自动动作关闭机组导水机构。因此后续项目在招标时明确采用“失电动作”设计原则，在调速器控制回路失电的情况下，机组停机退出运行，保证机组的安全。

为便于调速器事故分析与处理，调速器电气控制系统的人机界面具备在线录波及数据存储功能，且数据存储的扫描周期应高于监控系统数据的扫描周期。如控制系统本身无法录波，应考虑单独增加录波装置。

为保证电厂检修维护人员后续工作的顺利开展，招标文件中应明确由供货厂家提供设备安装调试的全套正版软件（包括注册码）及相应的配件（专用电脑、电子狗、通信线、读卡器等）。

（三）关于调速器及其附属设备设计与制造

加强调速器外协外购设备的管理，在保证设备质量的前提下按时交货。调速器机械部分大多数设备均需要外协或者外购，加强外协外购设备的管理对保证质量和速度非常关键。部分调速器厂家不能直接生产油压装置系统，需要通过招标确定油压装置供应商。锦屏一级、官地水电站调速器系统由南瑞集团公司提供，其油压装置委托天津一家工厂进行生产，由于生产能力有限以及债务纠纷等问题，导致油压装置系统交货时间严重滞后于合同交货时间。在后续调速器合同执行过程中，应加强对重要外协外购设备厂家的审核工作。

加强调速器制造过程控制和管理，确保调速器设备制造满足合同文件的规定。承包人为节省制造成本，存在着不严格按照合同文件的规定选材的情况，例如在工厂巡视过程中发现回油箱内部的连接管路未按照合同规定采用不锈钢材质，而采用普通的钢管，在发现上述问题后要求承包人立即整改。当前整个调速器行业处于无序竞争状态，承包人为节省制造成本，降低设备档次和品质，调速器设备的安全稳定无法得到保证。建议加强设备在制造过程中的管理，加强巡视管理，实时把控各个制造环节，及时提出整改意见。

调速器机械液压设备的布置要合理，便于后期检修和维护。回油箱设备上设备布置不宜过多，回油箱和压力油罐应设计专用的电缆管线线槽，明确电缆的走向，回油箱上要设计保证安全的防护栏杆。调速器压力油罐上的压力变送器及压力开关的安装位置过高，建议安装在便于拆卸和日常维护的位置（如：油压装置侧面或者压力油罐附近的墙面）。

重点关注机械液压部件及阀门的选型，保证机械液压部件及阀门的可靠性和稳定性。锦屏一级、二级及官地由调速器承包人供货的压力油罐安全阀工作不可靠，稳定性较差，在安全阀校验完成后动作定值会发生漂移。锦屏二级调速器控制部分集成块在系统的投入使用后，集成块堵头及阀组把合面均出现渗漏的现象，在影响工作现场的环境面貌的同时降低了设备运行的可靠性。锦屏二级调速器主供油阀在现场操作的过程中发生阀杆变形的现象，同时球阀存在过关现象，导致密封不严，发生泄漏，现场调整球阀操作机构开限销钉位置后，球阀才能正常工作。上述由调速器承包人为降低成本，外购的阀门及部件的选型和质量达不到安全稳定运行的标准，即降低调速器系统可靠性又增加现场检修维护的工作量。因此后续项目招标设计时需要考虑更加全面，鉴于技术参数和性能指标亦无法区分阀门的质量，建议在招标文件中对于上述阀门和部件推荐可靠的品牌和型号。调速器主供油阀阀杆变形如图 5-14 所示。

图 5-14　锦屏二级调速器主供油阀阀杆变形

严格按照合同技术要求开展调速器系统设备出厂验收工作，保证设备的无缺陷出厂。设备的出厂验收是对合同设备的初步检验，出厂验收时要严格按照合同文件和设计联络会会议纪要的要求编制出厂验收大纲，明确试验内容和步骤。合同中应明确规定机电联调，在执行出厂验收时也必须按此执行，杜绝由于没有进行机电联调而导致的缺陷发生。对于在设备出厂验收过程中发现的缺陷，要严格要求承包人整改完善。

（四）关于调速器及其附属设备的安装、调试

加强安装过程中管理，调速器机械液压设备和管路安装前必须要全面清理，确保回路清洁。锦屏二级1号机组启动试验过程时，机组额定转速，调速器自动控制状态，A套比例伺服阀主用，在进行A/B套双比例伺服阀切换时，机组导叶开度从额定转速下空载开度（8%左右）快速上升至15%以上，导致机组转速快速升高，人为切换到A套主用后，手动降低导叶开度，调整机组回到额定转速。现场检查发现，B套电液比例伺服阀温度远高于A套电液比例伺服阀，设备厂家调试技术人员分析认为电液比例伺服阀卡阻，从2号机拆除比例伺服阀更换至1号机，动作检查发现系统操作正常。将比例伺服阀拆开检查后发现遗留在回路中的铜丝，如图5-15所示。

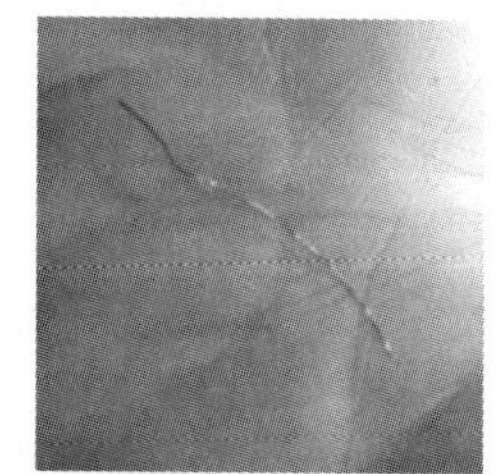

图5-15　比例阀油回路中遗留的铜丝

调速器过滤器滤芯清洗过程中发现滤杯内有铁屑。对控制部分双切换油过滤器滤芯进行清洗过程中，发现过滤器滤杯内存在大量铁屑，甚至有大块的加工毛刺片。机组调速器油泵出口阀组、控制部分集成块及过滤器需在现场全面分解清洗。毛刺和铁屑如图5-16和图5-17所示。

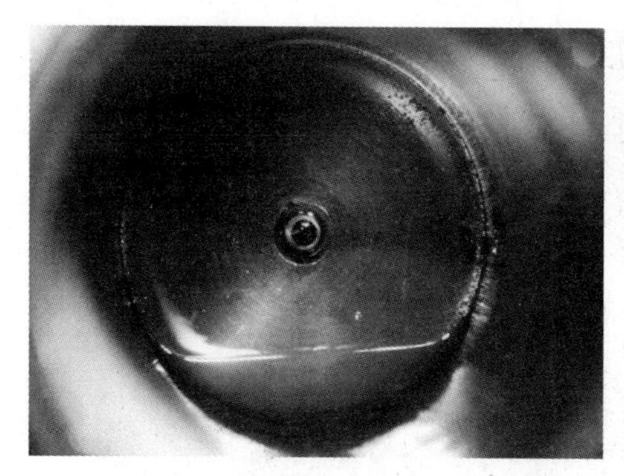

图5-16　调速器过滤器中毛刺

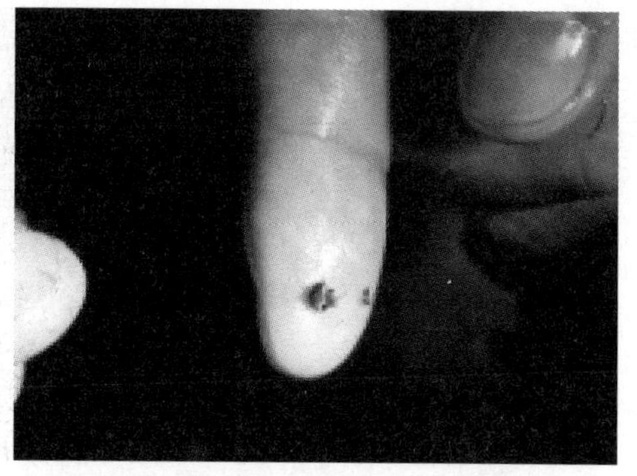

图5-17　调速器过滤器中铁屑

1号调速器辅助油泵出口安全阀不能正常工作，在调试过程中发生不能加载现象，分解阀组检查后发现阀组内有铁屑及加工毛刺。

诸如上述此类的问题，在现场拆开检查后均发现调速器机械液压控制回路中遗留有杂

物，包括现场安装的过程中遗留的焊渣等，都极易导致主配压阀和比例伺服阀卡阻，是调速器安全稳定运行的隐患。因此建议在设备安装开始前，对于可拆卸检查的管路和设备，在承包人技术人员在场的情况下，要逐个拆开清洗。设备和管路清洗完毕后，承包人现场技术人员、机电设备安装监理和机电设备安装承包人三方要签字确认，确保机械液压回路无遗留杂物。

调速器设备投运初期要提高透平油的化验频率，确保油质满足控制的要求。调速器控制回路中比例伺服阀对于油质的清洁度要求极高，因为油质不满足控制要求而导致调速器机械液压回路故障屡见不鲜，在投运初期适当增加对过滤器定期清理的频率。在设备调试安装、调试、试运行以及投运初期应加强透平油的检查和化验，确保油质满足规范的相关要求。

调速器油泵与回油箱之间应采用柔性连接，避免油泵轴断裂。官地水电站在投运之初，调速器压油泵与回油箱之间为刚性连接，油泵电机基础轴线与回油箱出口法兰轴线有偏差，导致油泵轴受力不均，久而久之导致油泵轴断裂。将压油泵与回油箱之间改为柔性接头之后，油泵运行情况良好。建议后续项目中布置在地面上的油泵与回油箱之间采用柔性连接。

调速器压力油向圆筒阀液压系统窜油问题。锦屏二级调速器机组在运行时出现调速器回油箱的油位逐渐降低，而圆筒阀回油箱油位逐渐升高的问题。经研究分析查明：调速器系统压力油通过机械过速装置切换阀与圆筒阀系统相连通，因为液压切换阀和紧急停机阀存在内泄情况，造成调速器向圆筒阀系统内窜油。目前现场在每台调速器回油箱与圆筒阀回油箱间增加一套排油设备，定期将圆筒阀回油箱的油抽至调速器回油箱。

四、励磁系统及其附属设备

励磁系统设备是向水轮发电机转子提供电流以建立磁场的设备，主要的作用是：维持发电机机端或者指定点的电压在给定水平上；在并列运行的发电机间合理分配无功功率；提高电力系统的静态稳定性和改善电力系统的动态稳定性。励器变压器和励器系统部分盘柜如图 5-18～图 5-19 所示。

图 5-18　励磁变压器

图 5-19　励磁系统部分盘柜

（一）励磁系统及其附属设备招标设计方案

机组励磁系统设备采购标合同设备包含调节器柜、功率柜、灭磁及过电压保护柜、励磁变压器、励磁电缆（交直流侧）、发电机转子绝缘在线监测和接地定位装置等。

励磁方式：目前国内外大、中型同步发电机广泛采用自并励晶闸管静止励磁装置。自并励可控硅静止励磁装置与其他励磁方式相比，具有接线简单、可靠性高、造价低廉、反应速度快等明显的优点，在国内外都有其广泛的成功应用经验。因此流域后续项目建议采用自并励晶闸管静止整流励磁系统。

强励倍数：励磁系统强励倍数的确定在很大程度上取决于电力系统的需要，适当提高强励倍数有利于电力系统的动态稳定，但过高的参数会造成电气二次设备选择困难，造价升高。鉴于目前电力系统对流域电站机组励磁系统的设计未提出特殊要求，现阶段根据规范DL/T 583—2006《大中型水轮发电机静止整流励磁系统及装置技术条件》的规定（强励电压倍数一般为1.5～2.0，电流强励倍数取2.0），并参考三峡右岸电厂（强励电压倍数为2.5）、拉西瓦（强励电压倍数为2.0）、瀑布沟（2.0）电站的实施情况，建议后续项目的强励电压倍数为2.0，电流强励倍数为2.0。

励磁调节器：励磁调节器采用两套独立的数字调节器，每套励磁调节器均包括自动电压调节（AVR）功能和励磁电流调节（FCR）功能，都具有自动和手动两种运行方式，自动方式是能长期工作的方式；手动方式为试验或自动方式的失效保护方式，两套冗余的调节器采用热备用运行方式。调节器应为可靠的、具有成熟运行经验的产品，调节器的CPU应为32位及以上的高速处理器并具有低功耗及高抗干扰能力，采用成熟的、有运行经验的编程软件。励磁调节器应能通过通信接口与电站计算机监控系统通信，上送状态信号并可接受调节命令。调节器须具有通用的通信接口，通信规约应满足电站计算机监控系统的通信要求。为满足后续电网PSS功能的要求，电力系统稳定模型应具备PSS2/PSS4型功能。

励磁功率单元：根据大型、超大型水电站励磁可靠性及冗余的需要，励磁功率单元要求一桥故障时仍具有强励能力，两桥故障时仍能提供额定励磁电流的要求，因此建议采用多桥并联的三相桥式全控整流电路。晶闸管的容量及并联桥路数最终将根据生产厂家资源优化设计，按（$n+1$）的原则确定。晶闸管整流元件的冷却方式可采用强迫风冷方式也可采用散热管自然冷却方式。目前国内主流的励磁系统设备厂家均采用强迫风冷方式，冷却效果良好，但是在电厂投运初期环境灰尘较大，容易导致可控硅积尘严重，一定程度上会影响设备的散热和绝缘性能。散热管自然冷却方式检修维护不便，在大型水电站应用业绩较少，因此建议后续项目仍采用强迫风冷方式，设备投运初期要加强盘柜内灰尘的清理和滤网的更换。

励磁的起励方式：目前水轮发电机组广泛采用的是他励起励与残压起励相结合的起励方式，他励电源为机组相对应的厂用交流电源或电站220V直流系统电源。

他励电源接线通常情况下有如下两种形式：

(1) 电站一路厂用交流电源和一路 220V 直流电源同时引入励磁系统，在励磁系统中增加交直流整流装置和电源切换装置，整流装置把交流电源整流成直流电源，两路直流电源再通过切换装置输出一路 220V 直流电源接至励磁系统的起励装置。该接线方式可靠性较高，但接线复杂，检修维护工作量较大。该接线方式已运用于三峡电站。

(2) 电站提供一路直流 220V 电源直接接至励磁系统的起励装置。由于电站 220V 直流电源本身很可靠，励磁系统起励时间很短，电源回路接线简单，因此该接线方式也具有较高的可靠性，在水电站励磁系统中更为广泛使用。如锦屏、龙滩、拉西瓦、瀑布沟等。锦屏、官地及桐子林水电站起励回路均采用残压起励为主，直流起励为辅的起励方式。

灭磁及转子保护：正常停机时机组的灭磁方式为晶闸管逆变灭磁；事故紧急停机时采用快速灭磁开关加非线性电阻灭磁。采用非线性电阻作为转子过电压保护。目前灭磁电阻主要有 ZnO 和 SiC 两种，前者为国产，后者为进口。两种电阻各有优缺点。但从目前国内国外 500MW 及以上机组励磁系统的配置来看，几乎都采用了 SiC，具有非常成熟的应用经验。ZnO 一般只是在 300MW 以下机组中应用。目前 ZnO 成熟的只有单片能容 15KJ 的产品，如果在大机组上应用（通常需要配置上十个 MJ），则需要安装多个柜，布置占地较大，而 SiC 安装则非常节省空间，因此灭磁电阻推荐采用 SiC。

灭磁开关的设置：目前除三峡电站以外，国内所有的大型水电站都按传统方式设置灭磁开关，即设置直流灭磁开关。三峡水电站励磁系统中即设置有直流灭磁开关又设置有交流灭磁开关，由于交流灭磁开关断口弧压较低，不能独立实现灭磁，仅作为一般的断路器使用，因此交流灭磁开关的设置作用不大。在晶闸管阳极回路设置快速熔断器。励磁系统均流系数不得小于 0.9。为方便电厂检修和维护，在励磁变压器和功率柜之间设置手动隔离开关。交流侧手动隔离开关的安装方式，可在一面进线柜内装设，也可在每个功率柜分别装设，由各投标厂家根据其工程经验自行决定。

灭磁开关选型：灭磁开关通常有单断口型和双断口型。单断口开关维护工作量较小，但要求其断口弧压足够高，开关选型及参数设计相对难度较大。目前单断口产品典型代表有瑞士 UR 开关和 HPB 开关。国内除三峡以外的大型水电厂和几乎所有的 600MW 以上火电厂均使用该类型开关，如溪洛渡、向家坝、龙滩、拉西瓦 700MW 机组、锦屏、官地、瀑布沟、构皮滩 600MW 机组；二滩 550MW 机组；岩滩、白山 300MW 机组等；双断口型开关典型产品为 CEX 开关，主要在三峡和葛洲坝使用，通常断口数量较多，单个断口弧压较低，通过多断口串联叠加弧压。在多断口情况下，需要调整机械同步。鉴于上述分析，灭磁开关单断口或双断口的配置各有利弊，由励磁厂家根据其设计方案确定。为便于电厂的检修和维护如采用单断口开关，须在开关的另一极加装手动隔离开关。

励磁变压器：公司流域电站多为地下厂房，为了较好地提高电站的消防等级，尽量按无油化（或少油化）设计，同时考虑到发电机出线为分相封闭母线，为方便接线，励磁变压器

应采用国内变压器厂家生产的户内、自冷、环氧树脂浇注的三个单相干式整流变压器，励磁变压器必须是在单机 600MW 及以上水轮发电机组上有供货业绩的优质品牌产品。励磁变压器不采用无励磁调压，励磁变压器须满足他励方式下（10kV）发电机空载试验和短路试验要求。励磁变压器的温升限制：励磁变压器的温升要求“线圈的最高温升（用电阻法测量）为 80K，线圈最热处温度不得超过 130℃”（即按 H 级绝缘设计，B 级绝缘考核）。

（二）关于励磁系统及其附属设备招标设计值得注意事项

适当降低单根励磁电缆额定电流，避免励磁电缆过热现象。根据国家能源局印发的《关于防止电力生产事故二十五项重点要求》的规定，励磁调节器与励磁变压器不应置于同一场地内，励磁变压器和功率柜之间宜采用电缆的连接方式，因大型机组的额定励磁电流较大，导致单根励磁交流电缆通过的电流较大。以锦屏二级励磁为例，按照励磁系统技术参数设计计算，交流电缆每相电流流量是直流侧每相电流流量的 0.816 倍，在 1.1 倍额定励磁电流运行时，励磁系统交流侧每相的电流为 2486A，标称截面积为 $185mm^2$ 电缆的载流量为 355A，因此每相采用 7 根单芯 $185mm^2$ 交流进线电缆。在机组投运后，在额定运行工况下，电缆通过的电流不均衡，部分电缆通过电流较大，导致发热量较大（最高温度高达 90℃）。为降低单根电缆的载流量每相增加 3 根交流电缆，分十组分开放置，每组电缆都包含三相的各一根电缆，并呈三角形固定，处理完毕后，励磁变压器低压侧励磁电缆温度降低至 40～50℃之间，运行情况良好。在电缆长度较短的情况下，电缆铜接头制作、接触面清洁度、电缆的连接等施工工艺对交流电缆的阻抗影响较大，容易导致交流电缆阻抗不一致。因此后续项目在设计励磁交流电缆时应充分考虑到因交流电缆阻抗不一致导致的电流不均衡影响，适当增加交流电缆的截面积或者数量，同时在交流电缆布置时三相宜各取一根采用“品字形”布置，并采用非导磁性材料固定。

（三）关于励磁系统及其附属设备的设计和制造

注重设备之间接口的设计细节，确保励磁变压器与 IPB 母线或交流电缆的顺利连接。锦屏一级励磁变压器与 IPB 之间的连接接口，在设计时未充分考虑二者之间的连接尺寸，导致安装时发现尺寸存在偏差，无法正常连接。锦屏二级励磁变压器与整流柜分开布置，需要交流电缆连接，在设计和制造过程中未考虑电缆与励磁变压器连接的细节，励磁变压器连接铜排直接暴露在励磁变压器防护壳外，未采取任何防护措施，存在安全隐患。在后续项目设计和制造时，应充分考虑与其他设备之间的接口细节，确保连接尺寸无误。

加强设计过程管理，确保设计方案满足合同要求。桐子林水电站励磁系统出厂时起励方式只有直流起励，没有残压起励，不满足合同相关要求。要求厂家进行整改后，在开机试验中验证正常，但当月即出现残压起励不成功现象。事后分析原因为直流起励和残压起励共用回路和控制逻辑，在投入直流起励电源后，接触器上用于残压起励接入续流电阻的辅助接点容量偏小。在以后合同执行中要严格要求将残压起励和直流起励的回路和控制逻辑分开，以保证起励的成功率。

充分考虑现场运行环境影响，优化盘柜内元器件及相关附件的布置。对运行环境（温度、湿度等）要求高的元器件，应优化设计在柜内的布置，同时要考虑加装加热器或风扇等。目前励磁系统紧急停机工况下灭磁均采用非线性电阻加灭磁开关的方式。SIC 非线性灭磁电阻是多孔微晶结构，性能稳定，但容易吸附空气中的潮气，久而久之容易导致非线性电阻电压降低，无法满足紧急停机工况下的灭磁需求。锦屏电厂灭磁电阻投运至今已有 3 串（一级 2 串、二级 1 串）灭磁电阻出现故障，经返厂检验，认为现场湿度较大，灭磁电阻因受潮而影响相关的性能。厂家建议每年检修期间将灭磁电阻拆下烘干后回装，但灭磁电阻是脆性元件，拆装过程容易损坏，实施起来较为不便，可考虑适当加大励磁灭磁柜中加热器功率。鉴于此，建议后续项目的励磁盘柜内加装大功率的加热器，以保证灭磁电阻的运行环境满足要求。

同一厂家供货产品应保证型号、性能一致。锦屏电厂励磁系统制造周期较长，存在着同一厂家供货设备的型号和性能不一致的情况，主要包括：调节柜风扇、调节柜内空开（包括辅助接点）、功率柜 CT、功率柜风机电容等。设备型号和性能不一致不利于设备的安全稳定运行，也增加现场检修和维护的工作量，例如因励磁功率柜风机电容的型号不统一和性能不稳定，已多次导致机组自动开停机失败。同时增加电站备品备件采购的成本，给电厂编制励磁系统设备清单和台账造成诸多不便。因此，在合同执行过程中，要敦促承包人注意外购设备的品牌和型号及性能的一致性。

励磁系统使用的 CT、PT 宜单独配置，不与其他系统共用，同时励磁系统两套调节器应分别采用不同的 CT、PT 二次线圈。PT 二次空开应采用单极空开，避免单极故障导致三相空开跳闸引起误强励。

适当增加励磁系统设备盘柜的深度至 1200mm，在保证设备安全距离的同时便于设备的检修和维护。目前锦屏励磁系统设备盘柜的深度为 1000mm，励磁系统设备的铜排与盘柜柜体之间的间距略小，端子排采用的是上下两层的布置方式，不方便现场检修维护。建议后续项目适当增加盘柜的深度至 1200mm。

招标文件中应明确由供货厂家提供设备安装调试的全套正版软件（包括注册码）及相应的配件（专用电脑、电子狗、通信线、读卡器等），保证电厂检修维护人员工作的顺利开展。励磁系统专用通信电缆（包括扁平电缆、多芯通信线、光纤等）均应提供型号并在合同中考虑定量备品，便于电厂后续采购及设备维护。

（四）关于励磁系统及其附属设备的安装和调试

励磁系统设备制造厂家要合理配置功率柜可控硅，避免因可控硅通态电阻不一致导致均流系统不满足规范要求。2012 年 11 月 20 日，官地 3 号发电机空载时（转子电流为 1519A，

额定空载励磁电流为 1728.5A）检查发现励磁系统功率柜均流系数最低为 0.73，不满足《大中型水轮发电机静止整流励磁系统及装置技术条件》第 4.4.7 条均流系数不得低于 0.85 的规定。现场查明原因为 1～4 号功率柜配置的可控硅型号不一致（三种型号分别为：T1971N42TS03-V1925-03AN、T1971N42TS03-V1875-22AN、T1971N42TS03-V1825-0184），不同的可控硅通态压电阻是不同的，功率柜可控硅配置不合理，导致功率柜可控硅通态电阻不一致（4 号功率柜最高），进而影响均流的效果。后期电厂根据各功率柜的可控硅通态电阻和交流电缆直阻重新计算，合理分配电缆的数量和长度，重新安装后，在额定负荷的情况下均流系数为 0.9～0.91，满足规程规范的要求。

当励磁系统长期在额定工况下运行时，而励磁系统均流系数达不到规范要求，通过电流较大的整流柜就可能先出现可控硅老化、快熔熔断等故障，影响元件的使用寿命，降低系统的平均无故障时间。理论分析表明可控硅的通态电阻是影响均流系数的主要原因，在多支路并联运行整流柜中，对于各相同桥臂要按照门槛相近的原则进行选配，以保证导通时通态电阻的相近，如果通态电阻仍有差异，可进一步调整交流侧进线电缆长度，以求电阻的均衡。

励磁功率柜在运行的过程中发生烧毁的事故；官地 2 号机励磁系统 1 号功率柜烧损。2013 年 3 月 9 日 20 时 13 分，2 号机励磁系统 1 号功率柜烧损，起始原因为 1 号功率柜负 C 相可控硅触发极引线安装位置和绝缘保护措施不当，因破损串入高压，造成可控硅击穿。目前已对 4 台机组励磁系统可控硅脉冲线进行黄蜡管包扎处理，并重新布置。

励磁变压器温度过高跳闸保护配置问题。锦屏一级水电站励磁变温度过高未投入跳闸，根据《水力发电厂继电保护设计规范》（NB/T 35010—2013），要求励磁变压器温度过高投跳闸。建议设计院增加励磁变压器温度过高跳闸回路，为防止非电量保护误动，建议温度过高跳闸功能经温度高接点闭锁。

设备现场调试阶段应完成励磁系统所有控制、保护功能验证试验，现场不具备条件的，应至少通过定性试验验证功能正常，不应以现场不具备条件为由，不验证部分功能，包括励磁系统双 PT 跳闸或双通道 PT 故障后是否强励，励磁系统强励功能验证等。

切实做好励磁系统设备的防护措施，避免灰尘、潮气、高温等对于设备性能的不良影响。励磁设备功率柜一般采用风冷的方式散热，尽管盘柜上设置有滤网，但是风机在运转的过程中仍然会吸入大量的灰尘，灰尘在带电的环境中容易吸附在可控硅模块和散热器上，久而久之将会影响可控硅的绝缘水平和散热性能。灭磁开关在机组事故跳闸的情况下，要能够及时、可靠跳开，但当灰尘聚集在灭磁开关触头上时可能会导致灭磁开关无法及时切断短路电流。励磁灭磁回路中的灭磁电阻采用微孔结构的 SiC 模块，容易吸附空气中的潮气，而导致非线性电阻的绝缘电压不合格。励磁系统设备的特性和运行方式决定其对运行环境要求比其他二次设备更高，励磁设备的安装调试和厂房的装修、施工往往同时开展，存在诸多不利的条件，因此要切实做好励磁设备的防护措施，在设备的安装、调试和试运行时要尽可能创造良好的环境和条件，保证励磁系统设备的长期安全稳定运行。

五、直流电源系统设备

直流系统在水电站中为控制、信号、继电保护、自动装置及事故照明等提供可靠的直流电源，同时为设备提供220V直流电源。直流系统主要包括蓄电池、充电装置、馈电装置和相关的监视控制等设备。直流系统质量的好坏对整个水电站的安全稳定运行至关重要。结合直流电源系统设备的运行情况，对直流系统的设计、供货及现场运行等方面总结如下。

合理安排蓄电池的交货时间，防止蓄电池因存放时间过长而失效。锦屏一级大坝蓄电池因现场不具备安装条件，一直存放在漫水湾转运站，但是漫水湾转运站不具备蓄电池维护的必要条件，导致电池因存放时间过长，过度放电而报废。蓄电池不同于其他的电气设备，对存放的场地、温度、湿度等环境要求较高，长时间不使用会导致蓄电池因活性失效而报废。因此建议后期项目根据现场实施的进度，合理安排蓄电池的交货时间（在设备安装前3～6个月交货即可）。

直流系统控制柜内元器件布置过于紧凑，布置不合理，部分元器件故障后无法更换。220V直流系统部分设计不合理，交接试验项目不全。开关容量上下级级差配置不合理，投运后更换风险大。系统整体设计有待优化，如直流系统两段母线联络运行操作时，需先退出蓄电池组，再进行母线联络运行，这样直流系统母线短时内仅由浮充装置供电，有一定风险；蓄电池组出口侧没有设置隔离刀闸。盘柜元器件布置密集，散热效果差。未进行充电装置均流、电压、电流稳定度、纹波系数等测试，需购买专用仪器大修时进行测试。未进行故障接地模拟、直流开关或熔断器熔断的报警模拟检查试验。

220V直流系统存在环路。直流系统投运以来，相继出现两段母线同时绝缘能力降低的现象。经过排查，发现机组LCU和励磁控制柜直流电源回路设计不合理，两路220V直流电源直接通过二极管并联供电，当一段出现接地，会导致另一段母线同时接地。接入盘柜内的220V直流电源经过隔离装置后再经二极管并联供电，消除了环路问题。

全厂220V直流系统多次出现绝缘能力降低。直流系统投运以来，相继出现直流母线绝缘降低现象。经过排查，发现机组LCU盘柜直流电源回路中避雷器被击穿所致，将避雷器接线解除后恢复正常。

直流系统主监控频繁死机。直流系统投运以来，多次发生主监控装置死机，按键无反应，运行指示灯熄灭，液晶屏显示蓝屏。诊断原因为主监控中内部程序存在问题。通过更换与升级主监控内部程序后，死机频次减少。

UPS主机柜运行温度过高。桐子林电站投产以来，UPS主机柜运行温度一直过高，导致柜内部分元件因温度过高而烧毁。经分析，主机柜内设计与锦屏、官地电站无异，柜内个别设备质量和整体排列有瑕疵。在今后的设计和出厂验收阶段，应加强细节方面的审查，并在出厂验收时对产品质量进行严格把关。直流蓄电池和直流系统部分盘柜如图5-20、图5-21所示。

图 5-20　直流蓄电池

图 5-21　直流系统部分盘柜

六、辅机监控系统设备、自动化元件及装置

辅机监控系统是水电站对全厂辅助设备进行监视和控制的关键设备，是辅助设备正确动作的保障，其稳定性和可靠性直接关系到机组的长期安全稳定运行。自动化元件是对整个辅助设备进行监视和控制的基础，其质量的优劣直接决定测量和控制的准确性。据不完全统计，电站机电设备投入运行以后，60%～80%的设备缺陷是由自动化元件和辅控设备故障导致的。现结合辅机及自动化元件设备的运行情况，总结如下：

选择性能优良、质量可靠的测温 RTD 元件。锦屏上导、下导及水导测温 RTD 主要存在下问题。

（1）运行环境非常恶劣，在机组运行过程中因受到机组振动和油流的冲击，容易发生断线、接点松动，引起温度的跳变、信号消失等故障，影响到机组正常的温度测量；

（2）锦屏机组已投入油温过高机组停机保护，RTD 测温跳变和故障可能会导致机组误停机；

（3）航空插头上的小螺丝及封堵防火泥的脱落，均可能刮伤水导瓦；

（4）上导瓦 RTD 在不抽瓦情况下，难以抽出检查，宜采用纵向插入式安装。根据电厂使用的实际情况，建议后续项目选用一体式带铠装保护的测温 RTD。

现场自动化元件在安装、调试前的校验。自动化元件在安装之前应委托具有检验资质的第三方开展自动化元件的校验工作，确保自动化元件可靠稳定工作。

进水口闸门控制系统应采用“一对一”的方式，每个进水口闸门控制系统、远程 I/O 柜应单独设立，不得与其他进水口合屏布置。锦屏一级水电站进水口闸门控制系统是三台机共用 1 套 PLC 控制系统，而三台机无法同时开展停机检修，进水口闸门控制系统必须一直处于运行状态，无法对闸门控制系统开展停电检修工作。锦屏一级的闸门控制系统自投运以来就没有开展停机检修工作。为便于现场对闸门控制系统的检修和维护，同时分散闸门控制系统故障后可能导致的风险，建议后续项目中每个进水口闸门控制系统（包括对应的电源回路、PLC 控制器、继电器等）、远程 I/O 柜应单独分开设立。进水口闸门控制系统如图 5-22、图 5-23 所示。

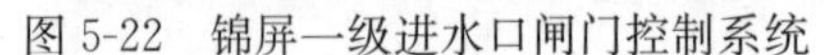

图 5-22　锦屏一级进水口闸门控制系统　　　　图 5-23　二滩进水口闸门控制系统

机组技术供水系统和主变压器技术供水系统要自成独立的系统，分开设计。锦屏二级的机组技术供水系统和主变压器技术供水系统设计为一个供水系统，技术供水软启动器额定电流过大，导致与软启动器连接的铜排发热严重（铜排温度最高达 104℃），增大了软启动器发生故障的概率，不利于技术供水系统的长期安全稳定运行。鉴于机组技术供水和主变压器技术供水在机组运行中重要的冷却作用，为保证技术供水系统的可靠性，建议后续项目将机组技术供水系统和主变压器技术供水系统分开设计为各自独立的供水系统，对于额定工作电流较大的软启动器，可考虑设计旁路接触器以减小软启动器可控硅的工作时间，延长软启动器的寿命。锦屏二级 5 号机 2 号泵软启动器红外测温如图 5-24 所示。

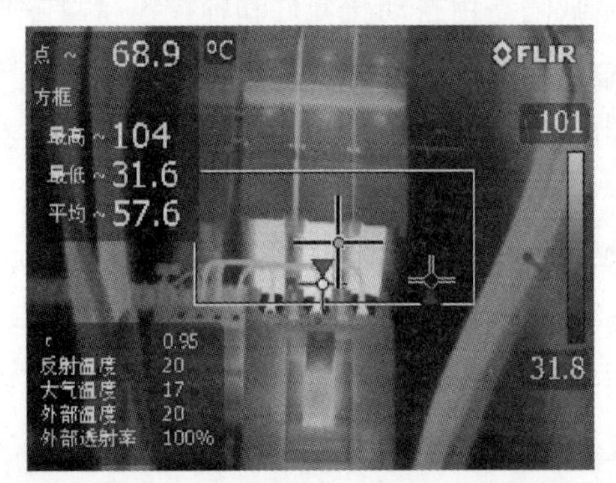

图 5-24　锦屏二级 5 号机 2 号泵软启动器红外测温

为满足无人值班相关要求，所有的闸门要能进行远程监视和操作。锦屏二级生态流量洞工作闸门未设置相应的控制系统，导致在中控室无法远程监视和操作，非常不便于现场的运行和管理。建议后续项目，凡是涉及需要控制的闸门，都应满足远方监视和控制的要求。

辅控所有控制盘柜均应采用双母线冗余供电。控制盘柜内控制设备大部分均是冗余配置，但在部分电站设计时通过一段母线同时给冗余设备进行供电或者将冗余设备进行串联，都存在一定的安全隐患，后续设计均要求两段母线给盘柜内的冗余设备分别供电。

七、继电保护系统及其附属设备

继电保护系统是指能反应电站电气设备发生故障或者不正常运行状态，并动作于断路器

跳闸或发出信号的一种自动装置，其作用类似于人体的“免疫系统”。它的基本任务是：

（1）当被保护的发电机或主变压器等电气设备发生故障时，自动、迅速、有选择性地将故障设备从电力系统中切除，以最大限度地减少对设备本身的损坏，保证其他无故障部分迅速恢复正常运行。

（2）反应电气设备的不正常运行状态，根据运行维护的条件，而动作于发信号、减负荷或跳闸。继电保护装置一般情况下是由测量部分、逻辑部分和执行部分组成。

当前国内主要的继电保护系统设备厂家生产的继电保护系统设备运行情况良好，满足电站安全稳定运行的要求。结合锦屏、官地继电保护系统设备合同执行情况，总结如下：

（一）关于分标方案

水电站继电保护系统设备主要包括：①厂内元件保护（发电机保护、变压器保护、10kV厂用电保护）；②500kV 系统保护（500kV 母线保护、500kV 断路器保护、500kV 短引线保护、500kV 电缆保护、500kV 并联电抗器保护）；③继电保护信息管理子站系统。

按照传统的水电站继电保护系统设备分标方案，厂内元件保护和 500kV 保护单独成标。该方案存在的主要问题是厂内元件保护和 500kV 系统保护的中标厂家可能不是同一个厂家，不仅增加合同执行过程中协调工作量，也容易因设备之间的工作原理和接口不同而出现故障。因此建议后续项目在执行的过程中，将厂内元件保护和 500kV 系统保护作为一个标进行采购。

备自投装置（包含 10kV 备自投和 400V 备自投）可以随高低压开关柜一起采购，也可以放在继电保护系统设备标中采购。目前锦屏和官地水电站备自投存在的主要问题是：工作不可靠，功能不完善，备自投本身运行不稳定。锦屏水电站在 2014 年 6 月进行 10kV 备自投试验，发现 10kV 备自投功能压板标识错误，备自投逻辑设计不合理，时间与下级 400V 备自投时间不匹配，400V 备自投装置无备自投、自恢复功能硬压板，备自投功能不完善。开关柜厂家一般不生产备自投装置，只能向其他的备自投生产厂家购买，备自投装置在高低压开关柜中所占的比重很小，其稳定性和可靠性无法得到保障。鉴于国内主流的继电保护系统厂家生产的备自投装置质量稳定可靠，建议备自投装置纳入继电保护系统设备标中采购。

（二）关于继电保护系统设备设计

加强与电网调度中心的沟通和交流，确保继电保护系统设备的配置和设计方案满足调度部门的要求。继电保护系统设备与电网之间的联系非常密切，继电保护系统设备的配置方案和设计在电站发电之前需要通过电网调度部门的审查和认可。在继电保护系统设备的设计和招标过程中，建议邀请电网调度中心的相关专业人员参加，确保保护的设计方案和配置满足调度部门的相关要求。

高度重视水轮发电机主保护的配置方案，确保发电机主保护死区最小。近期投运同类型大型水电站的水轮发电机主保护死区不尽相同，部分发电机组的保护死区高达13.3%，不利于发电机组长期安全稳定运行。公司已投运的二滩、锦屏一级、二级、官地和桐子林水电站在发电机内部故障分析计算的基础上，经“定量化设计”确定主保护的配置方案，但主保护配置方案的保护死区和性能仍相差悬殊。鉴于此，公司专门与清华大学针对此课题开展联合研究工作，研究发现：

（1）大中型水轮发电机定子绕组选择整数槽“全波绕组”将有利于主保护方案性能的提高，且不受发电机额定转速的影响，只是低转速大容量“全波绕组”水轮发电机的经济性稍差（铜环引线长），在主保护设计时要密切注意发生在相近电位的同相不同分支匝间短路的分布特点，通过分支分组应有针对性将上述故障分支分到不同的支路组中，以提高主保护性能。

（2）高转速大中型水轮发电机采用叠绕组能够取得电机设计和主保护设计“双赢”的目标，在主保护配置方案中保留完全纵差保护将有助于转子偏心振动引起事故的分析。

（3）低转速大中型水轮发电机慎用叠绕组，特别是额定转速≤100rpm的发电机应禁用叠绕组；“半波绕组”（即集中布置的波绕组）兼顾电机设计和主保护设计的要求，应作为大中型水轮发电机定子绕组选型设计的首选。

（4）在“半波绕组”设计中，应通过正、负相带线圈归属及连接顺序的改变来实现“抑制电磁振动”（电机设计的要求）和“改善发电机内部故障特点”（主保护设计的要求）的“综合优化”。

（三）锦屏二级水电站水轮发电机组主保护设计

每个电厂发电机的机构不尽相同，绕组形式也各不一样，如何利用各种保护的组合能够最大范围的保护发电机组各种故障的发生，需要在理论研究、设计、生产、试验和源网协调方面进行深入的总结。大型水轮发电机组为凸极机组，定子每项绕组的分支数 a 一般大于2，通常为3、4、5、6或更多分支。相对而言，水轮发电机组定子绕组中性点侧引出方式、中性点侧电流互感器数量选择及安装位置的确定、主保护配置等相对要复杂一些。因此，在确定水轮发电机内部故障主保护配置方案时，往往需要对多分支同步发电机定子绕组内部故障进行定量分析计算，为水轮发电机组主保护配置、中性点侧引出方式、中性点侧电流互感器配置提供科学的理论依据，避免传统的靠定性分析确定发电机组内部故障主保护配置的盲目性。现总结锦屏二级发电机主保护定量化设计方案如下。

（1）锦屏二级发电机主保护定量化设计过程。发电机主保护的定量化及优化设计方法已在水电领域得到推广应用，首先根据对天津阿尔斯通水电设备有限公司提供的发电机定子绕组展开图的分析，锦屏二级发电机定子绕组实际可能发生的内部短路见表5-1和表5-2（发电机的绕组形式不同，则可能发生的故障特点也各异）。

(2) 定子槽内上、下层线棒间短路共 432 种（等于定子槽数）。通过对同槽故障的分析，发现：没有同相同分支匝间短路；同相不同分支匝间短路 324 种，占 75%；相间短路 108 种，占 25%。

表 5-1 锦屏二级发电机 432 种同槽故障

同相同分支匝间短路	同相不同分支匝间短路	相间短路 108 种	
		分支编号相同	分支编号不同
0	324	51	57

(3) 定子绕组端部交叉处短路共 9489 种。通过对端部交叉故障（简称为端部故障）的分析，发现：同相同分支匝间短路 234 种，占 2.47%；同相不同分支匝间短路 2457 种，占 25.89%；相间短路 6798 种，占 71.64%。锦屏二级发电机 9489 种端部交叉故障见表 5-2。

表 5-2 锦屏二级发电机 9489 种端部交叉故障

同相同分支匝间短路 234 种			同相不同分支匝间短路	相间短路 6798 种	
短路匝数	17 匝	18 匝		分支编号相同	分支编号不同
故障数	108	126	2457	1134	5664

其次运用“多回路分析法”，通过全面的内部短路仿真计算，得到发电机故障时每一支路电流的大小和相位（包括两中性点间的零序电流的大小），在此基础上可以清楚认识各种主保护方案的性能，如图 5-25 所示。

然后以电气一次和二次专业共同关心的问题—发电机中性点如何引出？如何进行分支的分组和 CT 的配置？为突破口，在定量分析的基础上确定最终的主保护配置方案且兼顾设计的科学性和实用性，如图 5-26 所示。

通过上述主保护方案的定量化设计，对于锦屏二级发电机实际可能发生的 9921 种内部故障，图 5-26 所示主保护配置方案不仅实现了无动作死区，且对所有实际可能发生的内部故障有两种及以上原理不同的主保护灵敏动作，保护性能非常优异。

(4) 锦屏二级发电机主保护设计特点。对于水轮发电机而言，由于水头等因素的影响，即使是相同容量的发电机，其绕组形式也可能不同，分数槽/整数槽波绕组、分数槽/整数槽叠绕组均可能采用。即使是采用波绕组，也有“全波绕组”（每个分支均匀分布于电机内圆“一周”或“几周”或“几分之几周”）和“半波绕组”（每个分支均匀分布于电机内圆“几分之一周”）之分。

相对于叠绕组发电机而言，波绕组发电机内部短路中同相不同分支匝间短路（如图 5-27 所示）所占比率较大，在某些连接方式下该同相不同分支匝间短路类似于小匝数同相同分支匝间短路，将增大主保护配置方案的动作死区，下面以一则实例进行分析。

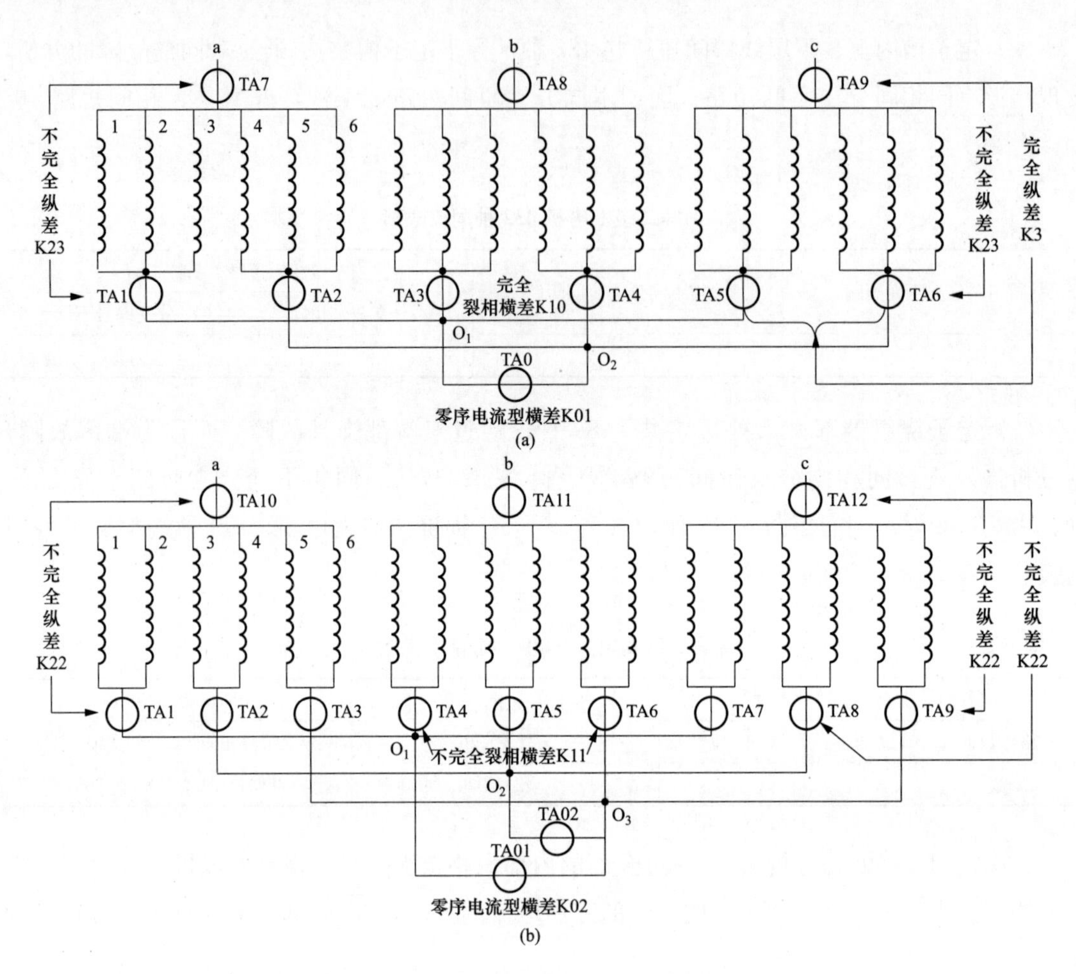

图 5-25　锦屏二级发电机可能采用主保护方案

（a）3-3 分支分组；（b）2-2-2 分支分组

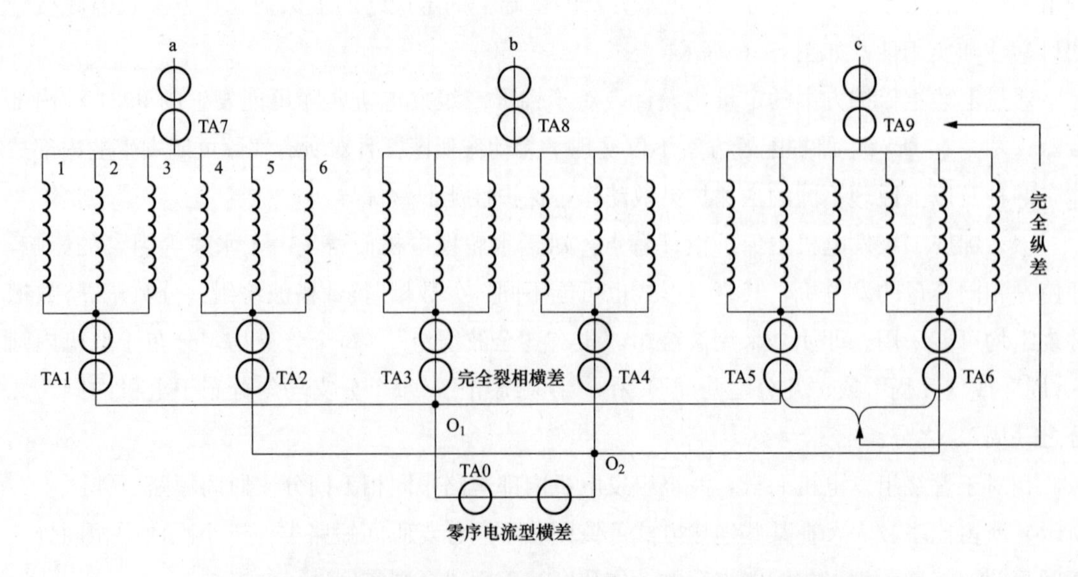

图 5-26　锦屏二级发电机内部故障主保护及全套 TA 配置推荐方案

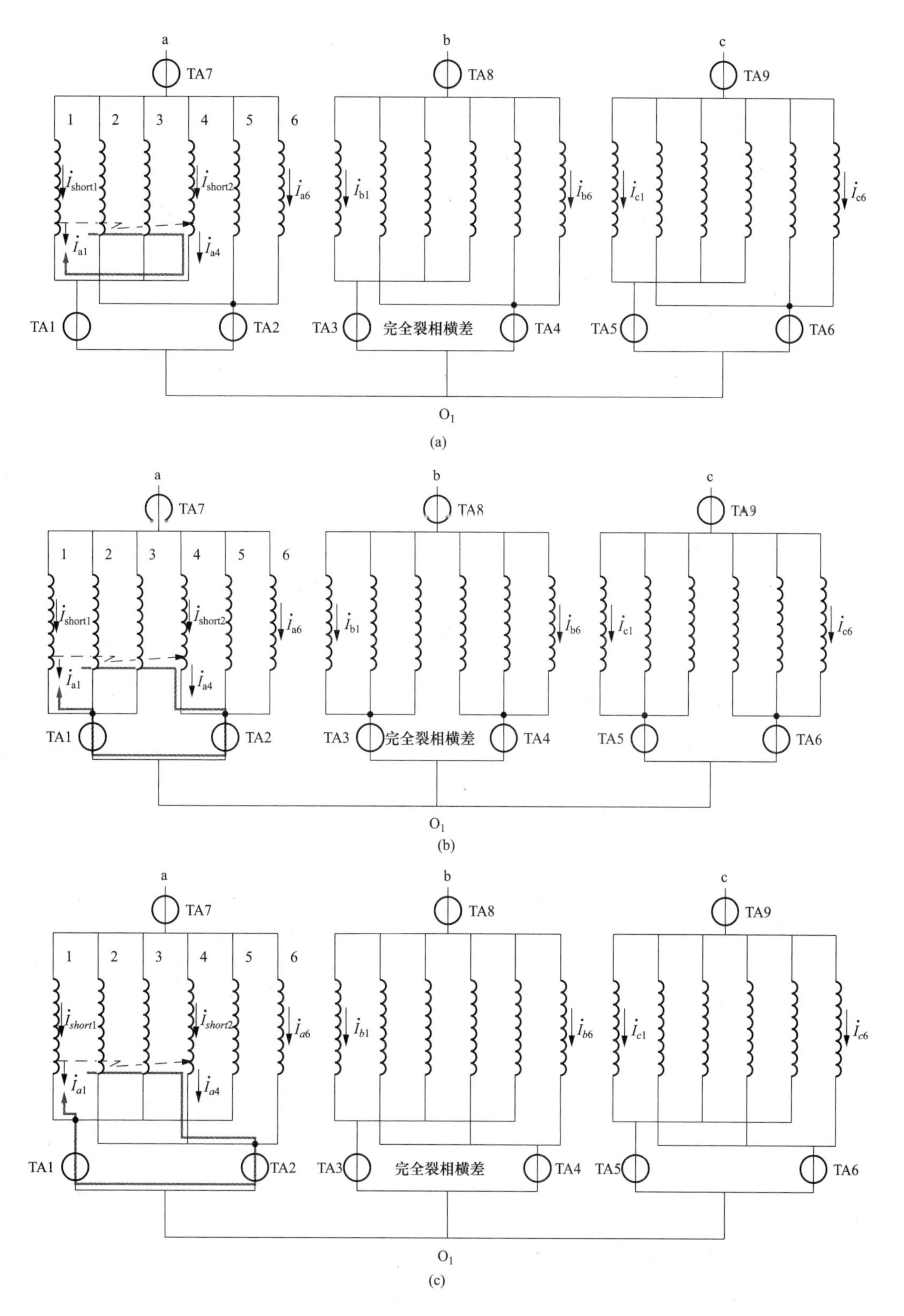

图 5-27　发生在相近电位的同相不同分支匝间短路

(a) 134-256；(b) 123-456；(c) 135-246

图 5-27 中虚线箭头所示故障为锦屏二级发电机在并网空载运行方式下，a 相第 1 支路第 22 号线圈的上层边和 a 相第 4 支路第 22 号线圈的下层边发生端部同相不同分支匝间短路，两短路点距中性点位置相同（根据锦屏二级发电机的定子绕组连接图，a1 和 a4 分支的线圈排列并不相同，这样一来图 5-27 所示两短路点之间就存在电动势差）。

故障相各支路（包括短路附加支路）基波电流的大小（有效值，单位为 A，下同）和相位：$\dot{I}_{a1}=11034.16\angle-142.45°$、$\dot{I}_{a2}=510.89\angle35.21°$、$\dot{I}_{a3}=324.18\angle-127.32°$、$\dot{I}_{a4}=11103.19\angle38.06°$、$\dot{I}_{a5}=275.30\angle32.62°$、$\dot{I}_{a6}=548.5\angle-131.57°$、$\dot{I}_{short1}=1658.60\angle39.40°$、$\dot{I}_{short2}=1589.82\angle-144.10°$。

短路回路电流 $\dot{I}_{a1}=11034.16\angle-142.45°$和 $\dot{I}_{a4}=11103.19\angle38.06°$的大小相差不大、相位近于相反，这是由于短路回路电流 $\dot{I}_{a1}$、$\dot{I}_{a4}$ 主要由直流励磁直接感应电动势差所产生（其他电流对它的影响很小），所以 $\dot{I}_{a1}$ 和 $\dot{I}_{a4}$ 近于反向；由于两短路点距中性点位置相同，所以 $\dot{I}_{a1}$ 和 $\dot{I}_{a4}$ 的大小相差很小。通过互感的作用，两个短路分支对其他分支的互感磁链基本相互抵消，从而导致其他分支的电流故障前后变化不大（其他回路电流主要由短路电流在相邻支路的感应电动势之差产生），非故障分支的电流都比较小。

因此，对于图 5-27（a）所示的完全裂相横差保护（K10 _ 134-256），故障相故障分支的电流几乎相互抵消，而故障相非故障分支的电流都比较小，使得流过分支电流互感器 TA1 和 TA2 的电流都不大，从而导致对应的裂相横差保护的灵敏系数只有 0.915；而采用将两个故障支路分在不同支路组中的连接方式（无论是相邻连接的 K10 _ 123-456 还是相隔连接的 K10 _ 135-246）的完全裂相横差保护都能保证灵敏动作，其对应的灵敏系数分别为 11.541、11.194，因为此时数值很大的短路回路电流被引入差动回路中。

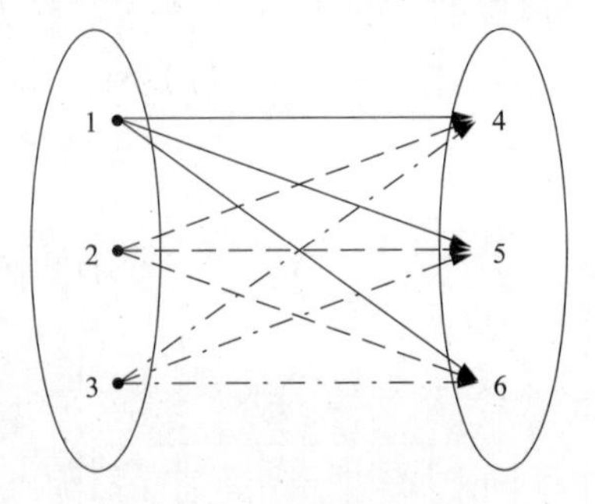

图 5-28　锦屏二级发电机发生在相近电位的同相不同分支匝间短路的分布特点

通过进一步的分析，发现对于锦屏二级发电机，其发生在相近电位的同相不同分支匝间短路的分布特点如图 5-28 所示（图中的 1～6 分别代表同一相的 6 个分支）。

从图 5-28 可以看出，采用“123-456”这种分支引出方式时，发生在相近电位的同相不同分支匝间短路的两个故障分支始终被分在不同的支路组中，从而保证了对应的主保护方案能够灵敏动作，因为此时数值比较大的短路回路电流被引入差动回路中。

而采用其他分支引出方式时，无论是“相邻连接”还是“相隔连接”，均无法保证相近电位同相不同分支匝间短路的两个故障分支始终被分在不同的支路组中，所以说锦屏二级发电机实际可能发生的内部短路特点决定了采用图 5-29 所示“相邻连接（123-456）”的主保护配置方案的动作死区最小。

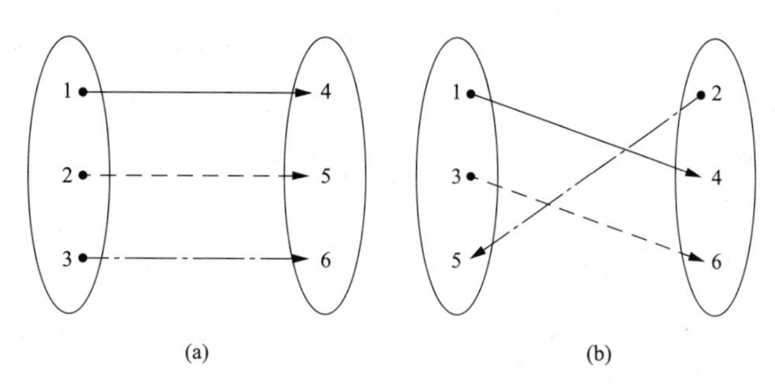

图 5-29　锦屏一级发电机端部故障中相近电位的同相不同分支匝间短路分布示意图

(a) 相邻连接 (123-456)；(b) 相隔连接 (135-246)

但是对于同一流域的锦屏一级发电机（也采用整数槽波绕组，每相也是 6 分支），由于其发生在相近电位的同相不同分支匝间短路的分布特点，无法直接判断“相邻连接（123-456)”和“相隔连接（135-246)”到底孰优孰劣。因为这两种连接方式都将上述短路的两个故障分支分在不同的支路组中，均有利于保护性能的提高，必须在全面的内部短路仿真计算和主保护配置方案性能对比分析的基础上才能确定最终的中性点侧分支引出方式。

锦屏二级发电机主保护设计取得了优异的保护性能，通过对其故障特点的分析，发现该发电机定子绕组形式的选择一方面有利于主保护方案性能的提高，另一方面也决定了主保护方案的构成形式，故在选择发电机定子绕组形式时应兼顾电机设计与继电保护的要求，为发电机的安全运行创造有利条件。

（四）继电保护系统设备安装调试

涉及继电保护装置的 CT、PT、跳闸出口、报警等回路接线需严格仔细核查，确保接线正确无误。继电保护是一个有机的整体，保证继电保护系统设备的可靠性首先就必须保证保护相关的 CT、PT、跳闸出口、报警等回路的可靠性。对于直接与继电保护装置连接的回路接线需严格按照配线的规定，严格开展对线、查线工作；测量回路的绝缘水平、直阻等技术参数，确保回路的可靠性。

严格按照行业相关规定开展交流采样试验、模拟试验和联动试验等，确保保护装置的可靠性、选择性、灵敏性和速动性。继电保护设备是电厂安全稳定运行的基本保障，继电保护装置本身稳定和可靠至关重要。继电保护设备在出厂时会开展相关的出厂试验，试验结果合格才会发货，但是在经过长途运输、安装后，可能会导致部分插件松动或者元件损坏，因此继电保护装置在安装完以后，应严格按照国家和厂家的相关技术要求开展交流采样试验、模拟试验和联动试验等各项试验，上述相关的试验是检验保护装置的可靠性、选择性、灵敏性和速动性最后一道关口。保护装置的可靠性无法保证，整个机组机电设备的安全性也将无法保障。发变组保护屏如图 5-30 所示。

八、消防系统及其附属设备

流域电站地下厂房不仅洞室多、面积大，而且厂内还安装有许多电气设备和充油设备，

图 5-30 发变组保护屏

火灾危险性较大。因此必须按国家标准《火灾自动报警系统设计规范》GB 50116 及《水利水电工程设计防火规范》SDJ 278 设置一套可靠的火灾自动报警系统。

消防监控系统主要承担对电站发电机层、电气夹层、水轮机层、副厂房各层、主变压器室和配电装置室、主要电缆通道等场所的探测器、防火排烟设备以及灭火设备的状态进行 24h 不间断监视，并对防火排烟设备及灭火设备进行相应的控制。设置在各个部位的火灾探测器，在检测到火情时，自动向设置在中控室的火灾报警控制器报警，报警控制器在接收到报警后，通过信息处理，在报警控制器上显示出火灾的部位，并通过通信接口，在消防计算机监控终端的 CRT 上自动显示出火灾的部位编号及该层的平面布置图，提示出火灾的处理措施；同时，根据火灾部位的不同，可通过自动或手动方式进行灭火控制。所有火灾事故的报警信号都能在中控室内发出声光报警信号，并能通过工业电视系统调出相应部位的视频图像，以确认火情。

现结合消防系统设备采购合同的执行情况，总结如下：

（1）消防系统供货和安装单位多，协调难度大，安装质量无法得到保证。消防系统设备包括的设备众多，消防系统的安装由机电设备安装承包人总包，在实施过程中会分包给具有资质的消防设备安装承包人安装与调试，消防系统及其附属设备承包人负责部分设备供货与调试，专业的消防系统设备厂商还会参与供货与调试。整个电站消防系统及其附属设备包括设备众多，参建单位多，组织协调难度大，设备的安装质量欠佳，后期整改难度大。建议后续项目将消防系统设备和消防监控系统设备合并为一个标采购。

（2）严格按照电气二次盘柜相关技术要求，完成消防监控系统设备盘柜内设备的布置和接线等工作。目前消防系统设备厂家众多，水平良莠不齐，行业竞争十分激烈。消防系统设备承包人一般是集成商，不具备生产相关设备的能力。现阶段消防系统设备承包人均是将盘柜和柜内元器件发到电厂后，再开展盘柜内设备的布置、组柜和接线工作。存在盘柜内设备布置随意、混乱、接线不规范、缺少号头标识和端子排等问题，不便于故障的排查和处理，不便于后期电厂的检修和维护。鉴于此，建议在后续招标文件中明确要求承包人应在工厂内完成盘柜布置和接线等工作，同时在合同执行阶段严格要求所有盘柜的组装、布置、接线等工作必须在工厂内完成且验收合格以后方可允许出厂。

九、工业电视及门禁系统

为了提高电站的运行管理水平，确保非工作人员不能随意进入电站工作区，电站一般设计一套门禁系统。门禁系统主要由中央控制设备（网关机等）、现地控制器、现地指纹读卡

器、电磁锁、出门按钮等组成。进站大门、站内设备室进户门、副厂房各层房间进户门及站内其他通道门均纳入门禁系统统一管理。门禁系统可与工业电视系统联动，即门禁系统报警后将启动工业电视系统，供电站运行管理人员及时了解现场情况。根据以往经验，在工业电视合同执行中应注意以下两点：

（1）应在合同中明确工业电视与集控中心的通信问题并在合同执行中高度重视。在每个项目的招标文件及合同中均要求各电站的工业电视应成功接入雅砻江流域集控中心，但在合同执行过程中由于电站跟集控中心控制系统不一致而导致接入集控中心过程中对合同要求理解存在分歧。在后续电站中，招标文件中应规定以何种协议接入集控中心，且以电站工业电视供应商为主进行协调，在执行过程中积极跟进电站供应商对此问题的准备及测试情况，必要时及时组织参建各方进行讨论沟通。

（2）防火门与门禁系统由不同的承包人供货，二者不匹配。按照设计院分标的传统，门禁系统设备包含在工业电视及门禁系统设备中，防火门由厂房装修承包人供货，而且门禁系统设计和供货的时间往往超前于防火门的设计时间，导致防火门的选型与门禁系统设备不匹配，防火门顶部安装门吸部分容易变形，门禁系统无法正常工作，无法发挥门禁系统设备的作用。建议后续项目将门禁系统设备和防火门作为一个标采购。

十、涉网设备

涉网设备是指电站与变电站及电网调度中心进行通信、数据交换等所涉及的设备。从设备属性主要包括：线路保护系统、调度数据专网、安全自动装置、电能量采集装置、PMU（同步向量测量装置）、行波测距装置、光通信设备和程控交换设备等。涉网设备的主要作用将电站的主要设备信息上送调度部门，接受调度方的指令，并且跟对侧变电站共同保护线路及诊断线路故障等。

（一）关于分标方案

涉网设备从招标性质来区分可分为两大类：一类由上级调度部门直接书面明确应采购的设备型号及数量（主要包括线路保护、行波测距），另一类为需公开招标采购的设备（调度数据专网、PMU、安全自动装置、电能量采集表、光通信、程控交换设备等）。

对于第一类设备的采购，公司在得到上级调度部门书面意见后立即启动定向采购流程，尽快与供应商签订合同。对于第二类设备，可分为自动化涉网设备（调度数据专网、PMU、安全自动装置和电能量采集系统）和通信涉网设备（光通信系统和程控交换设备）两个标（桐子林水电站按此方法执行），此种分标方案好处在于减少合同数量和协调工作量；也可将每个设备单独成标（锦屏一级、锦屏二级和官地水电站按此方法执行），但是需要电网调度管理部门均出具书面采购指导意见，雅砻江公司按照指导意见执行定向采购。鉴于采购招标形势及政策的变化，后续采购招标过程中无法执行定向采购程序时，建议按照第一种分标方案执行。

（二）招标注意事项

涉网设备的整体设计由电网公司的设计院负责，为保证现场设备安装计划要求，应提前跟电网公司及相关设计院进行沟通，了解其可研报告、初步设计、详细设计、设备采购情况和工程施工进展，以便及时开展相关工作。电网公司的可研报告会涉及电站的相关内容，但只会要求电站配置相关系统及设备，并不会对其进行详细说明，应根据其相关报告和设计院一起进行招标文件的编写及相关详细设计。

对于定向采购的设备，应协调公司相关部门尽早联系电网公司，请相关部门发文正式明确需要采购的设备型号及数量，以不影响现场设备安装及电站投运为前提，尽快开展相关设备合同签订工作。此类设备采用直接委托的方式进行采购，流程相对较快，而且此类设备一般为电网标准化产品，生产周期较短，可根据其特点制定相关计划。

对于无法实施定向采购的涉网设备，如果电网公司无法提供书面要求，公司只能采用公开招标的方式进行采购，受限制于某些技术原因，电站侧和电网侧必须采用相同厂家相同型号的设备才能进行正常的通信和数据传输，对公司的公开招标提出了很高的要求，既要招到满足要求的设备，又要进行投资控制。采购此类设备有两个注意点：第一点是设备型号要满足上级调度部门要求；第二点是此类设备采购合同必须包括安装指导、调试及大量的协调工作，很多联调工作需要进入对侧电网公司机房内部进行调试，并与电网公司相关部门进行沟通协调，所以在招标时一定要考虑投标商具备此方面能力。此类设备招标周期较长，存在多次流标的可能性，所以应预留足够的时间提前启动此项招标工作，对可预见性的困难，应及时做好应急处理方案。锦屏一级、二级、官地水电站和桐子林水电站的涉网设备公开招标最后都是通过两次流标后，只剩下一家四川省内的公司购买标书，与其直接进行合同谈判签订合同。

（三）合同执行注意事项

涉网设备虽然均是电网标准产品，但合同的执行过程同样包括设计联络会、出厂验收、现场验收和安装调试等阶段。

线路保护和行波测距均是按照电网公司要求与对侧完全一样的进行配置，除盘柜外形和组柜方式上有所区别外，设备的型号、参数等必须与对侧完全一致，在合同预谈判时予以说明，在合同文件之中予以明确，合同执行过程中就可以省略设联会的步骤，直接通过出厂验收来对设备的功能和性能进行检查。调度数据专网、光通信系统、电能量采集装置、同步向量测量、安全自动装置和程控交换系统等设备较上述两类设备稍复杂，除与调度通信外，还要跟集控中心进行通信，控制策略上也需要专门的设计，所以此类合同执行过程中需在设计联络会上进行沟通和确认，且在设计联络会上必须邀请各级调度相关人员对设计方案进行确认。

涉网设备基本都是标准化产品，经过很多变电站和电站的长期运行考验，故障率相对较低，只要认真把好调试这关，在运行过程中出现故障的概率很低，要督促厂家选派技术过硬的人员进行现场调试工作。涉网设备的调试也有自身的特点，调试周期短、相互关系密切且受制程度高，所以安排人员进场时应确认现场确实具备条件，前序工作确实完成后才安排后续人员进场，当调试中与其他设备关联时，应确保相关设备调试人员均在现场，以防万一。比如光通信没有调试完成，调度数据网的调试工作就没法开展，调度数据网没有调试完毕，剩余的应用系统就无法进行调试工作，因为所有应用系统都要通过调度数据网与集控和调度进行通信。涉网设备的调试均是在电站投产的最后时刻进行，直接关系到电站能否按时顺利投产，所以对于这类调试工作一定要认真仔细，预留充足的时间，以防调试中出现问题。所有涉网设备调试完毕后电站将进行涉网试验，可让相关涉网设备调试人员留在现场待命，以防出现问题时方便及时排查问题所在，快速解决问题。

第六章　金属结构设备

一、流域金属结构设备概况

在水电工程中，金属结构设备通常包括闸门、启闭机、压力钢管三大类型设备；有的工程建设管理单位或设计单位，为了便于专业上对口管理，将升船机、升鱼机、拦污浮排及清污船也纳入了金属结构专业。机电物资管理部负责的雅砻江流域电站的金属结构设备管理，主要包括闸门、启闭机及压力钢管等设备。

(1) 锦屏一级金属结构设备概况。锦屏一级水电站枢纽主要建筑物由混凝土双曲拱坝、泄洪消能建筑物和引水发电建筑物组成。混凝土双曲拱坝高 305m，拱坝坝身布置有 4 个表孔、5 个深孔泄洪建筑物、5 个导流底孔和 2 个放空底孔。在大坝右岸布置有 1 条泄洪洞，引水发电系统的地下厂房布置在右岸，地下厂房装置有 6 台单机功率 600MW 的混流式水轮发电机组。

金属结构设备共分为 8 个标段，各标段设备名称、参数和数量如下。

标段 1：泄洪建筑物弧形闸门（合同编号：JPIG-200805）

序号	项目名称	闸门类型	孔口尺寸（宽×高-水头）(m)	数量	估算质量(t)	备注
1	表孔工作闸门门槽	弧形	11×13-12.456	4	4×5	
2	表孔工作闸门门叶			4	4×95	
3	深孔工作闸门门槽	弧形	5×6-91	5	5×60	充压水封
4	深孔工作闸门门叶			5	5×210	
5	放空底孔工作闸门门槽	弧形	5×6-131	2	2×115	充压水封
6	放空底孔工作闸门门叶			2	2×250	
7	导流底孔工作闸门门槽	弧形	5×9-110	5	5×8	
8	导流底孔工作闸门门叶			5	5×195	
9	泄洪洞工作闸门门槽	弧形	13×10.5-55	1	1×35	
10	泄洪洞工作闸门门叶			1	1×540	
11	表孔工作闸门自润滑球面滑动轴承			8		国产
12	深孔工作闸门自润滑球面滑动轴承			10		进口
13	放空底孔工作闸门自润滑球面滑动轴承			4		进口
14	导流底孔工作闸门自润滑球面滑动轴承			10		国产
15	泄洪洞工作闸门自润滑球面滑动轴承			2		进口

标段 2：电站进水口建筑物闸门（合同编号：JPIG-200806）

序号	项目名称	闸门类型	孔口尺寸（宽×高-水头）(m)	数量	估算质量 (t)	备注
1	进水口工作拦污栅栅槽	平面滑动	3.8×70-4	24	24×33	含锁锭梁
2	进水口备用拦污栅栅槽			24	24×33	含锁锭梁
3	进水口拦污栅栅叶			25	25×82	
4	进水口拦污栅储栅槽			4	4×10	
5	进水口叠梁挡水门门叶	平面滑动	3.8×35-15	24	24×47	
6	进水口叠梁挡水门储门槽			24	24×9	
7	进水口检修闸门门槽	平面滑动	7.9×9.4-101	6	6×65	
8	进水口检修闸门门叶			1	1×150	含锁锭梁
9	进水口检修闸门储门槽			2	2×8	
10	进水口快速闸门门槽	平面定轮	7.5×9-101	6	6×35	
11	进水口快速闸门门叶			6	6×275	含拉杆、锁锭梁

标段 3：泄洪及尾水建筑物平面闸门（合同编号：JPIG-200807）

序号	项目名称	闸门类型	孔口尺寸（宽×高-水头）(m)	数量	估算质量 (t)	备注
1	深孔事故闸门门槽	平面滑动	5×12.425-91	5	5×140	
2	深孔事故闸门门叶			1	1×200	含拉杆、锁锭梁
3	深孔事故闸门储门槽			1	1×10	
4	放空底孔事故闸门门槽	平面滑动	5×12.42-132	2	2×180	
5	放空底孔事故闸门门叶			2	2×250	含拉杆、锁锭梁
6	导流底孔封堵闸门门槽	平面滑动	5×14.5-110	5	5×60	
7	导流底孔封堵闸门门叶			5	5×115	含锁锭梁
8	泄洪洞事故闸门门槽	平面滑动	12×15-50	1	1×125	
9	泄洪洞事故闸门门叶			1	1×270	含锁锭梁
10	尾水调压室检修闸门门槽	平面滑动	9×14.5-52.75	6	6×32	
11	尾水调压室检修闸门门叶			6	6×160	含锁锭梁
12	尾水洞出口检修闸门门槽	平面滑动	15×16.5-40.5	2	2×35	
13	尾水洞出口检修闸门门叶			2	2×350	含锁锭梁

标段 4：表孔、泄洪洞建筑物液压式启闭机（合同编号：JPIG-200808）

序号	项目设备名称	容量（kN）	工作行程（m）	数量（台套）	备注
101	表孔 2×1250kN 液压启闭机	2×1250	7.664	4	
102	泄洪洞 2×3200kN 液压启闭机	2×3200	16.04	1	进口陶瓷活塞杆+CIMS

标段 5：机组进水口快速门液压式启闭机（合同编号：JPIG-200809）

序号	项目设备名称	容量（kN）	工作行程（m）	数量（台套）
101	进水口快速门 4500/11000kN 液压启闭机	4500/11000	10.3	6

标段 6：深孔、放空底孔、导流底孔建筑物液压式启闭机（合同编号：JPIG-200810）

序号	项目设备名称	容量（kN）	工作行程（m）	数量（台套）
101	深孔 3000/1000kN 液压启闭机	3000/1000	11.1	5
102	放空底孔 4000/1600kN 液压启闭机	4000/1600	9.323	2
103	导流底孔 3000/1250kN 液压启闭机	3000/1250	12.56	5

标段 7：大坝建筑物卷扬式启闭机（合同编号：JPIG-200909）

序号	项目设备名称	容量（kN）	扬程（m）	数量（台套）
101	坝顶 6300kN 双向门机	6300	25	1
102	导流底孔 2000kN 固定卷扬式启闭机	2000	95	5
103	深孔液压启闭机室 400kN 检修桥机	400	20	1
104	放空底孔液压启闭机室 400kN 检修桥机	400	20	2

标段 8：泄洪洞及电站引水建筑物卷扬式启闭机采购（合同编号：JPIG-200910）

序号	项目设备名称	容量（kN）	扬程（m）	数量（台套）
101	泄洪洞 2×5500kN 固定卷扬式启闭机	2×5500	57	1
102	泄洪洞液压启闭机机房 500kN 检修桥机	500	18	1
103	进水口 3200kN/650kN 双向门机	3200/650	125/125	2
104	1、2 号尾水调压室 2×1250kN 固定卷扬式启闭机	2×1250	52	6
105	尾水洞出口 2×2500kN 固定卷扬式启闭机	2×2500	45	2

（2）锦屏二级金属结构设备概况。工程枢纽主要由首部拦河闸、引水系统、尾部地下厂房三大部分组成，为一低闸、长隧洞、大容量引水式电站。首部拦河闸坝位于雅砻江锦屏大河湾西端的猫猫滩，最大坝高 34m，上距锦屏一级坝址 7.5km。引水洞线自景峰桥至大水沟，采用“4 洞 8 机”布置，引水隧洞共四条，引水隧洞平均长度 16.67km，其中 1 号、3 号引水隧洞东端采用全断面 TBM 施工，开挖洞径 12.4m，衬砌后洞径 11.2m。2 号、4 号引水隧洞采用钻爆法施工，开挖洞径 13m，衬砌后洞径 11.8m。隧洞一般埋深 1500～2000m，最大埋深达 2525m，为世界上规模最大的水工隧洞工程。

首部拦河闸设有 5 孔溢洪道，每孔设 1 扇 13.0m×22.0m 弧型工作闸门，采用 2×3600kN 双吊点后拉式液压启闭机一门一机进行操作。每扇弧门的顶部设有一扇 5.0m×2.0m 舌瓣门，采用 500kN 液压启闭机操作。工作弧门前设有检修闸门门槽，5 孔共用一套 13.0m×22.0m 检修闸门，由坝顶门机通过自动挂脱梁分节进行操作。拦河闸上游右岸设有两孔生态流量泄放洞，每孔各设置一道 5.0m×5.0m 工作闸门，由启闭容量为 2×630kN 固定卷扬式启闭机进行操作。工作闸门前每孔设置一道 5.0m×6.0m 事故闸门，由启闭容量为

2×320kN 固定卷扬式启闭机进行操作。

引水发电系统顺水流方向依次布置有进水口拦污栅、进水口事故闸门、调压室事故闸门、尾水事故闸门、尾水出口检修闸门及相应的启闭设备。进水口拦污栅采用通舱式布置，每孔拦污栅设工作栅槽和备用栅槽各一道，前一道为工作栅槽，后一道为备用栅槽，共设置32 孔拦污栅槽，17 扇拦污栅，由 2×500kN 双向门式启闭机进行操作。

4 条引水隧洞进水口各设一扇 9.5m×11.8m 事故闸门，由 2×1250kN 台车式启闭机操作。每条引水隧洞在上游调压室处通过岔管分别与两台机的高压管道相连，在上游调压室内每台机的高压管道支管上设置一道 6.0m×7.5m 事故闸门，由 9000kN 的高扬程固定卷扬式启闭机进行操作，一门一机。8 条机组尾水管出口各设置一扇 9.0m×12.8m 事故闸门，由 2×2500kN 台车式启闭机操作。

8 条尾水隧洞出口均设置有一道检修闸门槽，共设置 2 套 10.8m×12.8m 的叠梁式检修闸门，由 2×250kN 台车式启闭机操作。

此外，在施工支洞、引水隧洞检修排水系统、厂房等部位也设有闸门、控制阀及其启闭设备。

金属结构设备共分为 6 个标段，各标段设备名称、参数和数量如下：

标段 1：拦河闸闸门（合同编号：JPIIG-200808）

序号	项目名称	数量	单位	主要特性	
				孔口尺寸（宽×高-设计水头）(m)	闸门类型
1	拦河闸检修闸门门叶	1	扇	13.0×22.0-22.0	平面滑动式
2	拦河闸检修闸门门槽	5	孔		
3	拦河闸工作闸门门叶	5	扇	13.0×22.0-22	弧形闸门
4	拦河闸工作闸门门槽	5	孔		
5	舌瓣门	5	扇	5.0×2.0-2	
6	生态流量泄放洞事故闸门门叶	2	扇	5.0×6.0-17	平面滚动式
7	生态流量泄放洞事故闸门门槽	2	孔		
8	生态流量泄放洞工作闸门门叶	2	扇	5.0×5.0-17	平面滑动式
9	生态流量泄放洞工作闸门门槽	2	孔		

标段 2：进水口闸门（合同编号：JPIIG-200809）

序号	项目名称	数量	单位	主要特性	
				孔口尺寸（宽×高-设计水头）(m)	闸门类型
1	进水口拦污栅栅叶	17	扇	6.5×22.0-5.0	平面滑动式
2	进水口拦污栅栅槽	32	孔		

续表

序号	项目名称	数量	单位	主要特性	
				孔口尺寸（宽×高-设计水头）（m）	闸门类型
3	进水口事故闸门门叶	4	扇	9.5×11.8-38	平面滚动式
4	进水口事故闸门门槽	4	孔		

标段3：厂区枢纽闸门（合同编号：JPIIG-200810）

序号	项目名称	数量	单位	主要特性		
				孔口尺寸（宽×高-设计水头）（m）		闸门类型
1	上游调压室事故闸门门叶	8	扇	6.0×7.5-114.0		平面滑动式
2	上游调压室事故闸门门槽	8	孔			
3	尾水事故闸门门叶	8	扇	9.0×12.8-48		平面滚动式
4	尾水事故闸门门槽	8	孔			
5	尾水事故闸门储门槽	8	孔			
6	尾水出口检修闸门门叶	2	扇	10.8×12.8-18		平面滑动叠梁式
7	尾水出口检修闸门门槽	8	孔			
8	尾水出口检修闸门储门槽	7	孔			
9	施工支洞进人孔闸门门叶	6	扇	2.4×2.0-130		一字闸门
10	施工支洞进人孔闸门门槽	6	孔			
11	引水隧洞检修排水系统半球阀及附件	4	套	DN700	2.5MPa	包括充排气装置、伸缩节等
12	厂房挡水闸门门叶	2	扇	1.2×2.0-30		一字闸门
13	厂房挡水闸门门槽	2	孔			

标段4：液压启闭机（合同编号：JPIIG-200902）

序号	项目名称	特性	数量	单位	备注
1	拦河闸工作闸门液压启闭机	启门力：2×3600kN 闭门力：闸门自重 工作行程：11.76m 全行程：11.95m 活塞速度：~0.45m/min	5	套	
2	拦河闸舌瓣闸门液压启闭机	启门力：水压加闸门自重 闭门力：500kN 工作行程：2.39m 全行程：2.5m 活塞速度：~0.5m/min	5	套	

标段5：固定卷扬式启闭机（合同编号：JPIIG-200814）

序号	项目名称	特性	数量	单位	单重/总重（t）	备注
1	上游调压室事故闸门 9000kN 固定卷扬式启闭机	持住力：9000kN 启门力：2000kN 扬程：118.0m 速度：～1.5/3m/min	8	套	190/1520	含 50kN 壁式旋臂检修吊
2	生态流量泄放洞工作闸门 2×630kN 固定卷扬式启闭机	启门力：2×630kN 扬程：9.0m 速度：～2m/min	2	套	18/36	
3	生态流量泄放洞事故闸门 2×320kN 固定卷扬式启闭机	启门力：2×320kN 扬程：23.0m 速度：～2m/min	2	套	6/12	

标段 6：移动卷扬式启闭机（合同编号：JPIIG-200815）

序号	项目名称	特性	数量	单位	单重/总重（t）	备注
1	进水口坝顶 2×500kN 双向门机	启门力：2×500kN 扬程：9.0m/9.0m（轨上） 起升速度：～2m/min 轨距：6.5m	1	套	155/155	含轨道及其附件
2	进水口事故闸门 2×1250kN 双向 台车式启闭机	启门力：2×1250kN 扬程：45.0m 起升速度：～2.0/3.0m/min 轨距：12.0m	1	套	215/215	含 1 套液压自动挂钩梁、轨道及其附件
3	尾水事故闸门 2×2500kN 台车式启闭机	启门力：2×2500kN 扬程：42.0m 起升速度：～1.5/3m/min 轨距：10.0m	1	套	262/262	含 1 套液压自动挂钩梁、轨道及其附件
4	尾水出口检修闸门 2×250kN 台车式启闭机	启门力：2×250kN 扬程：34.0m 起升速度：～2m/min 轨距：4.8m	1	套	84/84	含 1 套液压自动挂钩梁、轨道及其附件
5	拦河闸检修闸门 2×320kN 单向门机	启门力：2×320kN 扬程：32.0m/5m（轨上） 起升速度：～2m/min 轨距：5.0m	1	套	115/115	含 1 套液压自动挂钩梁、轨道及其附件

（3）官地金属结构设备概况。官地水电站位于雅砻江干流下游、四川省凉山彝族自治州西昌市和盐源县交界的打罗村境内，系雅砻江卡拉至江口河段水电规划五级开发方式的第三个梯级电站。上游与锦屏二级电站尾水衔接，库区长约 58km，下游接二滩水电站，与二滩水电站相距约 145km。距西昌市公路里程约 80km。

本工程主要任务是发电，水库正常蓄水位 1330.00m，死水位 1328.00m，总库容 7.6 亿 m^3，属日调节水库。

官地水电站枢纽建筑物主要由左右岸挡水坝、中孔坝段和溢流坝段（为碾压混凝土重力坝）、消力池、右岸引水系统及地下厂房发电系统组成。

碾压混凝土重力坝坝顶高程 1334m，最大坝高 168m，坝顶长度 516m。溢流坝段布置 5 个溢流表孔，每孔净宽 15m，溢流堰顶高程 1311.00m，在溢流坝两侧分别布置有一个放空中孔，其孔口底高程 1240.00m，孔口尺寸 5.0×8.0m；溢流坝段下游接消力池，消力池底高程为 1188.00m，池长 145m，宽 95m。

泄水及导流系统布置于右岸，采用单机单管供水，共装 4 台单机容量为 600MW 的水轮发电机组，总装机容量 2400MW。

金属结构设备共分为 5 个标段，各标段设备名称、参数和数量如下：

标段 1：泄水及导流建筑物闸门（合同编号：GDG-200828）

序号	项目名称	闸门类型	孔口尺寸 （宽×高-水头）（m）	数量	估算质量 （t）	备注
1	表孔检修闸门门槽	平面滑动	15×19.6-19.1	5	5×20	
2	表孔检修闸门门叶			1	1×215	含拉杆、锁锭梁
3	表孔检修闸门储门槽			2	2×4	
4	表孔工作闸门门槽	弧形	15×19.83-19.327	5	5×11	
5	表孔工作闸门门叶			5	5×315	
6	中孔事故闸门门槽	平面定轮	5×10-90	2	2×135	
7	中孔事故闸门门叶			2	2×160	含锁锭梁
8	中孔工作闸门门槽	弧形	5×8-90	2	2×80	充压水封
9	中孔工作闸门门叶			2	2×250	
10	导流洞封堵闸门门叶	平面滑动	8×19-75/15.4	4	4×310	含拉杆、锁锭梁，门槽已完成制造及安装
11	表孔工作闸门自润滑球面滑动轴承			10		进口
12	中孔工作闸门自润滑球面滑动轴承			4		进口

标段 2：引水发电建筑物闸门（合同编号：GDG-200829）

序号	项目名称	闸门类型	孔口尺寸 （宽×高-水头）（m）	数量	估算质量 （t）	备注
1	进水口工作拦污栅栅槽	平面滑动	3.8×26-4	24	24×12	含锁锭梁
2	进水口备用拦污栅栅槽			24	24×12	含锁锭梁
3	进水口拦污栅栅叶			25	25×28	含拉杆
4	进水口拦污栅储栅槽			2	2×4	

续表

序号	项目名称	闸门类型	孔口尺寸（宽×高-水头）（m）	数量	估算质量（t）	备注
5	进水口检修闸门门槽	平面滑动	8.3×13.87-35	4	4×25	
6	进水口检修闸门门叶			1	1×105	含锁锭梁
7	进水口检修闸门储门槽			1	1×4	
8	进水口快速闸门门槽	平面滑动	8.3×13.5-35	4	4×22	
9	进水口快速闸门门叶			4	4×115	含锁锭梁
10	尾水调压室检修闸门门槽	平面滑动	12.5×15.5-48.51	4	4×45	
11	尾水调压室检修闸门门叶			4	4×250	含锁锭梁
12	尾水洞出口检修闸门门槽	平面滑动	16×18-36.84	2	2×40	
13	尾水洞出口检修闸门门叶			2	2×330	含锁锭梁

标段3：中孔、进水口液压式启闭机（合同编号：GDG-200830）

序号	项目设备名称	容量（kN）	工作行程（m）	数量（台套）
101	中孔3200kN/1000kN液压启闭机	3200/1000	11.254	2
102	进水口4500kN/3200kN液压启闭机	4500/3200	14.5	4

标段4：表孔液压式启闭机（合同编号：GDG-200831）

序号	项目设备名称	容量（kN）	工作行程（m）	数量（台套）
101	表孔2×2500kN液压启闭机	2×2500	9.8	5

标段5：卷扬式启闭机（合同编号：GDG-200901）

序号	项目设备名称	容量（kN）	扬程（m）	数量（台套）
101	导流洞6300kN固定卷扬式启闭机	6300	30	4
102	坝顶2500kN/320kN单向门机	2500/320	97/40	1
103	进水口2500kN/500kN/500kN双向门机	2500/500/500	43/20/20	1
104	尾水调压室2×2000kN台车式启闭机	2×2000	47	1
105	尾水洞出口2×2500kN固定卷扬式启闭机	2×2500	33	2
106	中孔液压启闭机机房400kN检修桥机	400	20	2

二、钢闸门设计及管理

对于已投入运行的锦屏一级、二级、官地及桐子林等四座水电站，闸门在设计、制造、安装调试及运行阶段，有许多的经验和教训值得总结。

锦屏一级、二级、官地及桐子林等四座水电站，闸门的设计工作经过了预可研、可研、招标要点设计、招标设计、制造阶段设计交底等一系列的设计审查及沟通阶段，确保了闸门选型和部件设计满足了工程实际的需要。加强设计过程管理、关键过程邀请国内知名专家进行咨询、充分考虑电厂运行管理经验等措施是确保设计管理和设备安全运行的关键经验，在后续电站的建设中应予以保持和重视。

闸门制造过程中，采取材料调差的市场调节机制，对于材料成本比重较高、且采购合同执行期较长的闸门设备，有利于制造合同的顺利执行。

设备制造及安装过程，加强质量和技术管理，避免了其他工程常见的质量缺陷，确保了闸门的整体质量，主要措施有：①加强闸门制造安装过程中关键工序的管理：对闸门铸钢轨道、定轮及门机大车车轮，合同要求制造承包人延长轨道长度、增加定轮和车轮，对轨道的试验段和试验定轮和车轮进行破坏性试验，验证材料和热处理工艺的正确性，极大地保证了特殊材料和隐蔽工艺的质量。②强化闸门安装技术交底的管理：组织工程设计单位对闸门安装进行技术交底，对于闸门安装工艺进行详细讨论并明确主要质量控制节点的施工工艺与检验。

锦屏一级、官地、桐子林进行了闸门原型监测试验，结合闸门近几年的实际运行情况，目前整体来说：所有闸门均不存在结构的不安全，绝大多数闸门处于稳定、受控的状态，极个别的闸门存在可以容忍的缺陷、需择机处理（锦屏二级拦河闸坝个别工作闸门的安装尺寸超差，导致闸门运行姿态不平稳，进而影响产生液压启闭机双缸压差过大；官地中孔工作闸门安装精度不理想，导致闸门封水效果不佳，已处理、待观察处理效果）。

建议：

（1）鉴于目前水电行业开展了闸门在线监测系统的试验和试运行，且通过同一监测部位的应变长周期的变化反应主体结构的承载能力变化情况和通过振动监测反应门叶及支臂的动态响应情况的闸门在线监测系统，监测原理简单、清晰，监测结果对判断闸门能否长期安全可靠运行具有重要的数据化支撑和定量分析作用，目前唯一的实施技术难点为传感器的水下耐用性待验证，建议流域电站引入该在线监测系统，以提高设备安全运行的可靠性、避免出现闸门失效等恶性事件的发生。

（2）闸门制造过程引入第三方质量检测，锦屏、官地现场安装时引入了第三方质量检测，现场抽检了闸门重要的安装焊缝，确保了现场安装质量，从运行效果来看，闸门的制造、安装质量达到了设计和规范的要求；建议在后续项目中在闸门制造阶段也引入第三方质量检测，便于及早发现重要的隐蔽部位的施工质量，如主梁的组焊，如不进行阶段的第三方检验，设备组装完成后无法再次检验其焊缝内部质量，同时，通过引入第三方检测，可以督促制造承包人提高施工和管理水平，便于设备整体制造质量的提高。

（一）招标相关

1. 闸门采购合同引入材料调差机制

锦屏一级、二级、官地、桐子林工程的闸门和卷扬启闭机采购合同，创新引入材料调差机制，以避免材料价格的波动过大，影响到采购合同的顺利执行。

材料调差机制的主要内容如下。

(1) 价格基准：以开标当日中国联合钢铁网（www.custeel.com）上发布的成都市场厚度为 20、30、40mm 的低合金板 Q345 的市场价格计算出价格基准，计为 P_0，P_0 计算如下式：

$$P_0 = A_0 \times 0.1 + B_0 \times 0.6 + C_0 \times 0.3 \tag{6-1}$$

式中 A_0——开标当日中国联合钢铁网（www.custeel.com）上发布的成都市场厚度为 20mm 的低合金板 Q345 的市场价格；

B_0——开标当日中国联合钢铁网（www.custeel.com）上发布的成都市场厚度为 30mm 的低合金板 Q345 的市场价格；

C_0——开标当日中国联合钢铁网（www.custeel.com）上发布的成都市场厚度为 40mm 的低合金板 Q345 的市场价格。

(2) 结算参照价格：以每次支付投料款次月 1 日中国联合钢铁网（www.custeel.com）上发布的成都市场厚度为 20、30、40mm 的低合金板 Q345 的市场价格计算出结算参照价格，按支付投料款的顺序分别计为 P_1、P_2…P_i。结算参照价格 P_i 计算如下式：

$$P_i = A_i \times 0.1 + B_i \times 0.6 + C_i \times 0.3 \tag{6-2}$$

式中 A_i——支付投料款次月 1 日中国联合钢铁网（www.custeel.com）上发布的成都市场厚度为 20mm 的低合金板 Q345 的市场价格；

B_i——支付投料款次月 1 日中国联合钢铁网（www.custeel.com）上发布的成都市场厚度为 30mm 的低合金板 Q345 的市场价格；

C_i——支付投料款次月 1 日中国联合钢铁网（www.custeel.com）上发布的成都市场厚度为 40mm 的低合金板 Q345 的市场价格。

(3) 设备本体结算出厂总价的计算。设备结算出厂总价的具体计算公式如下：

$$当\frac{|P_i - P_0|}{P_0} \leqslant 0.05 时 \qquad F = F_0 \tag{6-3}$$

$$当\frac{|P_i - P_0|}{P_0} > 0.05 时 \qquad F = F_0 + \sum W_i P_0 \left(\frac{P_i - P_0}{P_0} \pm 0.05\right) \tag{6-4}$$

式中 F——设备本体出厂合同结算总价，指根据上述公式调差计算后的设备本体的结算出厂总价；

F_0——设备本体出厂合同总价，为合同单价乘以实际工程量；

$P_i - P_0 < 0$ 时，"±" 取 "+"；$P_i - P_0 > 0$ 时，"±" 取 "−"；

W_i——每次支付的投料款对应的分批交付设备的质量为调差质量，即闸门的实际工程量。

2. 铸钢轨道，增加适当长度，用于进行破坏性试验，验证材料及热处理性能

平面定轮闸门，一般用于较高水头的事故闸门，对泄洪建筑物具有重要的事故保障作用，平面定轮闸门的铸钢轨道，是关系到将闸门载荷传导至基础的关键环节，铸钢轨道的淬硬深度是关系到铸钢轨道承载能力的关键因素，是关键中的关键因素，如果该环节检测失控，那么铸钢轨道的整体质量将得不到保证，进而影响到闸门的运行安全。

传统的检测手段，不能判断铸钢轨道淬硬深度这样一个关键指标，面对这样的困难，雅砻江公司机电物资管理部明确提出了“适当增加铸钢轨道长度，用于进行破坏性试验，验证材料及热处理性能”的技术要求，极大地保障了隐蔽环节的施工质量。

3. 金属结构设备制造监理合同中增加对制造过程质量进行第三方检测的内容

锦屏、官地现场安装时引入了第三方质量检测，但是制造阶段没有引入第三方检测。安装阶段的第三方质量检测，现场抽检了闸门重要的安装焊缝，确保了现场安装质量，从运行效果来看，闸门的制造、安装质量达到了设计和规范的要求；建议在后续项目中在金属结构设备制造监理合同中引入第三方质量检测，传统的监理工作只是旁站监督和并行检查，许多监理单位不具备出具第三方检测报告的资质，监理单位可以自行承担该部分检测工作，也可以委托给具有资质的单位，便于及早发现重要的隐蔽部位的施工质量，如主梁的组焊，如不进行阶段的第三方检验，设备组装完成后无法再次检验其焊缝内部质量，同时，通过引入第三方检测，可以督促制造承包人提高施工和管理水平，便于设备整体制造质量的提高。

4. 设备承包人技术服务费用为单价合同形式

锦屏、官地设备制造合同中技术服务费为包干使用的固定费用，实际合同执行过程中发现：由于机组分批发电，对应的设备也需要分批调试，再加上设备从安装调试完成至移交电厂的临时维护期较长（有的设备需要临时维护 3～5 年），厂家的服务人次数大大超出预算，导致厂家后期现场服务积极性不高。

建议后期项目中设备承包人技术服务费用为单价合同，技术人员现场服务的时间由管理局或安装监理予以确认，这样既保障了厂家的利益又确保了安装服务的及时和长效。

5. 闸门受拉应力的面板，增加板材的内部探伤要求

鲁地拉导流封堵闸门事故（蓄水期间事故闸门被冲走）导致电站延期一年发电，对工程造成了无法估量的损失，事故原因分析显示：闸门面板板材存在夹层。该闸门为下游挡水，面板承受拉应力的载荷，在拉应力作用下板材的夹层会导致承载力的大幅下降，分析认为面板的夹层是闸门破坏的主要原因之一。

鉴于现有的标准，对面板的内部质量没有进行探伤检测的要求，故，在后续项目中对于承受拉应力的主要承载部件，应提出对原材料的无损检测要求。

6. 表孔弧门应有喷淋装置

标准规定闸门在无水调试时需要喷淋润滑，避免闸门水封受损，闸门正常挡水、泄水时不需要喷淋润滑，所以设计单位通常没有设计永久的喷淋装置。考虑到现场的需要和美观，建议施工设计阶段考虑设置表孔弧门的喷淋装置，便于安装期间的调试需要，同时综合考虑供水和电源及控制系统，避免后期增设设备导致的坝面不整洁和喷淋效果不佳。

7. 为每一种止水提供热接磨具，便于安装和现场检修

闸门止水供货时为分段供货，需要在现场进行粘接，通常设备安装承包人会按照标准进行施工，但是也出现了安装施工承包人没有专业的热粘接设备而采取冷粘的情况，现阶段闸门安装队伍技术水平良莠不齐，为了保证止水的安装质量，建议为每一种止水提供热接磨具，便于现场的安装，同时，后期设备投入运行后，提供给电厂使用，闸门的定期检修中需要热粘磨具进行更换止水，相当于将电厂采购的设备提前购买，以便于提高设备的安装质量。

（二）设计制造注意事项

1. 设计联络会阶段，明确焊缝级别

锦屏一级坝身事故闸门和泄洪洞事故闸门制造阶段，由于制造厂家对设计意图和图纸理解存在失误，造成闸门节间连接板焊缝和面板底部导流板焊缝按三类焊缝焊接，工厂未对此类焊缝进行探伤检查，致使此类焊缝存在超标缺陷。

设备安装过程发现上述问题后，机电物资管理部组织了第三方检测和现场修复方案专家咨询会，经过严格的质量管理和控制，现场返修焊缝一次性通过了监理组织的验收。

这次事件充分说明在后续闸门设计联络会阶段，应将对有争议的焊缝级别进行讨论及明确。

2. 表孔弧门如不能全部起升至孔口上方，应考虑底部侧轮和侧止水的更换条件

锦屏二级拦河闸弧形工作闸门、桐子林溢流闸弧形工作闸门，在安装调试过程中发现：闸门起升至最大高度时，仍有部分门叶处于门槽侧向导轨内，由于边梁距离侧向导轨和边墙的距离过于狭小，底部侧轮和止水不具备更换条件，现场安装调试时通过设计单位的复核，在边梁上额外开孔，以便于底部侧轮和水封的更换。

3. 设备的主要外购外协件的品牌和规格满足合同文件的要求

主要外购外协件的品牌和规格，决定了设备的档次和整体质量，设备制造承包人出于成本考虑和管理需要，通常会对于设备的外购件进行内部的招投标，根据不同品牌的报价，承包人会提出更换品牌的要求，或者个别承包人直接采购了价格最低的外购件，所以，合同执行过程中随时排查设备的主要外购外协件的品牌和规格是否满足合同文件的要求非常重要，避免设备运抵工地现场甚至安装调试完成后发现个别外购件品牌货规格不符，而导致设备整体质量的降低。

（三）安装、调试注意事项

1. 工作弧门牛腿部位设置检修平台，便于支铰的维护和检修

官地中孔弧形工作闸门投入运行后主水封局部撕裂，需要对主水封进行更换；锦屏一级3号深孔弧形工作闸门在原型观测试验中发现水翅会冲击到支铰部位，需要对支铰进行防护；

在进行检修时发现，需要额外架设脚手架方能到达工作弧门牛腿部位，此时搭设脚手架不仅危险、而且资金投入非常大。在施工设计阶段，考虑到便于支铰的维护和检修，工作弧门牛腿部位设置检修平台，不仅施工质量有所保障，而且费用会大幅度的降低，同时，整体的视觉效果也会更加友好。

2. 强化按照设备编号图安装

锦屏一级2号导流底孔弧形工作闸门底节门叶在安装调整过程中发现底节门叶尺寸存在异常，检查发现是由于左右支臂吊反后强制组装导致的，采取了后续处理措施消除了设备质量隐患。官地中孔弧形工作闸门主止水侧向单元安装过程中由于厂家标示不清，导致安装就位困难，经过对调后顺利完成安装。弧形闸门如图6-1所示。

图6-1　弧形闸门

这类问题说明设备安装时应首先辨认出安装编号，再照图施工，以避免导致此类的安装质量事故。

三、卷扬启闭机

（一）招标相关

1. 设备承包人技术服务费用为单价合同形式

锦屏、官地设备制造合同中技术服务费为包干使用的固定费用，实际合同执行过程中发现：由于机组分批发电，对应的设备也需要分批调试，再加上设备从安装调试完成至移交电厂的临时维护期较长（有的设备需要临时维护3～5年），厂家的服务人次数大大超出预算，导致厂家后期现场服务积极性不高。

建议后期项目中设备承包人技术服务费用为单价合同，技术人员现场服务的时间由管理局或安装监理予以确认，这样既保障了厂家的利益又确保了安装服务的及时和长效。

2. 动、静滑轮优先采用铜基镶嵌的轴套

锦屏二级调压室9000kN固定卷扬式启闭机，工作扬程118m，卷筒采用四层缠绕，每次启门、闭门时间长达四十分钟。安装、调试阶段发现部分动、静滑轮在长时间运行后会发现异常、不规则的超标噪声，并且动滑轮端部出现了黑色挤压物，分析认为：采用工程塑料材质的定、静滑轮的轴套在长期运行下摩擦出现高温，产生了膨胀和变形，导致装配尺寸的变化，进而产生了异常噪声和局部破坏。在后续的拆解过程印证了上述分析，经协调，设备制造厂家进行了免费更换，工程塑料的轴套全部更换为铜基镶嵌的轴套。固定式卷扬机如图6-2所示。

上述事件说明，在后续电站建设中，定滑轮、静滑轮优先采用铜基镶嵌的轴套。

图 6-2　固定式卷扬机

3. 减速器，采用硬齿面、焊接壳体、内部强制润滑的产品

国标减速器价格低，而且外部强制润滑的布置方式，常常在设备的运输、安装过程中由于保护措施不到位，导致管路变形、接口漏油等；另外，铸造壳体防腐蚀难度大、油漆附着力差，设备到货后外观不美观，再者，中硬齿面齿轮过载能力低，综合考虑上述因素，建议后续项目中减速器采用硬齿面、焊接壳体、内部强制润滑的产品。

4. 建议增加门机安全监测系统

国家标准的强制条款要求门机应具有安全监测系统，安全监测系统的基本配置也有相应的规定，为了保障设备的安全可靠运行，对于已建电站应进行专业化改造，对于新建项目在招标阶段应写入招标文件。

5. 适当增加卷扬启闭机的备品备件

锦屏、官地金结设备安装调试过程中发现启闭机的部分部件特别容易受损，某些关键部件的受损常常导致调试进度的停滞，如果不及时处置，甚至影响到工程整体进度，建议后续项目中启闭机应配置 2 套高度指示、2 套载荷传感器、2 套抓梁水下接头作为备品备件。

（二）设计制造注意事项

1. 卷筒轴承座中心线应位于机架的主梁腹板的中心线重合

桐子林尾水门机在试运行阶段出现溜钩及机架局部变形，经排查发现：卷筒轴承座中心线与机架主梁腹板的中心线不重合，导致承载时悬臂部分发生屈曲变形。后采取了加固措施，确保了设备的安全可靠。

后续项目中，在施工设计阶段，应重点检查卷筒轴承座中心线与机架主梁腹板的中心线的重合情况，不重合时局部应有加固措施。

2. 设备的主要外购外协件的品牌和规格满足合同文件的要求

主要外购外协件的品牌和规格，决定了设备的档次和整体质量，设备制造承包人出于成本考虑和管理需要，通常会对于设备的外购件进行内部的招投标，根据不同品牌的报价，承包人会提出更换品牌的要求，或者个别承包人直接采购了价格最低的外购件，所以，合同执行过程中随时排查设备的主要外购外协件的品牌和规格是否满足合同文件的要求非常重要，避免设备运抵工地现场甚至安装调试完成后发现个别外购件品牌货规格不符，而导致设备整体质量的降低。

3. 卷筒设置进人孔，便于维修

卷筒组装后，卷筒内部就不具备进人检修的条件，而实际运行中，卷筒内部有时需要进行检查和检修，现场开孔一方面施工困难，另一方面安全评价困难。建议后续项目施工设计阶段，考虑设置卷筒进人孔，便于维修，可以采用盖板进行封闭。

4. 门机，设置吊物孔，便于电机、减速器等部件的检修、更换

门机小车房，通常设计了 1t 的检修吊，但是遇到电机、减速器等部件的检修、更换时，就不具有将大设备从机房吊装的能力，同时，小车机架的设计也未考虑电机等大部件的检修起吊通道。设备运行过程一旦出现大部件的更换或维修，需要租用大容量、大扬程的临时起吊设备，有时工程所在地区不具备大起吊设备的租用条件，会导致维修费用的大幅度增加。进水口门机如图 6-3 所示。

图 6-3 进水口门机

建议招标设计阶段，考虑设置吊物孔，便于电机、减速器等部件的检修、更换。

（三）安装、调试注意事项

1. 调试时，卷筒上的安全圈数满足规范的要求

官地坝顶门机在试运行期间发现无法起升至上极限，且钢丝绳与动滑轮之间的夹角过大，导致钢丝绳摩擦动滑轮组侧向护套。经多次全行程运行发现：闸门落至底坎时卷筒上安全圈数为 11 圈，超过了规范规定的 2～3 圈，由此判断卷筒上的安全圈数过多导致无法起升至上极限。安装单位随后重新安装了钢丝绳，重新安装后设备恢复了正常。同时，桐子林尾水门机在调试阶段也发现卷筒上的安全圈数超过规范规定的数量，后期也进行了重新调整。

后续项目中门机调试时，应注意卷筒上的安全圈数满足规范的要求，避免上极限位置附近钢丝绳摩擦动滑轮组侧向护套而可能导致的设备运行风险。

2. 临时运行阶段，注意设备的防护和维护、保养

锦屏二级尾水洞桥机临时运行阶段，由于顶拱渗水（渗水中含有支护材料混凝土砂浆）导致台车严重被污物污染，临时运行期间烧损了一台主起升电机和一套三合一行走电机，为改善设备的工作环境，管理局增加搭设了启闭机停靠处防雨棚，改善了启闭机的工作环境，并加强了启闭机的运行保养，这样才确保启闭机的安全可靠运行。

后续建设项目中对于有渗水现象的廊道内的设备，在施工期就应该考虑建设永久性的防雨设

施以改善设备在未移交电厂前的运行环境，避免设备未移交前出现雨淋和土建施工污染事故。

四、液压启闭机

（一）招标相关

1. 液压启闭机采用一机一泵一控的布置方式

在启闭机设计标准中，基于成本的考虑，允许一泵一控多机的布置方式，但是现实工作中，出于检修便利和防止误操作，国内许多电厂对移交的设备进行了一机一泵一控的改造，改造不仅成本高，而且布置上也会受限。

建议后续新建项目液压启闭机全部采用一机一泵一控的布置方式，避免后期运行过程中出现误操作，有利于设备故障的排查，且统筹布局管路布置后可改善检修条件。液压启闭机如图 6-4 所示。

图 6-4　液压启闭机

2. 各标段的液压专业成套和电气控制成套，建议由同一家单位实施

锦屏、官地的各标段的液压专业成套和电气控制成套厂家，根据制造承包人的推荐建议，出现液压专业成套和电气控制成套厂家数量众多的情况，大大增加了现场管理和协调的难度，且很多配套厂家由于现场工作量小而不重视、甚至不配合。

在桐子林项目中通过选择制造承包人推荐的同一家的液压专业成套和电气控制成套厂家，使现场服务的质量和及时性大大提高了。

建议后续项目尽量减少专业配套厂家的数量，便于现场的协调的同时，同时可提高现场服务的质量和及时性。

3. 行程检测装置的传感器按照 50%的比例配备备品备件，同时增备一定比例的比例阀

锦屏二级拦河闸坝、官地表空闸门液压启闭机调试和临时运行期间，行程检测装置的传感器受损且更换较多，桐子林溢流闸液压启闭机比例阀受损。

行程检测装置的传感器和液压系统的比例阀是易损件，为国外生产的进口产品，制造及运输周期长。在采购设备时应配备足够的备品备件，防止设备故障时备品备件提供不及时导致的工期和运行风险。

（二）设计制造注意事项

1. 加强关键工序的检查

液压启闭机生产过程中关键工序较多，如活塞杆的热处理质量、涂层施工质量、缸体焊接质量、系统单项组装质量等。其中部分重要工序为隐蔽工程，在启闭机组装完成后不具备再次检验的条件。后续项目中应要求监理加强对于关键工序的见证和检查，避免隐蔽工序的施工质量不佳影响设备的使用寿命。

2. 设备的主要外购外协件的品牌和规格满足合同文件的要求

主要外购外协件的品牌和规格，决定了设备的档次和整体质量，设备制造承包人出于成本考虑和管理需要，通常会对于设备的外购件进行内部的招投标，根据不同品牌的报价，承包人会提出更换品牌的要求，或者个别承包人直接采购了价格最低的外购件，所以，合同执行过程中随时排查设备的主要外购外协件的品牌和规格是否满足合同文件的要求非常重要，避免设备运抵工地现场甚至安装调试完成后发现个别外购件品牌货规格不符，而导致设备整体质量的降低。

（三）安装、调试注意事项

1. 加强已安装完成设备的保护，避免土建施工的再次污染

锦屏二级水电站拦河闸液压启闭机活塞杆表面被水泥砂浆覆盖、活塞杆表面出现陶瓷层被破坏及锈斑等情况，安装承包人虽然进行了必要的防护，但是施工工作面移交至土建后，土建施工通常工期较紧，施工过程不会考虑对金结设备的影响，等再次移交工作面至金结专业时，发现设备已被污物严重污染，且不能简单修复处理。

建议后续项目施工时，增加液压杆防护套，并在施工时对于安装就位的金结设备进一步做好防砸防污染等保护措施，同时，应经常巡视并及时发现土建施工可能对设备的不利影响，发现问题后及时采取措施，避免事态的扩大。

2. 加强油缸和管路的清洗管理

油缸和管路的清洗，对启闭机的运行质量影响非常大，统计显示60%的液压启闭机故障与油路污染有关，所以在安装施工工程中应高度重视油缸和管路的清洗和检查。

液压启闭机的管路为不锈钢，管接头有两种材料：镀锌碳钢和不锈钢，不锈钢管接头可以和管路一起酸洗，碳钢不能进行酸洗；不锈钢管接头在检修时拆下来后不能再次使用，需要重新采购、重新酸洗，碳钢接头在检修时拆下来后可以重复使用，内部需要高压冲洗。

3. 加强管路的焊接管理

液压启闭机现场管路焊接的时候，经常出现安装承包人使用普通焊条焊接不锈钢钢管的事故，普通焊条的焊接会在后期运行过程中产生锈蚀，且管路内部会产生飞溅和焊渣，不仅对油路产生污染，而且会导致内部的压力损失。

液压启闭机现场管路的焊接，应要求监理组织培训和考核，安装承包人制定焊接工艺并严格按照工艺施工，才能保证焊接的施工质量。

4. 设备在现场的转运和临时仓储管理

锦屏二级闸坝液压启闭机到货后，临时堆放在坝面，油箱总成没有采取防雨措施，导致部分阀组的表面发生了锈蚀。

液压设备现场的转运和临时仓储期间，应注意油箱总成应该室内仓储或搭设临时防雨棚，因为油箱总成里面有户内使用的电机、电动液压阀和仪表，长时间户外存储时会导致部件的受潮、受损，进而影响到设备的实际运行效果。